高等院校计算机类专业"互联网+"创新规划教材

C 语言程序设计教程
(第 2 版)

主　编　杨忠宝　陈　洋

副主编　吴　畅　黄健禹

北京大学出版社
PEKING UNIVERSITY PRESS

内 容 简 介

本书是学习 C 语言程序设计的基础教材。本书的特点是在内容安排上采用循序渐进的方式，在组织形式上采用通俗易懂的案例教学和启发式教学的方式，并辅以大量的便于说明问题的案例，用案例带动知识点的方法进行讲解，以一节为一个单元，对知识点进行了细致的取舍和编排，按小节细化知识点并结合知识点介绍了相关的实例，将知识和案例放在同一节中，知识和案例相结合。

本书可作为高校各专业 C 语言程序设计课程的教材和全国计算机等级考试的参考书，也可供对 C 语言感兴趣的其他读者自学使用。

图书在版编目（CIP）数据

C 语言程序设计教程 / 杨忠宝，陈洋主编. ―― 2 版. ―― 北京：北京大学出版社，2025.6. ―― (高等院校计算机类专业"互联网+"创新规划教材). ―― ISBN 978-7-301-36148-1

Ⅰ. TP312.8

中国国家版本馆 CIP 数据核字第 20252GW300 号

书　　名	C 语言程序设计教程（第 2 版） C YUYAN CHENGXU SHEJI JIAOCHENG (DI-ER BAN)
著作责任者	杨忠宝　陈　洋　主编
策划编辑	郑　双
责任编辑	杜　鹃
数字编辑	蒙俞材
标准书号	ISBN 978-7-301-36148-1
出版发行	北京大学出版社
地　　址	北京市海淀区成府路 205 号　100871
网　　址	http://www.pup.cn　新浪微博：@北京大学出版社
电子邮箱	编辑部 pup6@pup.cn　总编室 zpup@pup.cn
电　　话	邮购部 010-62752015　发行部 010-62750672　编辑部 010-62750667
印 刷 者	北京飞达印刷有限责任公司
经 销 者	新华书店
	787 毫米×1092 毫米　16 开本　18 印张　435 千字 2015 年 8 月第 1 版 2025 年 6 月第 2 版　2025 年 6 月第 1 次印刷
定　　价	49.00 元

未经许可，不得以任何方式复制或抄袭本书之部分或全部内容。
版权所有，侵权必究
举报电话：010-62752024　电子邮箱：fd@pup.cn
图书如有印装质量问题，请与出版部联系，电话 010-62756370

前　　言

　　C 语言在计算机程序设计领域应用非常广泛，它具有功能丰富、语句简洁、使用方便、语法灵活、数据结构多样、能操作硬件、高移植性和通用性等诸多优点。C 语言既有高级语言的特点，又有汇编语言等低级语言的特点，它已经成为编制系统软件和应用软件的首选语言。

　　C 语言是我国各高校普遍开设的一门重要的计算机基础课程，也是计算机专业学生学习程序设计语言的必修课程，还是全国计算机等级考试二级考试（以下简称计算机二级考试）的主要语言。通过本课程的学习，能够提高学生应用计算机解决问题的能力，为后续的计算机应用课程打下坚实的基础。本书内容主要是根据计算机二级考试大纲设计的。所以本书既可作为各高等学校 C 语言课程的教学用书，也可作为计算机二级考试的参考用书。

　　编者结合多年从事 C 语言教学及计算机二级考试辅导的经验编写此书。本书主要特点如下。

　　(1) 通过分析近几年计算机二级考试试题，编者将知识点、考点合理地分布在各章，且各章节内容由浅入深，前后内容衔接合理。

　　(2) 本书尽可能将概念、知识点与例题结合起来，力求通俗易懂。

　　(3) 书中例题和习题大多数选自历年计算机二级考试原题。选用的例题也是经典题型，适合学生举一反三。课后习题的题型设置与计算机二级考试题型完全一致。

　　(4) 例题中都添加了必要的中文注释，并且程序中输入/输出提示信息也都采用中文，增加了程序的可读性。

　　(5) 稍有难度的例题都配有算法分析、设计步骤、配套图表及运行结果。

　　(6) 流程控制语句均配有程序流程图。

　　(7) 书中提供例题均在 Microsoft Visual C++ 2010 Express 环境下编译调试通过。

　　本书主要内容包括：C 语言的历史、特点、程序结构以及程序开发过程；各种数据类型、常量和变量、各种类型的运算符和表达式及表达式的求值过程；几种常用的顺序执行语句、常用的输入/输出函数；选择结构程序设计；循环结构程序设计；数组的定义、引用和初始化方法，常用的排序方法，字符数组；函数的定义、声明和调用方法，函数间参数传递，全局变量和局部变量，变量的存储类别；指针的概念、指针变量定义和初始化、指针运算符、指针和字符串的关系、指针和数组的关系、指针和函数的关系及二级指针；结构体类型和结构体变量定义方法、结构体数组和结构体指针、单向链表；文件的概念、打开和关闭方法、文件读写方法及文件位置指针定位方法；宏定义、文件包含和条件编译等编译预处理命令；常用位运算符；等等。

本书提供的课件和源程序可扫描封面上的客服二维码获取。本书的配套教材《C 语言程序设计实验教程(第 2 版)》同期出版，可供读者参考和练习。

本书由杨忠宝、陈洋、吴畅、黄健禹编写。全书由杨忠宝主编并统稿。

由于编者水平有限，书中难免存在缺点和错误，殷切希望读者批评指正。

邮箱地址：876494387@qq.com。

编 者

2025 年 1 月

目 录

第1章 C语言概述 1
  1.1 C语言的历史 1
  1.2 C语言的特点 2
  1.3 C语言程序的开发过程 3
    1.3.1 C语言调试步骤 3
    1.3.2 Microsoft Visual C++ 2010
         Express 环境下调试程序方法 ..4
  1.4 简单的 C 语言程序 12
  习题 14

第2章 数据类型、运算符和表达式 16
  2.1 数据类型 16
  2.2 标识符、常量与变量 17
  2.3 整型数据 20
  2.4 实型数据 22
  2.5 字符型数据 24
  2.6 基本运算符和表达式 27
    2.6.1 算术运算符和算术表达式 28
    2.6.2 赋值运算符和赋值表达式 30
    2.6.3 逗号运算符和逗号表达式 31
    2.6.4 求字节数运算符 31
  2.7 类型转换 32
  习题 34

第3章 顺序结构程序设计 37
  3.1 结构化程序设计 37
  3.2 C语言的语句 39
  3.3 数据的输出 40
    3.3.1 格式输出函数——printf
         函数 40
    3.3.2 字符输出函数——putchar
         函数 44
  3.4 数据的输入 44

    3.4.1 格式输入函数——scanf
         函数 44
    3.4.2 字符输入函数——getchar
         函数 47
  3.5 顺序结构程序举例 48
  习题 49

第4章 选择结构程序设计 53
  4.1 关系运算符、逻辑运算符、条件
     运算符 53
    4.1.1 关系运算符和关系表达式 53
    4.1.2 逻辑运算符和逻辑表达式 54
    4.1.3 条件运算符和条件表达式 56
  4.2 选择结构程序设计 56
    4.2.1 if 语句 56
    4.2.2 switch 语句 65
  4.3 选择结构程序设计举例 68
  习题 71

第5章 循环结构程序设计 75
  5.1 while 语句 75
  5.2 do-while 语句 78
  5.3 for 语句 79
  5.4 break 语句和 continue 语句 82
    5.4.1 break 语句 82
    5.4.2 continue 语句 83
  5.5 循环嵌套 84
  5.6 程序举例 87
  习题 90

第6章 数组 95
  6.1 一维数组 95
    6.1.1 一维数组的定义和引用 95

6.1.2 一维数组的初始化 98
6.1.3 一维数组程序举例 100
6.2 二维数组 105
6.2.1 二维数组的定义和引用 105
6.2.2 二维数组的初始化 106
6.2.3 二维数组程序举例 108
6.3 字符数组与字符串 110
6.3.1 字符数组的定义和初始化 111
6.3.2 字符串 112
6.3.3 字符串处理函数 117
6.3.4 程序举例 119
习题 122

第7章 函数 126

7.1 函数概述 126
7.2 函数定义 128
7.2.1 函数定义的一般形式 128
7.2.2 函数的返回值 128
7.3 函数调用 129
7.3.1 函数调用的一般形式 130
7.3.2 对被调函数的声明 130
7.3.3 参数传递 131
7.4 数组作函数参数 133
7.4.1 数组元素作函数实参 133
7.4.2 数组名作函数参数 134
7.5 函数的嵌套调用 135
7.6 函数的递归调用 137
7.7 局部变量和全局变量 139
7.7.1 局部变量 139
7.7.2 全局变量 140
7.8 变量的存储类别 141
7.8.1 静态存储方式和动态存储方式 141
7.8.2 变量的存储类别 142
习题 145

第8章 指针 151

8.1 指针的基本概念 151
8.1.1 变量与地址 151
8.1.2 指针与指针变量 152
8.1.3 直接访问与间接访问 152
8.2 指针变量的定义和引用 153
8.2.1 指针变量的定义 153
8.2.2 指针变量的引用 154
8.2.3 指针变量的算术运算 156
8.2.4 指针变量作为函数的参数 157
8.3 指针与一维数组 158
8.3.1 通过指针变量引用数组元素 158
8.3.2 用数组名及指针作为函数的参数 161
8.4 指针与二维数组 164
8.4.1 二维数组的地址 164
8.4.2 指向二维数组的指针变量 167
8.5 指针与字符串 168
8.5.1 字符串的表现形式及访问方式 168
8.5.2 使用字符数组和字符型指针变量处理字符串的区别 171
8.6 指针与函数 173
8.6.1 返回指针值的函数 173
8.6.2 指向函数的指针 174
8.7 二级指针和指针数组 175
8.7.1 二级指针 175
8.7.2 指针数组 176
8.7.3 main 函数的参数 179
习题 181

第9章 结构体与链表 188

9.1 结构体类型变量的定义 188
9.2 结构体类型变量的引用 191
9.3 结构体的初始化 192
9.4 结构体与数组 194
9.4.1 结构体中包含数组 194
9.4.2 结构体数组 195
9.5 结构体和指针 197
9.5.1 结构体中包含指针 197

目 录

9.5.2 指向结构体的指针 198
9.6 用结构体指针处理链表 202
    9.6.1 链表介绍 202
    9.6.2 动态存储分配 203
    9.6.3 链表的基本操作 205
9.7 共用体 216
9.8 枚举 219
    9.8.1 枚举类型的定义和枚举变量的定义 219
    9.8.2 枚举变量的使用 220
9.9 类型定义 222
9.10 应用举例 223
习题 225

第 10 章 文件 232

10.1 文件概述 232
10.2 文件类型指针 234
10.3 文件的打开与关闭 234
    10.3.1 文件打开函数 fopen 234
    10.3.2 文件关闭函数 fclose 236
10.4 文件的读写操作 236
    10.4.1 字符读写函数：fputc 和 fgetc 236
    10.4.2 格式化读写函数：fprintf 和 fscanf 238
    10.4.3 数据块读写函数：fwrite 和 fread 240
    10.4.4 字符串读写函数：fputs 和 fgets 242
10.5 文件定位函数 243
    10.5.1 rewind 函数 243
    10.5.2 fseek 函数 244

习题 246

第 11 章 编译预处理 249

11.1 宏定义 249
    11.1.1 无参数的宏定义 250
    11.1.2 带参数的宏定义 252
11.2 文件包含 253
11.3 条件编译 256
    11.3.1 #if 命令 256
    11.3.2 #ifdef … #else … #endif 256
    11.3.3 #ifndef … #else … #endif 258
    11.3.4 #undef 258
    11.3.5 应用举例 258
习题 259

第 12 章 位运算 262

12.1 二进制位逻辑运算 262
    12.1.1 "按位与"运算符 263
    12.1.2 "按位或"运算符 264
    12.1.3 "按位异或"运算符 265
    12.1.4 "按位取反"运算符 266
12.2 移位运算 266
    12.2.1 左移运算符 266
    12.2.2 右移运算符 267
习题 268

参考文献 270

附录 271

附录 A　ASCII 表 271
附录 B　C 语言中的关键字 272
附录 C　运算符的优先级和结合性 273
附录 D　C 语言常用库函数 275

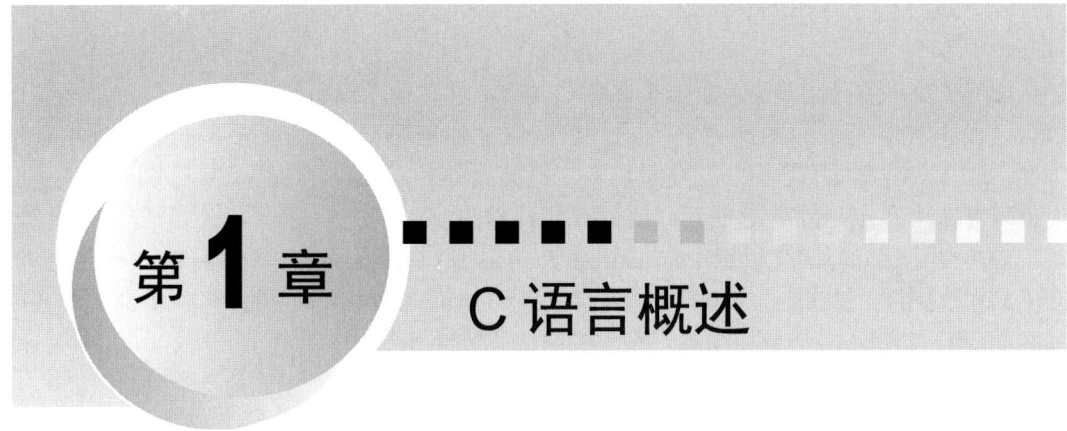

第 1 章　C 语言概述

1.1　C 语言的历史

C 语言是世界上最为流行的计算机高级语言之一，它设计精巧，功能齐全，既可以用来编写系统软件，也可以用来编写应用软件。C 语言的发展历程主要包括诞生、发展和成熟 3 个阶段。

1. C 语言的诞生

C 语言的原型是 ALGOL 60 语言。1963 年，英国剑桥大学在 ALGOL 60 语言基础上增添了处理硬件的能力，发展成为 CPL(Combined Programming Language，组合编程语言)。CPL 由于规模大，学习和掌握困难，没有流行开来。

1967 年，英国剑桥大学的 Martin Richards 对 CPL 进行了简化，于是产生了 BCPL(Basic Combined Programming Language，基本组合编程语言)。

1970 年，美国贝尔实验室的 Ken Thompson 将 BCPL 进一步简化，突出了处理硬件的能力，并取名 BCPL 的第一个字母 B 作为新语言的名字，并且他用 B 语言写了第一个可在 PDP-7 机上运行的 UNIX 操作系统。

但是 B 语言过于简单，功能有限。1972 年，美国贝尔实验室的 D.M.Ritchie 对 B 语言进行了完善和扩充，最终设计出了一种新的语言，他取了 BCPL 的第二个字母 C 作为这种语言的名字，这就是 C 语言的诞生。C 语言既保持了 B 语言的精练、接近硬件等优点，又克服了 B 语言过于简单、数据无类型等缺点。

2. C 语言的发展

1973 年，K.Thompson 和 D.M.Ritchie 两人合作把第 5 版 UNIX 的 90%代码改用 C 语言编写。后来，C 语言作了多次改进。直到 1975 年公布第 6 版 UNIX 后，C 语言的突出优点才引起人们的普遍注意。随着 UNIX 的日益广泛使用，C 语言也迅速得到推广。C 语言和 UNIX 可以说是一对孪生兄弟，在发展过程中相辅相成。

3. C语言的成熟

随着计算机的日益普及，出现了许多 C 语言版本。由于没有统一的标准，使得这些 C 语言之间出现了不一致的地方。为此，美国国家标准协会(American National Standards Institute，ANSI)发布了第一个完整的 C 语言标准 ANSI X3.159—1989，简称 C89，不过人们也习惯称其为 ANSI C，这是现行的 C 语言标准的前身。

1990 年，国际标准化组织(International Standards Organization，ISO)采纳了 ANSI C 标准(C89)，发布为 ISO/IEC 9899:1990(通常称为 C90)。2024 年，ISO 发布 C23(ISO/IEC 9899:2024)，新增了二进制字面量、布尔关键字等特性。

目前，C 语言已先后移植到大型计算机、中型计算机、小型计算机及微型计算机上，成为世界上应用最广泛的计算机语言之一，并且它已经不依赖于 UNIX 操作系统而独立存在。

目前，最流行的 C 语言编译系统有以下几种版本：Microsoft Visual C++6.0(VC++6.0)、Microsoft Visual C++ 2010 Express 等，这些 C 语言编译系统大多是以 ANSI C 为基础进行开发的，但不同版本的 C 编译系统所实现的语言功能和语法规则略有差别。本书使用的是 Microsoft Visual C++ 2010 Express 编译系统。

1.2　C 语言的特点

C 语言成为目前世界上使用最广泛的高级语言之一，完全是由于其特点决定的。C 语言主要有以下特点。

(1) C 语言结构简洁、紧凑，使用方便、灵活。C 语言只有 32 个关键字(即保留字)，9 种控制语句，压缩了一切不必要的成分，因此 C 语言编写的源程序短，对于语言本身的描述也简单，易于学习、理解和使用。

(2) C 语言运算符丰富。C 语言共有 34 种运算符，把括号、赋值、逗号等都作为运算符处理，从而使其运算类型极为丰富，可以实现其他高级语言难以实现的运算。

(3) C 语言数据类型丰富。C 语言中的数据类型可分为基本类型、构造类型、指针类型和空类型。基本数据类型包括 int(整型)、char(字符型)、float(单精度浮点型)、double(双精度浮点型)等；构造类型包括数组、结构体、共用体和枚举等；指针类型使用十分灵活，用它可以构成链表、树和栈等。指针可以指向各种类型的简单变量、数组、结构体以及函数等。指针在 C 语言中占有重要的地位，是 C 语言区别于其他高级语言的精髓所在。

(4) C 语言提供了丰富的各种类型库函数(标准函数)，供用户使用。

(5) C 语言语法限制不太严格，程序设计自由度大。程序书写自由，主要用小写字母表示。一个语句可以写在几行，一行也可以写几个语句。

(6) C 语言提供了汇编语言的大部分功能，允许直接访问物理地址，能进行位操作，可以直接对硬件进行操作。

(7) C 语言是一种结构化程序设计语言，特别适合大型程序的模块化设计。C 语言具有编写结构化程序所必需的基本流程控制语句。C 语言程序是由函数集合构成的，函数各自独立作为模块化设计的基本单位。它所包含的源文件可以分割成多个源程序，分别对其进行编译，然后连接起来构成可执行的目标文件。

(8) C 语言生成的目标代码质量高，可移植性好。在 C 语言的语句中，没有依赖于硬件的输入/输出语句，程序的输入/输出功能是通过调用输入/输出函数实现的，而这些库函数是由系统提供的独立于 C 语言的程序模块，便于在硬件结构不同的计算机和各种不同的操作系统之间实现程序的移植。

C 语言也有一些不足之处：C 语言语法限制不严，虽然熟练的程序员编程灵活，但安全性低；运算符丰富，功能强，但难以记忆和掌握。所以，学习 C 语言要先学基本知识，熟练后再学习语法规则，进而全面掌握 C 语言。

总之，由于 C 语言的上述特点，使得 C 语言越来越受到程序设计人员的重视，并且已经在广泛的领域里得到了应用。

1.3 C 语言程序的开发过程

1.3.1 C 语言调试步骤

开发一个 C 语言程序的基本过程如图 1.1 所示。

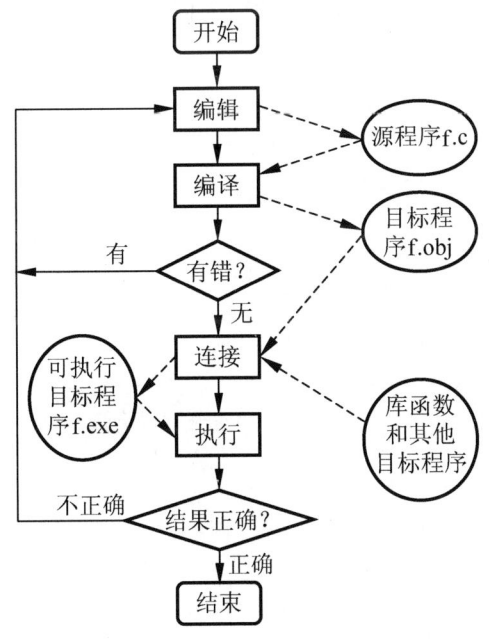

图 1.1 开发一个 C 语言程序的基本过程

1. 编辑

选择适当的编辑程序，将 C 语言源程序通过键盘输入计算机，并以文件形式存入磁盘。经过编辑后得到的源程序文件扩展名是.c 或.cpp。注意：在 Microsoft Visual C++ 2010 Express 下新建的源程序文件扩展名默认为.cpp。

2. 编译

通过编辑程序将源程序输入计算机后，需要经过 C 语言编译器将其生成目标程序。在对源程序的编译过程中，可能会发现程序中的一些语法错误，这时就需要重新利用编辑程序来修改源程序，然后重新编译。经过编译后得到的目标文件扩展名是.obj。

3. 连接

经过编译后生成的目标文件是不能直接执行的，它需要经过将目标代码和各种库函数连接之后才能生成可执行的目标代码。连接后得到的可执行文件扩展名是.exe。

说明：在 Microsoft Visual C++ 2010 Express 环境中，连接和编译这两步合二为一了，叫作生成解决方案。

4. 执行

经过编译、连接后源程序文件就可以生成可执行文件，这时就可以执行了。在 Windows 系统下，在运行窗口中只要输入可执行文件的文件名，并按 Enter 键，就可执行文件；或直接双击可执行文件。

1.3.2 Microsoft Visual C++ 2010 Express 环境下调试程序方法

C 语言源程序完全能够在 Microsoft Visual C++ 2010 Express 的环境下运行。Microsoft Visual C++ 2010 Express 提供了一整套的程序调试环境，编辑、编译、连接和运行都可以在该环境中完成。

调试一个简单程序的操作步骤

下面介绍在 Microsoft Visual C++ 2010 Express 环境中调试一个简单程序的操作步骤。

1. 启动 Microsoft Visual C++ 2010 Express

在 Windows 环境下选择"开始"→"程序"→"Microsoft Visual Studio 2010 Express"→"Microsoft Visual C++ 2010 Express"命令。启动后，Microsoft Visual C++ 2010 Express 平台开发环境如图 1.2 所示。

2. 建立一个新的项目

项目是构成某个程序的全部组件的容器。程序通常由一个或多个包含用户代码的源文件(.cpp 或.c 文件)组成，另外还可能包含一些其他辅助数据的文件。某个项目的所有文件都存储在相应的项目文件夹中。项目文件夹还包括其他文件夹，它们用来存储编译及连接项目时所产生的输出。

解决方案就是建立一个存储与一个或多个项目有关的所有信息的文件夹，文件夹的子文件夹中会包含一个或多个项目文件夹。一般来说，各个项目都有自己的解决方案，即一个解决方案中只包含一个项目，但有多个相互关联的项目可以放在一个解决方案中；与解决方案中项目有关的信息存储在扩展名为.sln 的文件中。当创建一个新项目时，如果选择"添加到解决方案"选项，将在现有的已打开的解决方案中添加该项目，如果选择"创建新解决方案"选项，那么系统将自动创建一个新的解决方案。

第 1 章　C 语言概述

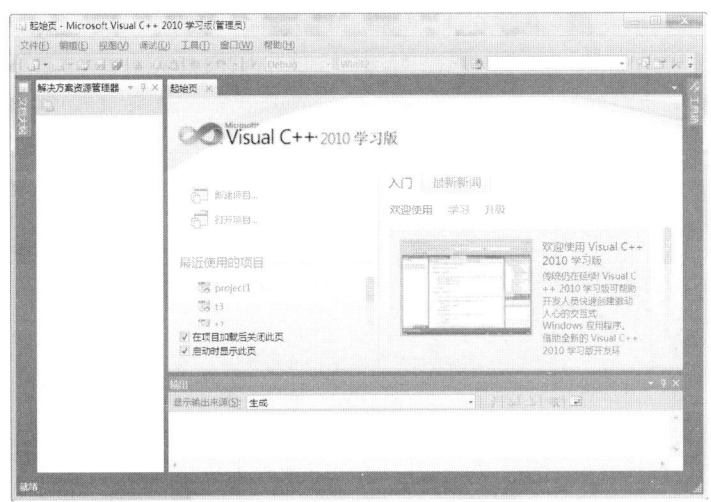

图 1.2　Microsoft Visual C++ 2010 Express 平台

在 Microsoft Visual C++ 2010 Express 平台下创建新项目时，默认的项目文件夹的名称与项目名称相同。如果选择了"为解决方案创建目录"复选框，那么系统将自动创建一个新的解决方案，新的解决方案的文件夹名称默认与项目文件夹相同(也可以改成其他名称)，其中包含了项目文件夹。

选择"文件"→"新建"→"项目"命令，弹出"新建项目"对话框。单击对话框中左侧窗格已安装模板"Visual C++"选项下的"Win32"，然后单击中间窗格"Win32 控制台应用程序"选项。在下方窗格"名称"文本框中输入要建立的项目名称，如 project1，如图 1.3 所示。

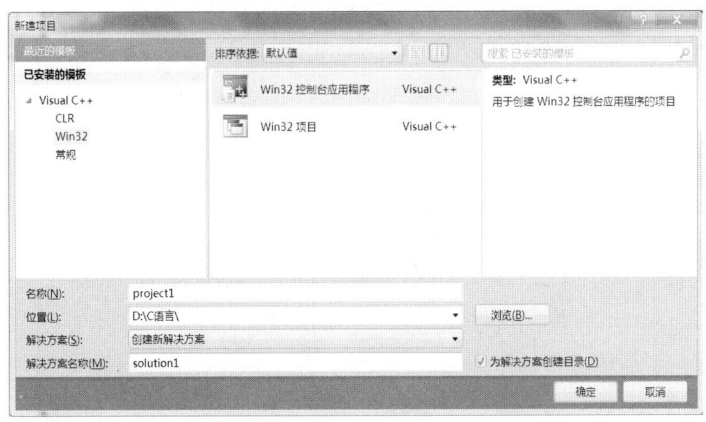

图 1.3　"新建项目"对话框

在"解决方案"下拉列表框中选择"创建新解决方案"选项，在"解决方案名称"文本框中输入要建立的解决方案名称，如 solution1，如果不输入，则默认与上面的项目名称同名。如果弹出"新建项目"对话框，未打开任何已有的项目，则不会出现"解决方案"这项。在"位置"下拉列表框中选择该项目所在文件夹，图 1.3 中所选择的文件夹是 D 盘根目录下的"C 语言"文件夹，即"D:\C 语言\"，单击"确定"按钮，弹出如图 1.4 所示的对话框，单击"下一步"按钮，弹出如图 1.5 所示的对话框，选择"空项目"复选框，单击"完成"按钮，刚建好的项目 project1 处于打开状态，如图 1.6 所示。这样系统就在"D:\C 语言\"目录下以解决方案名称 solution1 建立一个文件夹，以后在该解决方案中建立的所有项目都将存储 solution1 文件夹中，同时，在 solution1 文件夹中为项目 project1 建立一个文件夹，项目文件夹名称也是 project1，如图 1.7 所示。

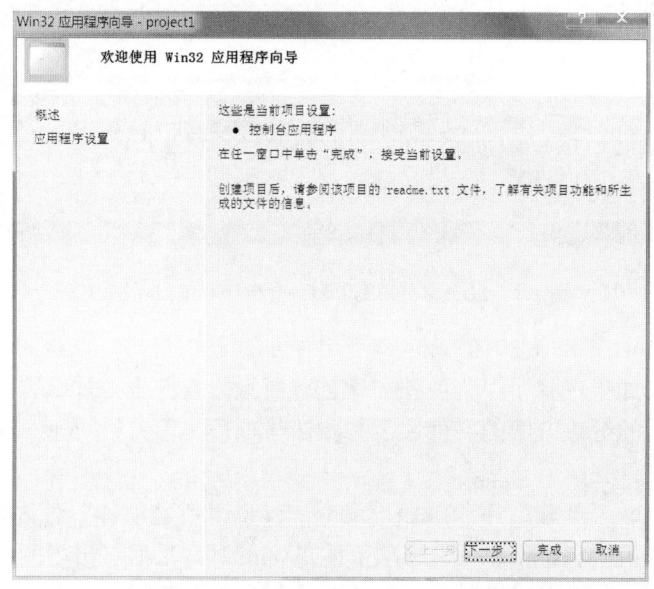

图 1.4 "Win32 应用程序向导"对话框 1

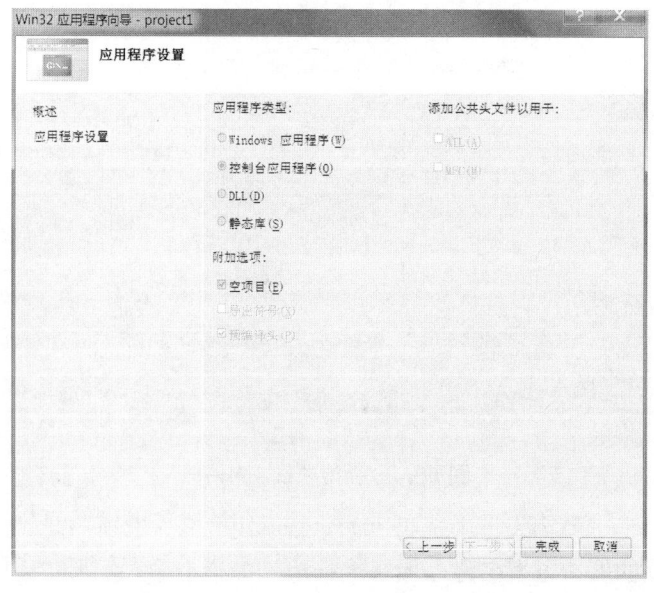

图 1.5 "Win32 应用程序向导"对话框 2

第 1 章　C 语言概述

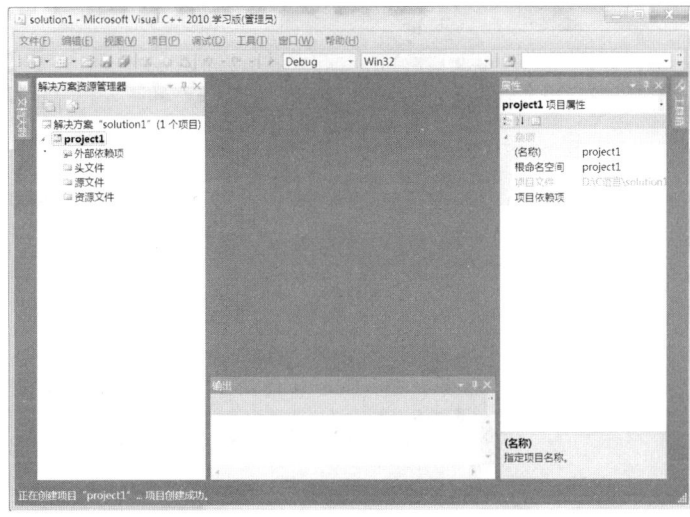

图 1.6　刚建好的项目 project1

图 1.7　解决方案及项目文件夹

3．建立源文件

新建的项目是空的，没有具体内容。我们需要在新建的项目中创建源程序文件。创建方法如下：右击图 1.6 左侧"解决方案资源管理器"窗格中的"源文件"选项，在弹出的快捷菜单中选择"添加"→"新建项"命令，弹出如图 1.8 所示的对话框，展开左侧窗格中的"Visual C++"，单击"代码"选项，单击中间窗格"C++文件(.cpp)"选项。在下方"名称"文本框中输入一个源文件名，如 program1，单击"添加"按钮。这样就在项目文件夹 project1 中建立了源程序文件 program1.cpp，同时也建立了几个相关的辅助文件。刚建好的源文件 program1.cpp 处于编辑状态，如图 1.9 所示。新建的源文件 program1.cpp 存储在了项目文件夹 project1 中，如图 1.10 所示。

图 1.8 "添加新项"对话框

图 1.9 源文件 program1.cpp 处于编辑状态

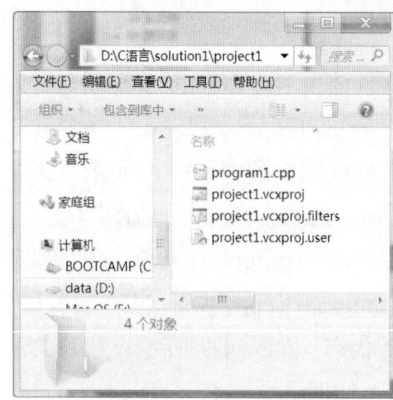

图 1.10 源文件 program1.cpp 位置

第 1 章　C 语言概述

4. 编辑 C 的源程序文件

在图 1.9 中间窗格的编辑区中输入源程序代码，如图 1.11 所示，单击工具栏中的"保存"按钮 🖫，保存文件。

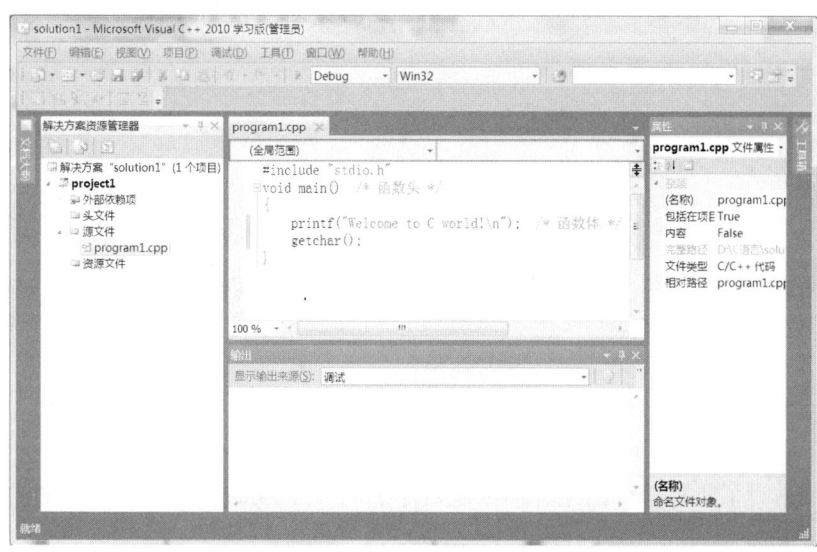

图 1.11　在编辑区中输入源程序代码

5. 生成解决方案

输入源程序代码后即可生成解决方案，选择"调试"→"生成解决方案"命令(或按快捷键 F7)进行编译、连接，运行成功后生成可执行文件 project1.exe，如图 1.12 所示。project1.exe 存储在 D:\C 语言\solution 1\Debug，如图 1.13 所示。

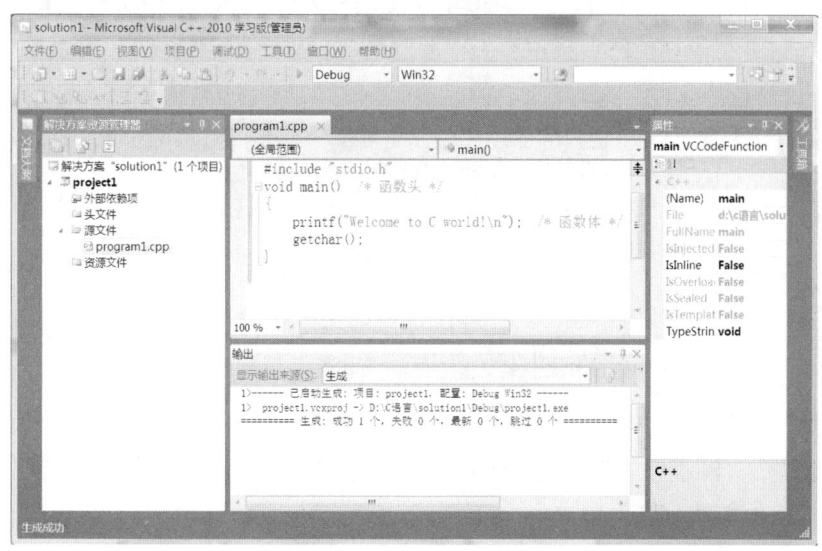

图 1.12　生成解决方案

C 语言程序设计教程(第 2 版)

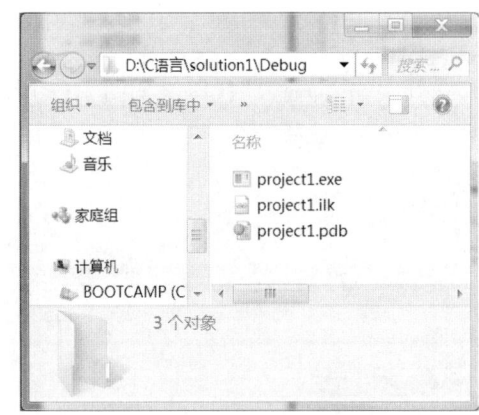

图 1.13　project1.exe 存储位置

6. 执行应用程序

单击▶按钮(或按快捷键 F5)执行应用程序 project1.exe，弹出运行的 DOS 窗口，显示运行结果"Welcome to C world!"，如图 1.14 所示。图 1.11 编辑区代码中最后一条语句"getchar();"是为了防止运行结果窗口闪退而添加的，按 Enter 键即可退出 DOS 窗口，返回到 Microsoft Visual C++ 2010 Express 平台。

图 1.14　运行结果 1

如果去掉最后一条语句"getchar();"，则需要按快捷键 Ctrl+F5 运行应用程序 program1.exe，否则运行结果窗口会闪退，运行结果如图 1.15 所示。

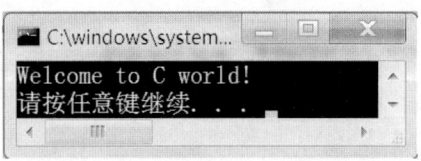

图 1.15　运行结果 2

其下方的"请按任意键继续. . ."是系统自动加上去的，提示用户可以按任意键退出 DOS 窗口，返回到 Microsoft Visual C++ 2010 Express 平台。

7. 关闭解决方案

完成对 C 语言源程序的调试后，为保护好已建立的项目，应正确关闭解决方案。选择"文件"→"关闭解决方案"命令。

8. 打开生成的解决方案

如果要再次打开解决方案，可以使用以下两种方法。

第1章 C语言概述

(1) 选择"文件"→"打开"→"项目/解决方案"命令(或按快捷键 Ctrl+Shift+O)，打开如图 1.16 所示的对话框。选中解决方案文件 solution1.sln，单击"打开"按钮，即可打开该解决方案，重新进行编辑、生成解决方案(编译、连接)和运行。

图 1.16 打开项目/解决方案

(2) 在"资源管理器"窗口中找到文件夹"D:\C 语言\solution1"，如图 1.17 所示。双击解决方案文件 solution1.sln，也可打开该解决方案。

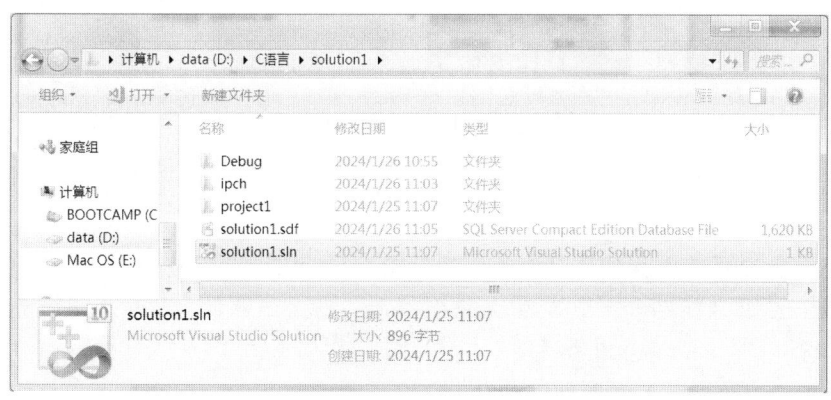

图 1.17 解决方案文件 solution1.sln 位置

9. 运行可执行的应用程序文件 project1.exe

如果要脱离 Microsoft Visual C++ 2010 Express 环境，运行可执行文件 project1.exe，可以使用以下两种方法。

(1) 在"资源管理器"窗口中找到文件夹"D:\C 语言\solution1\Debug"，如图 1.13 所示。双击可执行文件 project1.exe，可以运行可执行文件。但这时弹出的结果窗口可能会闪退。解决方法：在源程序代码中最后一个花括号前加"getchar() ;"语句，然后重新执行"生成解决方案"(编译、连接)生成可执行文件。再双击图 1.13 所示的"资源管理器"窗口中的可执行文件 project1.exe，闪退问题就解决了。

(2) 单击"开始"→"所有程序"→"附件"→"命令提示符"命令，启动 DOS 窗口。在该窗口中输入"D:\C 语言\solution1\Debug\project1.exe"语句，按 Enter 键也可以运行可执行文件，如图 1.18 所示。

图 1.18　在 DOS 窗口中运行可执行文件

1.4　简单的 C 语言程序

本节将介绍几个简单的 C 语言程序，并对其基本语法成分进行相应的说明，以便使读者对 C 语言程序有一个概括的了解。

【例 1.1】　编写一个 C 语言程序，显示字符串"Welcome to C world！"。

程序代码如下：

```
#include "stdio.h"
void main()                /* 函数头 */
{                          /* 函数体 */
    printf("Welcome to C world!\n");
}
```

本程序是一个简单而完整的 C 语言源程序，经过编辑、编译、连接和执行后，运行结果如图 1.14 所示。

说明：(1) 一个 C 语言源程序可以由多个函数组成，任何一个完整的 C 语言源程序都必须包含一个且只能包含一个名为 main 的函数，称为主函数。程序总是由 main 函数开始执行，在 main 函数中结束。

(2) 由左右花括号括起来的部分是函数体，函数体中的语句将实现程序的预定功能。在本例中，main 函数的函数体中只有 printf 一个语句，它的功能是进行格式化输出，即将字符串"Welcome to C world！"显示在屏幕上，其中字符串中的字符"\"和"n"结合起来，表示一个"换行"字符，在"换行"字符后输出的任何字符，将被显示在屏幕的下一行。

(3) C 语言中的每个基本语句都是以"；"结束的。

(4) C 语言程序的书写格式比较自由，没有固定的格式要求。在一行内，既可以写一个语句，也可以写多个语句。为了提高程序的可读性，往往根据语句的从属关系，以缩进书写的形式来体现语句的层次性。

(5) #include 语句是编译预处理命令,其作用是将由双引号或尖括号括起来的文件内容读入该语句的位置处。在使用 C 语言输入、输出库函数时,一般需要使用#include 语句将"stdio.h"头文件包含到源程序文件中。有关#include 语句的作用及其使用方法,将在第 11 章中做详细介绍。

(6) void 表示该函数无返回值。

(7) C 语言中的 void、char 等关键字必须小写。

(8) 程序中由/* 和*/括起来的内容是程序的注释部分,它是为增加程序的可读性而设置的。注释部分对程序的编译过程和执行结果没有任何影响。

【例 1.2】 从键盘输入两个整数,并将这两个整数之和显示出来。

程序代码如下:

```
#include "stdio.h"            /* 编译预处理命令,将与输入、输出有关的函数包含进来 */
void main()
{   int x,y,z;                /* 定义变量 */
    printf("请输入两个整数:");    /* 显示提示信息 */
    scanf("%d%d",&x,&y);       /* 读入两个整数,存入变量 x 和 y 中 */
    z=x+y;                    /* 求 x、y 的和存到变量 z 中 */
    printf("%d 与%d 的和是%d\n",x,y,z);  /* 显示结果 */
}
```

对本程序进行编辑、编译、连接和执行,当程序执行到 scanf 语句时,将等待用户输入两个整型数据后再继续执行。求和运行结果如图 1.19 所示。

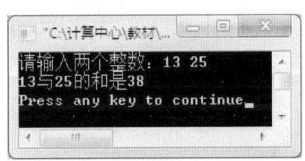

图 1.19 求和运行结果

【例 1.3】 题目同例 1.2。使用函数 add 完成求和。求和运行结果如图 1.19 所示。

程序代码如下:

```
#include "stdio.h"
void main()
{   int add(int x,int y);    /* 函数声明,从该语句开始为 main 函数体的声明部分*/
    int x,y,z;               /* 定义变量*/
    printf("请输入两个整数:");   /* 从该语句开始为 main 函数体的可执行部分*/
    scanf("%d%d",&x,&y);      /* 读入两个整数,存入变量 x 和 y 中*/
    z=add(x,y);              /* 调用函数 add,求和*/
    printf("%d 与%d 的和是%d\n",x,y,z);
}
int add(int x,int y)
{   int z;
    z=x+y;                   /* 计算两个整数之和*/
    return z;                /* 函数返回和值*/
}
```

说明：(1) C 语言中的所有变量都必须定义为某种数据类型，目的是使变量在被使用时有合适的存储空间。同时必须遵守"先定义、后使用"的原则。如语句：int x,y,z;，定义 x、y、z 为 3 个整型变量，为以后使用这 3 个变量提供存储空间。

(2) 一个 C 语言程序可以由多个函数组成，通过函数之间的相互调用来实现相应的功能。程序中所使用的函数，既可以是由系统提供的库函数，如 printf()，也可以是用户根据需要自己定义的函数，如 add()。

(3) 程序中调用的 scanf 函数的作用是进行格式化输入，其中由圆括号括起的部分是函数参数部分，不同的函数需要不同的参数，scanf 函数中的参数主要包括两部分内容：一是"格式控制"部分，它用于对输入数据的格式进行说明；二是"地址表"部分(本书中出现的表的概念，如地址表、输出表等，是指用逗号分隔的有限个元素序列)，它使用的是存放输入数据的变量的地址，&是取变量地址运算符。

(4) 程序中调用的 printf 函数的作用是进行格式化输出，其参数也包括两部分内容：一是"格式控制"部分，用于对输出数据进行格式说明；二是"输出表"部分，它使用的是存放输出数据的变量名本身。有关数据的输入、输出以及函数的调用形式，将在第 3 章进行详细介绍。

(5) 函数分为两部分：函数头(也称函数首部)和函数体。函数头主要指明函数名、函数返回值类型、函数形参及形参类型等，如例 1.3 中的 int add(int x,int y)。函数头下面用一对花括号括起来的是函数体。函数体又分为两部分：声明部分和可执行部分。声明部分的主要作用是定义变量、数组、声明函数等。可执行部分由一系列 C 语言可执行语句组成，完成该函数的功能。关于函数的详细介绍参见第 7 章。

习　　题

一、选择题

1. 一个 C 语言的源程序中，(　　)。
   A. 可以有多个主函数　　　　　　B. 必须有一个主函数
   C. 必须有主函数和其他函数　　　D. 可以没有主函数

2. 下列选项中叙述正确的是 (　　)。
   A. C 语言程序每一行只能写一条语句
   B. void main 函数必须在程序的第一行
   C. C 语言程序可以由一个或多个函数组成
   D. 在编译时可以发现注释中的拼写错误

3. 下列选项中叙述错误的是(　　)。
   A. 计算机不能直接执行用 C 语言编写的源程序
   B. C 语言程序编译后，生成扩展名为.obj 的文件是一个二进制文件
   C. 扩展名为.obj 的文件，经连接生成扩展名为.exe 的文件是一个二进制文件
   D. 扩展名为.obj 和.exe 的二进制文件都可以直接运行

4. 对于一个正常运行的 C 语言程序，下列叙述正确的是(　　)。
   A. 程序的执行总是从 void main 函数开始，由 void main 函数结束
   B. 程序的执行总是从程序的第一个函数开始，由 void main 函数结束
   C. 程序的执行总是从 void main 函数开始，到程序的最后一个函数结束
   D. 程序的执行总是从程序的第一个函数开始，到程序的最后一个函数结束
5. 下列选项中叙述正确的是(　　)。
   A. C 语言的基本组成单位是语句
   B. C 程序中的每一行只能写一条语句
   C. 简单 C 语句必须以分号结束
   D. C 语句必须在一行内完成

二、编程题

1. 请参照本章例题，编写一个 C 语言程序，用于显示以下信息。

```
**********
hello!
**********
```

2. 请参照本章例题，编写一个 C 语言程序，输出两个数中的最大数。

第 2 章 数据类型、运算符和表达式

数据是程序设计的重要组成部分，是程序处理的对象。计算机中处理的数据不仅仅是简单的数字，还包括文字、声音、图形、图像等各种形式。C 语言提供了丰富的数据类型，方便对现实世界中各种各样的数据形式进行描述。针对各种类型的数据，C 语言提供了丰富的运算符，可以对数据进行各种操作处理。

本章主要介绍 C 语言的基本语法成分，包括数据类型、常量、变量、运算符及表达式等。

2.1 数据类型

C 语言程序中所用到的每个常量、变量及函数等程序的基本操作对象都有一种数据类型与之相联系。每种数据类型都表明了它可能的取值范围和能在其上所进行的运算。

不同数据类型的数据在内存中所占的字节数通常是不一样的。高级语言能表示的数据类型越多，程序编写起来就越简单。

在 C 语言中，数据类型可分为基本类型、构造类型、指针类型和空类型四大类，如图 2.1 所示。

(1) 基本类型主要包括整型、字符型和实型(浮点型)。

(2) 构造类型是根据已定义的一个或多个数据类型，用构造的方法来定义的。也就是说，一个构造类型的值可以分解成若干个"成员"或"元素"。每个"成员"都是一个基本类型或者是一个构造类型。在 C 语言中，构造类型包括数组类型、结构体类型、共用体类型及枚举类型。

(3) 指针类型是一种特殊的、具有重要作用的数据类型。指针类型将在第 8 章中进行详细介绍。

(4) 在调用函数时，通常向调用者返回一个函数值。这个返回的函数值应具有一定的数据类型，并在函数定义及函数声明中给以说明。但是，也有一类函数，调用后并不需要向调用者返回函数值，这种函数可以定义为"空类型"，其类型说明符为 void。

第 2 章 数据类型、运算符和表达式

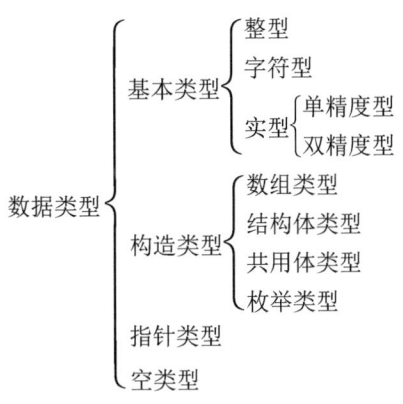

图 2.1 数据类型

本章主要介绍基本类型中的整型、实型和字符型。其余类型在以后各章中陆续介绍。

2.2 标识符、常量与变量

1. 标识符

标识符是指程序中的符号常量、变量、数组、函数、类型、文件等对象的名字。C 语言中标识符的命名规则如下。

(1) 标识符只能由字母、数字、下划线组成。
(2) 标识符的有效长度为 1~255 个字符。
(3) 标识符的第一个字符必须是字母或下划线。
(4) 标识符中大小写字符要加以区分。例如，sum、Sum、SUM 是 3 个不同的标识符。
(5) 标识符不能与任何关键字相同。

关键字也称保留字，是一类系统预留的具有特殊含义的标识符。在给符号常量、变量、数组、函数、类型、文件等对象命名时，不能使用关键字。C 语言中常用关键字参见附录 B。

标识符的命名习惯如下。

(1) 见名知意，即通过变量名就知道变量值的含义。通常用能表示其数据含义的英文单词或汉语拼音缩写，如 number/xh(学号)、name/xm(姓名)等。
(2) 作为变量名的标识符习惯上用小写字母，如 number(学号)。作为符号常量名的标识符习惯上用大写字母，如 PAI(圆周率)等。

以下均是非法的标识符：

s#2(包括非法字符#)、6ab(以数字开头)、int(C 语言关键字)

2. 常量

常量是在程序执行过程中，其值不发生改变的量，分为直接常量和符号常量两种。

(1) 直接常量：程序中用到的具体数据或字符。

① 整型常量：75、0、-14。
② 实型常量：3.21、-1.23。

③ 字符型常量：'a'、'B'、'1'、'\n'。

(2) 符号常量：用符号来代表一个常量。

符号常量定义的一般语法格式：

  #define 符号常量　常量值

功能：把符号常量定义为其后的常量值。一经定义，以后在程序中所有出现该符号常量的地方均以该常量值代替。

其中，#define 也是一条编译预处理命令(编译预处理命令都以"#"开头)，称为宏定义命令(将在第 11 章详细介绍)。

【例 2.1】 符号常量的示例：求圆的面积和周长。

程序代码如下：

```
#include "stdio.h"
#define PAI 3.14                    /* 定义符号常量 PAI，其值为 3.14 */
void main()
{   float r,s,l ;                   /* 定义 3 个单精度浮点型变量 */
    printf("请输入圆的半径:") ;     /* 显示提示信息 */
    scanf("%f",&r);                 /* 要求用户从键盘输入一个单精度浮点数,按 Enter 键结束*/
    s=PAI*r*r;                      /* 求面积，PAI 是符号常量，代表 3.14*/
    l=2*PAI*r;                      /* 求周长，PAI 是符号常量，代表 3.14*/
    printf("圆的面积:%5.1f\n",s);   /* 输出面积 */
    printf("圆的周长:%5.1f\n",l);   /* 输出周长 */
}
```

运行结果如图 2.2 所示。

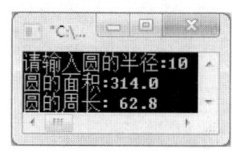

图 2.2　例 2.1 运行结果

注意：(1) 符号常量与变量不同，它的值在其作用域内不能改变，即不能再被赋值。

  (2) 符号常量的名字需符合标识符的命名规则。

  (3) 使用符号常量的好处是：含义清楚，见名知意；能做到"一改全改"。例 2.1 如果要求提高精度，需改变 PAI 的值，只需要改动一处即可，如#define PAI 3.14159。

3. 变量

在程序运行过程中，值可以改变的量称为变量。C 语言要求变量要"先定义，后使用"。

变量定义的一般语法格式：

  类型说明符　变量名 1，变量名 2，…，变量名 n；

说明：(1) 变量名的命名要符合标识符的命名规则。一个变量在内存中占据一定的存储单元，不同类型的变量所占的内存空间大小也不同。一个变量名代表在内存开辟的一组存储单元，对变量的操作实际上就是通过变量名找到该变量对应的内存单元的地址，再对内存单元进行操作。

第2章 数据类型、运算符和表达式

(2) 变量的地址是指变量所代表的存储空间的起始地址。在图 2.3 中,整型变量 i 的地址是 2000,字符型变量 c 的地址是 2004。可以通过运算符 & 取得变量的地址,如 &i 的值是 2000。需要强调的是,用户不用关心某变量的地址是多少,因为每次运行程序时分配给变量的地址可能是不同的,在需要时用运算符 & 取变量的地址即可。

(3) 变量的值是指在内存单元中存放的具体数据值。在程序中可以通过赋值或其他操作来改变某变量的值。

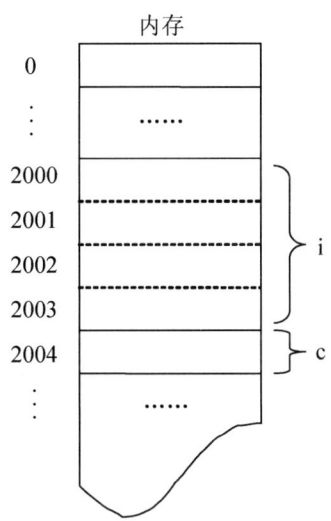

图 2.3 整型变量 i 和字符型变量 c 的内存分配情况

【例 2.2】 变量的应用示例。

程序代码如下:

```
#include "stdio.h"
void main()
{   int i;                                  /* 定义变量i为整型 */
    char c;                                 /* 定义变量c为字符型 */
    i=10;                                   /* 把10赋值给变量i */
    c='*';                                  /* 把字符'*'赋值给变量c */
    printf("整型变量i的值:%d\n",i);          /* 输出变量i的值 */
    printf("字符型变量c的值:%c\n",c);        /* 输出变量c的值 */
}
```

运行结果如图 2.4 所示。

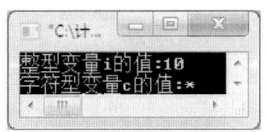

图 2.4 例 2.2 运行结果

变量 i 和变量 c 的内存分配情况如图 2.3 所示。由于 i 是整型变量,所以编译系统给 i 分配了连续 4 个字节的内存单元(地址范围为 2000~2003),整数 10 被存储在了这 4 个内存单元中(存储的是二进制数)。由于 c 是字符型变量，因此编译系统给 c 分配了 1 个字节的内存单元(地址为 2004)，字符 '*' 被存储在了这个内存单元中(存储的是'*'的 ASCII 码值)。

4. 变量的初始化

C 语言允许在定义变量的同时，对变量进行初始化，即给变量赋初值。

(1) 可以对全部变量初始化。例如：

```
    int a=1,b=10,c=-123;        /* 3个整型变量均被赋了初值 */
```

(2) 可以对部分变量初始化。例如：

```
    int a=1,b=10,c;             /* 整型变量c未被赋初值，其值是不确定的 */
```

(3) 对几个变量同时赋一个初值。例如：

```
    int a=1,b=1,c=1;            /* 3个整型变量均被赋了初值1 */
    int a=b=c=1;                /* 该语句是错误的 */
```

2.3 整型数据

整型数据包括整型常量和整型变量。

1. 整型常量

整型常量就是整型常数。C 语言中整型常量分为八进制、十六进制和十进制 3 种。

1) 八进制整型常量

(1) 必须以 0 作为八进制整型常量的前缀。其数码取值为 0～7。

(2) 以下各数是合法的八进制整型常量：

016(十进制为 14)、0100(十进制为 64)、0177777(十进制为 65535)。

(3) 以下不是合法的八进制整型常量：

082(包含了非八进制数码)、75(无前缀 0)。

2) 十六进制整型常量

(1) 十六进制整型常量的前缀为 0X 或 0x。其数码取值为 0～9、A～F 或 a～f。

(2) 以下各数是合法的十六进制整型常量：

0X10(十进制为 16)、0Xf(十进制为 15)、0XFFFF(十进制为 65535)。

(3) 以下各数不是合法的十六进制整型常量：

5A(无前缀 0X)、0X3H(含有非十六进制数码)。

3) 十进制整型常量

(1) 十进制整型常量没有前缀。其数码取值为 0～9。

(2) 以下各数是合法的十进制整型常量：

123、457、-10。

(3) 以下各数不是合法的十进制整型常量：

023(不能有前导 0，023 表示的是八进制常量)、23D(含有非十进制数码)。

第 2 章 数据类型、运算符和表达式

2. 整型变量

整型变量可分为以下几类(在 Microsoft Visual C++ 2010 Express 环境下)。

(1) 基本型：类型说明符为 int，在内存中占 4 个字节，其取值为基本整型常量。

(2) 短整型：类型说明符为 short int 或 short，在内存中占 2 个字节，其取值为基本整型常量。

(3) 长整型：类型说明符为 long int 或 long，在内存中占 4 个字节，其取值为长整型常量。

(4) 无符号型：类型说明符为 unsigned，无符号型又可与上述 3 种类型组合构成如下数据类型。

① 无符号基本型：类型说明符为 unsigned int 或 unsigned。

② 无符号短整型：类型说明符为 unsigned short。

③ 无符号长整型：类型说明符为 unsigned long。

各种无符号整数所占的内存空间字节数与相应的有符号整数相同。但由于省去了符号位，故不能表示负数。

有符号整数以二进制补码形式存储。最左边第 1 位用于表示符号，该位为 0，表示正整数；该位为 1，表示负整数。

无符号整数在计算机内部以二进制原码形式存储。

表 2-1 列出了 Microsoft Visual C++ 2010 Express 中各类整型变量所占用的内存字节数及数的范围。

表 2-1 各类整型变量所占用的内存字节数及数的范围

类型说明符	数的范围	占用的内存字节数
int	$-2147483648 \sim 2147483647(-2^{31} \sim 2^{31}-1)$	4
short int	$-32768 \sim 32767(-2^{15} \sim 2^{15}-1)$	2
long int	$-2147483648 \sim 2147483647(-2^{31} \sim 2^{31}-1)$	4
unsigned int	$0 \sim 4294967295(0 \sim 2^{32}-1)$	4
unsigned short	$0 \sim 65535(0 \sim 2^{16}-1)$	2
unsigned long	$0 \sim 4294967295(0 \sim 2^{32}-1)$	4

举例：

```
int a,b,c;          /* a、b、c 为整型变量 */
long x,y;           /* x、y 为长整型变量 */
unsigned p,q;       /* p、q 为无符号整型变量 */
```

在变量定义时，应注意以下几点。

(1) 允许在一个类型说明符后，定义多个相同类型的变量。各变量名之间用逗号分隔，类型说明符与变量名之间至少用一个空格分隔。

(2) 最后一个变量名之后必须以";"结尾。

(3) 变量定义必须放在变量使用之前，一般放在函数体开头的声明部分。

(4) 在一个整型常量后面加一个字母 u 或 U，认为是 unsigned int 型，如 123u，在内存中按 unsigned int 类型规定的方式存放，即最高位不作为符号位，而用来存储数据。

(5) 在一个整型常量后面加一个字母 l 或 L，认为是 long int 型，如 45L。

【例 2.3】 整型变量的定义与使用示例。

程序代码如下：

```
#include "stdio.h"
void main()
{  int a=0xb,b=017,c,d;        /* a 初值为 11，b 初值为 15 */
   unsigned u;                  /* u 是无符号整型变量 */
   u=30;                        /* 给 u 赋值为 30 */
   c=a+u;
   d=b+u;
   printf("a=%d,b=%d\n",a,b);
   printf("c=%d,d=%d\n",c,d);
}
```

运行结果如图 2.5 所示。

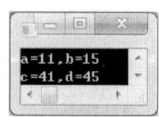

图 2.5 例 2.3 运行结果

2.4 实型数据

1. 实型常量

实型也称浮点型，实型常量也称实数或者浮点数。在 C 语言中，实数只采用十进制。它有两种形式：十进制数形式和指数形式。

1) 十进制数形式

由数码 0~9 和小数点组成。例如，0.5、-89.3、12.、.56 等均为合法的实数。

2) 指数形式

由十进制数、阶码标志(e 或 E)、阶码组成。

一般形式为：$a\mathrm{E}n$。

其中，a 为十进制数；n 为阶码，表示指数，必须是十进制整数，正负整数均可。

说明：其值为 $a \times 10^n$，注意 e 或 E 两边要求至少有一位数。

例如，以下是合法的实数：

1.6E5(等于 1.6×10^5)、3.8e-2(等于 3.8×10^{-2})、0.E0(等于 0.000000)。

以下不是合法的实数：

E2 .E2(阶码标志 E 之前无数字)、4e1.5(指数不能为小数)、3.6E0x1f(指数只能是十进制整数，而不能是十六进制数)。

第 2 章 数据类型、运算符和表达式

2. 实型变量

实型变量分为两类：单精度型和双精度型，它们的说明符分别为 float 和 double。

在 Microsoft Visual C++ 2010 Express 中，单精度型实型变量占 4 个字节(32 位)内存空间，其数值范围为 3.4E-38～3.4E+38，只能提供 7 位有效数字。

双精度型实型变量占 8 个字节(64 位)内存空间，其数值范围为 1.7E-308～1.7E+308，可提供 16 位有效数字。

例如：

```
float x,y;              /* x、y 为单精度实型变量 */
double a,b,c;           /* a、b、c 为双精度实型变量 */
```

实型变量在计算中常常不分单、双精度，都按双精度型(double)处理。如果在一个实型常量后面加一个字母 f 或 F，则认为是单精度型(float)，如 45F。

【例 2.4】 实型数据的应用示例。

程序代码如下：

```
#include"stdio.h"
void main()
{ float a;
  double b;
  a=1234.5678901234567890;    /* 只有前 7 位是有效数字*/
  b=1234.5678901234567890;    /* 只有前 16 位是有效数字*/
  printf("a=%20.15f\n\nb=%20.15lf\n",a,b);
              /* 20 表示输出数据总位数(包括小数点)，15 表示输出数据的小数位位数 */
}
```

运行结果如图 2.6 所示。

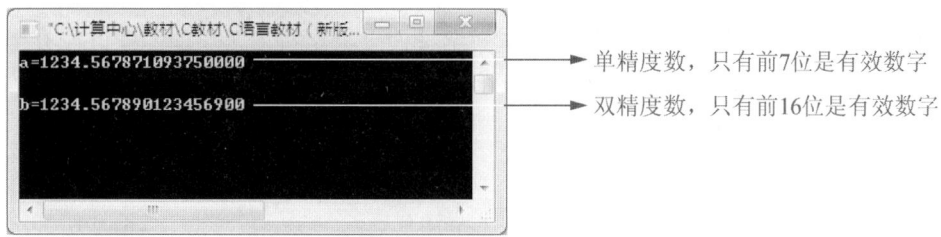

图 2.6 例 2.4 运行结果 1

在实际应用中，不需要保留太多的小数位位数。假设只需保留 2 位小数(对小数点后第 3 位进行四舍五入)，则上述程序代码可以改写如下。

```
#include"stdio.h"
void main()
{ float a;
  double b;
```

```
        a=1234.5678901234567890;     /* 只有前 7 位是有效数字*/
        b=1234.5678901234567890;     /* 只有前 16 位是有效数字*/
        printf("a=%7.2f\n\nb=%7.2lf\n",a,b);
                    /* 7 表示输出数据总位数(包括小数点)，2 表示输出的小数位位数 */
    }
```

运行结果如图 2.7 所示。

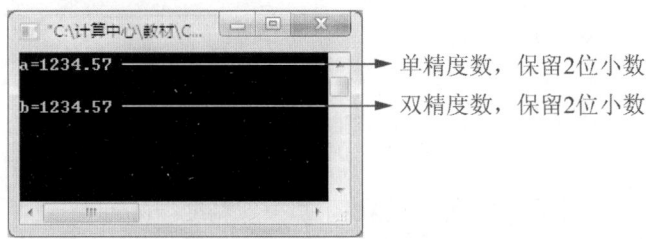

图 2.7　例 2.4 运行结果 2

2.5　字符型数据

字符型数据包括字符常量和字符变量。

1. 字符常量

字符常量是用单引号括起来的一个字符。例如，'x'、'5'、'*'、'&'、'? '都是合法字符常量，在内存中是以其 ASCII 码值的形式存储的。在 C 语言中，字符常量有以下特点。

(1) 只有用单引号括起来才是字符常量，用双引号或其他符号括起来的不是字符常量。

(2) 字符常量只能是单个字符，不能是多个字符，转义字符除外。

(3) 字符常量以 ASCII 码值存储，范围为 0～255。字符常量可以参与算术运算，即字符常量与 255 以内的整数等价。

(4) 字符可以是字符集中任意字符。但数字被定义为字符型之后就不能以原有值(而是以 ASCII 码值)参与数值运算。

例如，'1'和 1 是不同的，'1'是字符常量，而 1 是整型常量，1+'1'的结果是 50('1'的 ASCII 码值是 49)。

2. 转义字符

转义字符是一种特殊的字符常量。转义字符以反斜线"\"开头，后跟一个或几个字符。转义字符具有特定的含义，不同于字符原有的意义。

例如,在前面各例题 printf 函数的格式串中用到的\n 就是一个转义字符,其意义是"换行"。

转义字符主要用来表示那些用一般字符不便于表示的控制代码。常用的转义字符及其含义如表 2-2 所示。

第 2 章 数据类型、运算符和表达式

表 2-2 常用的转义字符及其含义

转义字符	转义字符的含义
\n	换行
\t	横向跳到下一制表位置
\b	退格
\r	回车
\f	走纸换页
\\	反斜线符 "\"
\'	单引号符
\"	双引号符
\0	空值(ASCII 码值为 0)
\ddd	1~3 位八进制数所代表的字符
\xhh	1~2 位十六进制数所代表的字符

说明：(1)'\0'和'0'是有区别的，在系统内部分别表示为 00000000(十进制数 0)和 00110000(十进制数 48)。

(2)一般可打印字符作为字符常量有 4 种表达方法，如'A'、'\101'、'\x41'、65。这 4 种方法是等价的，在程序中可以相互代替。

【例 2.5】 转义字符的应用示例。

程序代码如下：

```
#include "stdio.h"
void main()
{   printf("\101B\x43\n");                    /* '\101'表示'A', '\x43'表示'C' */
    printf("He say \"Welcome to China\"\n"); /* '\"'表示双引号 */
}
```

本程序中 "\101" 是八进制，代表的字符 A；"\x43" 是十六进制，代表的字符 C；"\""输出一个双引号，其他字符原样输出。

运行结果如图 2.8 所示。

图 2.8 例 2.5 运行结果

3. 字符变量

(1) 字符变量的类型说明符是 char。例如：

```
char c1,c2;
```

(2) 每个字符变量被分配一个字节的内存空间，因此只能存放一个字符常量。字符变量所分配的内存单元中存放的是 ASCII 码值(二进制存储)。例如，'a'的十进制 ASCII 码值是 97，'b'的十进制 ASCII 码值是 98。对字符变量 c1、c2 分别赋予'a'和'b'值：

```
c1='a';
c2='b';
```

实际上是在 c1、c2 两个内存单元中存放 97 和 98 的二进制代码：

```
a:  0 1 1 0 0 0 0 1
b:  0 1 1 0 0 0 1 0
```

所以也可以把它们看成整型变量，C 语言允许对整型变量赋以字符值，也允许对字符变量赋以整型值。在输出时，既允许把字符变量按整型变量输出，也允许把整型变量按字符变量输出。

【例 2.6】 把小写字母转换成大写字母。

程序代码如下：

```
#include "stdio.h"
void main()
{   char c1,c2;                           /* 定义字符变量 */
    c1='a';                               /* 赋值 */
    c2='b';
    c1=c1-32;                             /* 小写字母转换成大写字母 */
    c2=c2-32;
    printf("ASCII 码:%d,%d\n",c1,c2);     /* %d 控制输出 ASCII 码值 */
    printf("对应字符:%c,%c\n",c1,c2);     /* %c 控制输出字符本身 */
}
```

运行结果如图 2.9 所示。

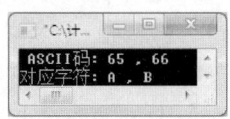

图 2.9 例 2.6 运行结果

本例中，c1、c2 被定义为字符变量并赋予字符常量值，C 语言允许字符变量参与数值运算，即用字符的 ASCII 码值参与运算。由于大小写字母的 ASCII 码值相差 32，因此运算后把小写字母转换成大写字母。最后分别以整型和字符型输出。

4. 字符串常量

字符串常量是由一对双引号括起的字符序列。例如，"HELLO!"、"C"、"12.5"等都是合法的字符串常量。存储时，系统会自动在每个字符串后面加一个字符串结束标志符'\0'。

第 2 章 数据类型、运算符和表达式

例如，字符串"HELLO!"在内存中占 7 个字节，存储图示如下：

| 'H' | 'E' | 'L' | 'L' | 'O' | '!' | '\0' |

字符串常量和字符常量是两个不同的量。它们之间主要有以下区别。

(1) 字符常量由单引号括起来，字符串常量由双引号括起来。

(2) 字符常量只能是单个字符(转义字符除外)，字符串常量则可以含零个或多个字符。

(3) 可以把一个字符常量赋给一个字符变量，但不能把一个字符串常量赋给一个字符串变量。在 C 语言中没有相应的字符串变量，但是可以用一个字符数组来存放一个字符串常量，这将在第 6 章予以介绍。

(4) 字符常量占 1 个字节的内存空间，字符串常量占的内存字节数等于字符串中字符个数加 1，增加的 1 个字节存放字符'\0'(ASCII 码值为 0)，这是字符串结束的标志。

(5) 字符常量'a'和字符串常量"a"虽然都只有一个字符，但在内存中的存储情况是不同的。

'a'在内存中占 1 个字节，可表示为： | 'a' |

"a"在内存中占 2 个字节，可表示为： | 'a' | '\0' |

2.6 基本运算符和表达式

C 语言拥有丰富的运算符和表达式。每种运算符都有不同的优先级和结合性，只有掌握了这些知识才能灵活地运用 C 语言的运算符和表达式。

1. 运算符种类

(1) 算术运算符：用于各类数值的运算。

+(加)、-(减)、*(乘)、/(除)、%(求余)、++(自增)、--(自减)。

(2) 关系运算符：用于比较运算。

>(大于)、<(小于)、==(等于)、>=(大于或等于)、<=(小于或等于)、！=(不等于)。

(3) 逻辑运算符：用于逻辑运算。

&&(逻辑与)、‖(逻辑或)、！(逻辑非)。

(4) 位运算符：参与运算的量，按二进制位进行运算。

&(按位与)、|(按位或)、~(按位非)、^(按位异或)、<<(左移)、>>(右移)。

(5) 赋值运算符：用于赋值运算。

=(简单赋值);

+=、-=、*=、/=、%=(复合算术赋值);

&=、|=、^=、>>=、<<=(复合位运算赋值)。

(6) 条件运算符：这是一个三目运算符，用于条件求值(？:)。

(7) 逗号运算符：用于把若干表达式组合成一个表达式(,)。

(8) 指针运算符：用于取内容(*)和取地址(&)两种运算。

(9) 求字节数运算符：用于计算数据所占的字节数(sizeof)。
(10) 特殊运算符：有括号( )、下标[ ]、成员(->和.)等几种。
本章只讲述其中的一部分运算符，其他的运算符将陆续在后面各章节中讲述。

2. 优先级和结合性

C 语言中，运算符的运算优先级共分为 15 级。1 级最高，15 级最低(见附录 C)。在表达式中，优先级较高的先于优先级较低的进行运算，而在一个运算量两侧的运算符优先级相同时，则按运算符的结合性所规定的结合方向处理。

2.6.1 算术运算符和算术表达式

1. 基本的算术运算符

(1) +：加法运算符为双目运算符，如 x+y，具有左结合性。

(2) -：减法运算符为双目运算符，如 x-y，具有左结合性。但"-"也可作负号运算符，此时为单目运算，如-3、-b 等具有右结合性。

(3) *：乘法运算符为双目运算符，具有左结合性。

(4) /：除法运算符为双目运算符，具有左结合性。参与运算量均为整型时，结果也为整型，舍去小数；如果运算量中有一个是实型，则结果为双精度实型。

例如，1/2 的结果是 0，而 1/2.0、1.0/2、1.0/2.0 的结果均为 0.5。

(5) %：求余运算符，也称模运算符，是双目运算符，具有左结合性。要求参与运算的量均为整型。求余运算的结果是两数相除后的余数。

例如，1%2 的结果是 1，9%3 的结果是 0，但 1.0%2、9%3.0 是错误的。

【例 2.7】 拆分数字。将一个 4 位数的千位数字、百位数字、十位数字和个位数字拆分出来。

程序代码如下：

```
#include "stdio.h"
void main()
{   int x=1234,a,b,c,d;
    a=x/1000;              /* 拆出千位数字 */
    b=x/100%10;            /* 拆出百位数字，等价方法：b=x%1000/100 */
    c=x/10%10;             /* 拆出十位数字，等价方法：c=x%100/10 */
    d=x%10;                /* 拆出个位数字 */
    printf("4位数%d的千百十个位数字分别为:%d,%d,%d,%d\n",x,a,b,c,d);
}
```

运行结果如图 2.10 所示。

图 2.10 例 2.7 运行结果

第 2 章 数据类型、运算符和表达式

2. 自增、自减运算符

C 语言有两个特殊运算符++和--。

++的功能是使变量的值自增 1；--的功能是使变量的值自减 1。

这两个运算符均为单目运算符，都具有右结合性。可有以下几种形式。

(1) 前置自增：++在前，变量名在后，如++i。运算规则是 i 先加 1，然后引用 i 值。假设 i 和 n 都是整型变量(以后同此)。

例如：i=1;n=++i;

++运算优先级高于赋值运算符=，相当于 n=(++i)，即先计算 i=i+1，再计算 n=i。计算结果：i 值为 2，n 值也为 2。

(2) 后置自增：++在后，变量名在前，如 i++。运算规则是先引用 i 值，然后 i 加 1。

例如：i=1;n=i++;

相当于 n=(i++)，即先计算 n=i，将 i 的值 1 赋给 n，再计算 i=i+1。计算结果：i 值为 2，n 值为 1。

(3) 前置自减：--在前，变量名在后，如--i。运算规则是 i 先减 1，然后引用 i 值。

例如：i=1;n=--i;

计算结果：i 值为 0，n 值也为 0。

(4) 后置自减：--在后，变量名在前，如 i--。运算规则是先引用 i 值，然后 i 减 1。

例如：i=1;n=i--;

计算结果：i 值为 0，n 值为 1。

【例 2.8】 自增(++)和自减运算符(--)的用法示例。

程序代码如下：

```
#include "stdio.h"
void main()
{   int i=8,j=8;
    int x,y;
    x=i++;              /* 后置自增*/
    y=--j;              /* 前置自减*/
    printf("i=%d,j=%d\n",i,j);
    printf("x=%d,y=%d\n",x,y);
}
```

运行结果如图 2.11 所示。

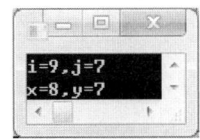

图 2.11 例 2.8 运行结果

自增(++)和自减(--)运算符的用法示例

关于++和--运算符有以下几点说明。

(1) ++和--运算符只能用于变量，不能用于常量和表达式。例如，3++、--(x+y)都是错误的表达式。

(2) -(负号运算符)、++和--这三个运算符的优先级相同，都具有右结合性，当连用的时候从右至左运算。

(3) 多个++和--连用的情况尽量避免，因为不同版本 C 语言的结果会有很大不同。

3. 算术表达式

算术表达式是由算术运算符、运算数和圆括号连接起来的式子。

例如：2+1、(a*2)/c、(x+r)*8-(a+b)/7、++i、sin(x)+sin(y)、(++i)-(j++)+(k--)。

2.6.2 赋值运算符和赋值表达式

1. 简单赋值运算符和表达式

赋值表达式的一般格式为：

　　　变量=表达式

功能：将赋值运算符"="右边表达式的值存储到左边变量所代表的存储单元。

例如：x=1

　　　y=5*x

说明：(1) 赋值运算符具有右结合性。因此 a=b=c=3 可理解为 a=(b=(c=3))。

(2) 既然"="被定义为运算符，由其组成的赋值表达式就是有意义的，凡是表达式可以出现的地方均可出现赋值表达式。例如，表达式 x=(a=1)+(b=2)是合法的。它的意义是把 1 赋予 a，2 赋予 b，再把 a、b 相加，得到的和值赋予 x，故 x 等于 3。

(3) 不要把赋值运算符"="简单等同于数学中的等号。例如，x=x+1 的含义就是将 x 值加上一个 1 之后再赋给 x，假如原有 x 为 10，赋值语句运行之后 x 为 11。如果理解为等号，左右两端永远不会相等。

举例：

```
a=b=c=5;            /* 表达式值为 5，a、b、c 值均为 5 */
a=5+(c=6);          /* 表达式值为 11，c 值为 6，a 值为 11 */
a=(b=10)/(c=2);     /* 表达式值为 5，a 值为 5，b 值为 10，c 值为 2 */
```

2. 复合赋值运算符及表达式

在赋值运算符"="之前加上其他双目运算符可构成复合赋值运算符。其共有 10 种：+=、-=、*=、/=、%=、<<=、>>=、&=、^=、|=。

举例：

```
a+=5;        /* 等价于 a=a+5 */
x*=y+7;      /* 等价于 x=x*(y+7) */
r%=p;        /* 等价于 r=r%p */
```

所有赋值运算符的优先级都相同，赋值运算符的优先级仅高于逗号运算符。赋值运算符的结合方向是从右至左，即当几种赋值运算符出现在一个表达式中时，先计算最右边的表达式。例如：

```
int a=3;
```

```
a+=a-=a*a;
```

先计算 a-=a*a，相当于 a=a-(a*a)=3-(3*3)=-6(注意：此时 a 的值已经为-6)；再计算 a+=-6，相当于 a=a+(-6)=(-6)+(-6)=-12。

2.6.3 逗号运算符和逗号表达式

C 语言中逗号","也是一种运算符，称为逗号运算符。其功能是把两个表达式连接起来组成一个表达式，称为逗号表达式。

其一般格式为：

表达式 1,表达式 2,…,表达式 n

其求值过程是从左至右分别求多个表达式的值，并以表达式 n 的值作为整个逗号表达式的值。例如：

```
x=8*2,x*4;
```

x 由赋值表达式得到第一个表达式的结果为 16，再乘以 4 得到第二个表达式的结果为 64，整个表达式的结果也为 64。

说明：(1) 程序中使用逗号表达式，通常是要分别求逗号表达式内各表达式的值，并不一定要求整个逗号表达式的值。

(2) 并不是在所有出现逗号的地方，组成的都是逗号表达式，如在变量说明中，函数参数表中逗号只是用作各变量之间的分隔符。

(3) 逗号运算符是所有 C 语言运算符中优先级是最低的，结合方向是从左到右。

举例：

```
(1) a=3*5,a*4;              /* a 的值为 15，表达式值为 60 */
    a=3*5,a*4,a+5;          /* a 的值为 15，表达式值为 20 */
(2) x=(a=3,6*3);            /* 赋值表达式，表达式值为 18，x 的值为 18，a 的值为 3 */
    x=a=3,6*a;              /* 逗号表达式，表达式值为 18，x 的值为 3，a 的值为 3 */
(3) a=1,b=2,c=3;
    printf("%d,%d,%d",a,b,c);      /* 输出结果为 1, 2, 3 */
    printf("%d,%d,%d",(a,b,c),b,c); /* 输出结果为 3, 2, 3 */
```

2.6.4 求字节数运算符

sizeof 是一个比较特殊的单目运算符，也是一个非常有用的运算符，常用于动态分配内存。

其一般格式为：

sizeof(表达式)

功能：求表达式中的数据在内存单元中所占的字节数。

例如：求整型(int)数据所占的字节数，有以下 3 种等价的方法。

(1) sizeof(int)

(2) sizeof(10)

(3) int a;

　　sizeof(a)

【例 2.9】 sizeof 运算符示例。

程序代码如下：

```
#include "stdio.h"
void main()
{
    printf("char 型占%d 字节\n",sizeof(char));
    printf("short 型占%d 字节\n",sizeof(short));
    printf("int 型占%d 字节\n",sizeof(10));
    printf("float 型占%d 字节\n",sizeof(2.3F));      /* 2.3F 是单精度实数 */
    printf("double 型占%d 字节\n",sizeof(2.3));      /* 2.3 是双精度实数 */
    printf("\"china\"占%d 字节\n",sizeof("china"));  /* '\0'占了一个字节 */
}
```

运行结果如图 2.12 所示。

图 2.12　例 2.9 运行结果

2.7　类型转换

变量的数据类型是可以转换的。转换的方法有两种：一种是自动转换，另一种是强制转换。

1. 自动转换

自动转换发生在不同数据类型的数据进行混合运算时，由编译系统自动完成。自动转换遵循以下规则。

(1) 若参与运算的数据类型不同，则先转换成同一类型，然后进行运算。

(2) 转换按数据长度增加的方向进行，以保证数据精度不降低。如 int 型数据和 long 型数据运算时，先把 int 型数据转换成 long 型数据再进行运算。

(3) 所有的浮点运算都是以 double 型进行的，即使仅含 float 型数据运算的表达式，也要先转换成 double 型，再进行运算。

(4) char 型和 short 型数据参与运算时，必须先转换成 int 型数据。

(5) 在赋值运算中，赋值号两边的数据类型不同时，赋值号右边的数据类型将转换为左边的数据类型。如果右边的数据类型长度比左边的长时，将丢失一部分数据，这样会降

第2章 数据类型、运算符和表达式

低数据精度,丢失的部分按四舍五入原则向前舍入。

各种数据类型自动转换的规则如图 2.13 所示。

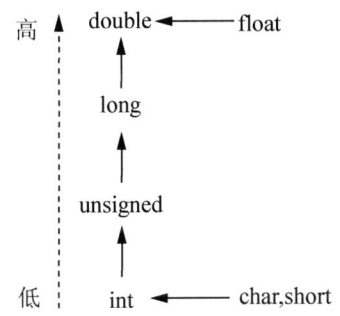

类型自动转换规则

图 2.13　各种数据类型自动转换的规则

【例 2.10】类型自动转换示例。

程序代码如下:

```
#include "stdio.h"
void main()
{
    float s1;
    int s2,r=7;
    s1=3.14159*r*r;
    s2=3.14159*r*r;          /* 自动转换数据类型,double 型转换成 int 型,去尾法 */
    printf("s1=%f\n",s1);    /* %f 控制输出浮点型数,默认保留小数点后 6 位 */
    printf("s2=%d\n",s2);
    printf("s3=%6.2f\n",s1); /* %6.2f 表示总位数为 6 位(包括小数点),保留小数点后 2 位 */
                             /* 对小数点后第 3 位进行四舍五入 */
}
```

运行结果如图 2.14 所示。

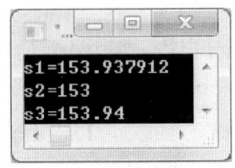

图 2.14　例 2.10 运行结果

本程序中,s1、3.14159 为实型,s2、r 为整型。在执行 s2=3.14159*r*r 语句时,r 转换成 double 型再运算,结果也为 double 型。但由于 s2 为整型,故赋值结果仍为整型,舍去了小数部分。

2. 强制转换

强制转换是通过类型转换运算来实现的。

其一般形式为：

(类型说明符)(表达式)

功能：把表达式的运算结果强制转换成类型说明符所表示的类型。

举例：

```
(double)(3/2)    /* 把 3/2 的运算结果 1 转换为双精度型 1.000000 */
(int)(x+y)       /* 把 x+y 的结果转换为整型*/
(int)x+y         /* 把 x 转换为整型再与 y 相加，结果取决于 y 的类型，x 本身类型不变*/
(int)3.6         /* 把 3.6 转换为整型数据 3，损失了数据的精度*/
```

【例 2.11】 数据类型强制转换示例。

程序代码如下：

```
#include "stdio.h"
void main()
{   float f=5.78;
    int i;
    i=(int)f%3;      /* 对 f 值 5.78 强行取整得到 5，5%3 结果为 2，f 本身值并未改变*/
    printf("i=%d,f=%f\n",i,f);
}
```

运行结果如图 2.15 所示。

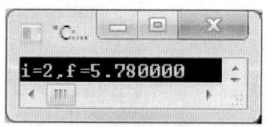

图 2.15　例 2.11 运行结果

习　　题

一、选择题

1. 下列选项中，合法的一组 C 语言用户标识符是(　　　)。
   A. and　　　　　B. Date　　　　　C. Hi　　　　　D. case
   　 _2007　　　　　 y-m-d　　　　　 Dr.Tom　　　　 Big1
2. 在 C 语言中，要求运算量必须是整型运算符的是(　　　)。
   A. %　　　　　B. /　　　　　C. <　　　　　D. !
3. 下列选项中，合法的一组 C 语言数值常量是(　　　)。
   A. 028　　　　　B. 12.　　　　　C. .177　　　　　D. 0x8A
   　 .5e-3　　　　　 0xa23　　　　　 4e1.5　　　　　 10,000
   　 -0xf　　　　　 4.5e0　　　　　 0abc　　　　　 3.e5
4. 设有定义：int k=0;，以下四个表达式中与其他三个表达式的值不相同的是(　　　)。
   A. k++　　　　　B. k+=1　　　　　C. ++k　　　　　D. k+1

第 2 章　数据类型、运算符和表达式

5. 下列选项中不属于字符常量的是( )。
   A. 'C'　　　　　　B. "C"　　　　　　C. '\xCC'　　　　　D. '\072'

6. 下列数据中，不正确的数值或字符常量是( )。
   A. 8.9e1.2　　　B. 10　　　　　C. 0xff00　　　　　D. 82.5

7. 下列符合 C 语言语法的赋值表达式是( )。
   A. d=9+e+f=d+9　　　　　　　　B. d=9+e,f=d+9
   C. d=9+e+=d+9　　　　　　　　D. d=9+e++=d+9

8. 运算符有优先级，在 C 语言中关于运算符优先级的正确叙述是( )。
   A. 逻辑运算符高于算术运算符，算术运算符高于关系运算符
   B. 算术运算符高于关系运算符，关系运算符高于逻辑运算符
   C. 算术运算符高于逻辑运算符，逻辑运算符高于算术运算符
   D. 关系运算符高于逻辑运算符，逻辑运算符高于算术运算符

9. C 语言中的简单数据类型包括( )。
   A. 整型、实型、逻辑型　　　　　B. 整型、实型、字符型
   C. 整型、字符型、逻辑型　　　　D. 整型、实型、逻辑型、字符型

10. C 语言程序中不能表示的数制是( )。
    A. 八进制　　　B. 十进制　　　C. 十六进制　　　D. 二进制

11. 若有表达式(w)?(--x):(++y)，则其中与 w 等价的表达式是 ( )。
    A. w==1　　　B. w==0　　　C. w!=1　　　　D. w!=0

12. 有以下程序段：

```
char ch; int k;
ch='a'; k=12;
printf("%c,%d,",ch,ch,k); printf("k=%d\n",k);
```

已知字符 a 的 ASCⅡ 码十进制代码为 97，则执行上述程序段后的输出结果是( )。
   A. 因为变量类型与格式描述符的类型不匹配，所以输出无定值
   B. 输出项与格式描述符个数不符，输出为零值或不定值
   C. a,97,12k=12
   D. a,97,k=12

13. 下列关于 long、int 和 short 类型数据占用内存大小的叙述中正确的是(Microsoft Visual C++ 2010 Express 环境)( )。
   A. 均占 4 个字节
   B. 根据数据的大小来决定所占内存的字节数
   C. 由用户自己定义
   D. 由 C 语言编译系统决定

14. C 语言中的标识符只能由字母、数字和下划线三种字符组成，且第一个字符( )。
   A. 必须为字母
   B. 必须为下划线
   C. 必须为字母或下划线

D. 可以是字母，数字和下划线中任一字符

15. 在C语言中，char型数据在内存中的存储形式是(　　)。

　　A. 补码　　　　B. 反码　　　　C. 原码　　　　D. ASCII 码

二、填空题

1. 设变量a和b已正确定义并赋初值，请写出与a-=a+b等价的赋值表达式_____。
2. 若整型变量a和b中的值分别为7和9，要求按以下格式输出a和b的值：

a=7
b=9
请完成输出语句：

```
printf("_____",a,b);
```

3. 已知：char w; int x; float y; double z; ，则表达式w*x+z-y的结果类型是_____。
4. 已知：int x=6; ，则执行x+=x-=x*x;语句后，x的值为_____。
5. 已知：int i=6,j; ，则执行j=(++i)+(i++);语句后，j的值是_____。
6. 下列程序的功能是：输出a、b、c三个变量中的最小值。请填空。

```
#include <stdio.h>
void main()
{   int a,b,c,t1,t2;
    scanf("%d%d%d",&a,&b,&c);
    t1=a<b? _____ ;
    t2=c<t1?_____;
    printf("%d\n", t2 );
}
```

7. 下列程序的运行结果为_____。

```
#include <stdio.h>
void main()
{   int a=010,j=10;
    printf("%d,%d\n",++a,j--);
}
```

8. 若有定义：char c='\010';，则变量C中包含的字符个数为_____。

三、编程题

1. 输入长方形的长和宽，求长方形的面积和周长并输出，使用浮点型数据处理。
2. 编程实现从键盘输入学生的3门成绩，计算并输出其总成绩sum，平均成绩ave和总成绩除3的余数rem。

第 3 章 顺序结构程序设计

在进行复杂的程序设计之前,有必要了解一下结构化程序设计的三种基本结构:顺序结构、选择结构和循环结构,以及如何用程序流程图来表示这三种基本结构。复杂的程序可以由这三种基本结构组合而成。

按照结构化程序设计思想编写的程序结构清晰,具有良好的可读性,易于调试和维护。

3.1 结构化程序设计

三种基本结构均可以用传统程序流程图来表示。这里简要介绍一下流程图。

流程图是用来描述算法(解题思路或编程思路)的一种极好的方法。使用图形表示程序的操作顺序(算法)比较直观形象,易于理解。

传统程序流程图是由一些图框和流程线组成的,其中图框表示各种类型的操作,图框中的文字和符号表示操作的内容,流程线表示操作的先后次序。传统程序流程图的一些常用图框符号如图 3.1 所示。

图 3.1 传统程序流程图的一些常用图框符号

- 起止框:用椭圆表示"开始"与"结束"。
- 输入/输出框:用平行四边形表示数据的输入/输出。
- 判断框:用菱形表示对一个给定的条件进行判断,根据给定的条件是否成立来决定如何执行其后的操作。它有一个入口、两个出口。
- 处理框:用矩形表示各种赋值、运算等处理操作。
- 流程线:用箭头代表流程控制方向。
- 连接点:用于将画在不同地方的流程线连接起来。连接点只有当某个流程图在一页画不下时,才会用到。

1. 顺序结构

顺序结构就是一组逐条执行的可执行语句。按照书写顺序，自上而下地执行。如图 3.2 所示，先执行 A 操作，再执行 B 操作的流程。

2. 选择结构

选择结构是一种先对给定条件进行判断，并根据判断的结果执行相应命令的结构。

选择结构的流程图如图 3.3 所示。该流程图表示：如果条件 P 成立(P 为真)，则执行 A 操作；若条件 P 不成立(P 为假)，则执行 B 操作。

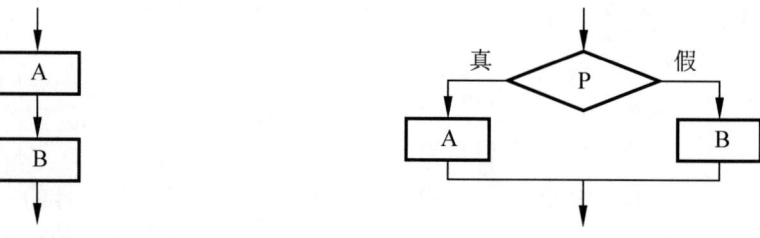

图 3.2　顺序结构的流程图　　　　图 3.3　选择结构的流程图

3. 循环结构

循环结构是指多次重复执行同一组命令的结构。

循环结构可分为前测试当型循环结构和后测试当型循环结构两种。

(1) 前测试当型循环结构的流程图如图 3.4 所示。该流程图表示：当条件 P 成立(P 为真)时，反复执行 A 操作；当条件 P 不成立(P 为假)时，循环结束。

(2) 后测试当型循环结构的流程图如图 3.5 所示。该流程图表示：执行 A 操作，当条件 P 不成立(P 为假)时，循环结束。当条件 P 成立时，反复执行 A 操作。

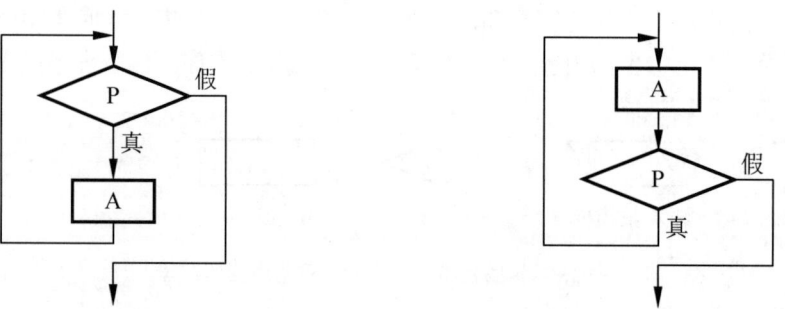

图 3.4　前测试当型循环结构的流程图　　　　图 3.5　后测试当型循环结构的流程图

(3) 二者区别如下。

前测试当型循环需要先判断条件，当条件 P 为真时，执行循环操作；当条件 P 为假时，结束循环。如果第一次判断条件就为假，循环操作一次也不执行。

后测试当型循环不用先判断条件 P，而是先执行完一次循环操作，再判断条件。循环操作至少被执行一次。

C 语言提供了多种语句用来实现这些程序结构。

3.2　C语言的语句

C程序的可执行部分都是由可执行语句组成的，程序的功能也是由可执行语句实现的，每条语句以分号作为结束。

C语句可分为五类：表达式语句、函数调用语句、控制语句、复合语句和空语句。

1. 表达式语句

表达式语句是C语言中最基本的语句，执行表达式语句就是计算表达式的值。
其一般格式为：

  表达式;

例如：

```
x=3+5*a-6;         /* 赋值语句 */
x-y;               /* 减法运算语句，但计算结果无法保留 */
```

2. 函数调用语句

由函数名、实际参数表加上分号";"组成。
其一般格式为：

  函数名(实际参数表);

例如：

```
printf("%f",s);
scanf("%d",&num);
fun(5);
```

执行函数语句可以调用库函数，也可以调用用户自己定义的函数。

3. 控制语句

控制语句用于控制程序的流程，以实现程序的各种基本结构，C语言有九种控制语句，可以分成以下三类。

(1) 条件判断语句：if语句、switch语句。它们用于实现选择结构。
(2) 循环执行语句：do-while语句、while语句、for语句。它们用于实现循环结构。
(3) 转向语句：break语句、goto语句、continue语句、return语句。它们配合上述语句实现相应的功能。

4. 复合语句

把多个语句用花括号{}括起来组成的语句称为复合语句，一个复合语句在语法上视为一条语句。
例如：

```
{   a=7;
```

```
    b=8;
    b+=a;
    printf("%d\n",b);
}
```

这是一个复合语句。复合语句内的各条语句都必须以分号";"结尾,在右花括号"}"外不要加分号。

5. 空语句

只有分号";"的语句称为空语句。空语句在执行的时候不产生任何动作。在程序中空语句可用来作为空循环体。

例如:

```
while(getchar()!='\n');
```

本语句的功能是等待用户按键,只要从键盘输入的字符不是回车则重新输入,这里的循环体为空语句。

数据的输入与输出是一个程序的重要功能,通过输入/输出语句可以使用户和计算机交互。C语言并没有自己的输入/输出语句,所有的数据输入、输出都是由库函数完成的,因此都是函数调用语句。事实上,输入/输出函数语句是顺序结构程序最重要的组成部分。

3.3 数据的输出

输出数据的函数主要有printf函数和putchar函数。printf函数称为格式输出函数,putchar函数称为字符输出函数。

3.3.1 格式输出函数——printf 函数

printf函数是一个标准库函数,它的函数原型在头文件stdio.h中。

1. printf 的定义格式

printf函数调用的一般语法格式为:

  printf("格式控制字符串",输出表列)

功能:能够按照用户的要求,将数据按照指定格式输出在显示器上。

说明:"输出表列"输出的一些数据可以是常量、变量、各种表达式和函数调用等。

2. 格式控制字符串

格式控制字符串用于指定输出格式,需要用双引号括起来,包括非格式控制字符和格式控制字符。

1) 非格式控制字符

非格式控制字符要原样输出。例如:

```
printf("welcome!");
```

第 3 章 顺序结构程序设计

2) 格式控制字符

格式控制字符是以%开头的字符,在%后面跟有各种格式说明字符和格式控制字符,以说明输出数据的类型、形式、长度、小数位数等。常用格式控制字符如表 3-1 所示。

表 3-1 常用格式控制字符

格式控制字符	含 义	举 例	结 果
d	以十进制形式输出带符号整数(正数不输出符号)	int a=567;printf("%d",a);	567
o	以八进制形式输出无符号整数(不输出前缀 0)	int a=65;printf("%o",a);	101
x	以十六进制形式输出无符号整数(不输出前缀 0X)	int a=255;printf("%x",a);	ff
u	以十进制形式输出无符号整数	int a=567;printf("%u",a);	567
f	以小数形式输出单精度、双精度实数	float a=56.789;printf("%f",a);	56.789001
e	以指数形式输出单精度、双精度实数	float a=56.789;printf("%e",a);	5.678900e+001
g	以%f%e 中较短的输出宽度输出单精度、双精度实数	float a=567.789;printf("%g",a);	56.789
c	输出单个字符	char a=65;printf("%c",a);	A
s	输出字符串	printf("%s","ABC");	ABC

【例 3.1】 按照要求输出整型数据。

程序代码如下:

```
#include "stdio.h"
void main()
{   int x,y,z;                    /* 定义三个整型变量*/
    x=10,y=020,z=0xf;             /* 分别为十进制形式、八进制形式、十六进制形式*/
    printf("%d,%d,%d\n",x,y,z);   /* 均以十进制形式输出*/
    printf("%o,%o,%o\n",x,y,z);   /* 均以八进制形式输出*/
    printf("%x,%x,%x\n",x,y,z);   /* 均以十六进制形式输出*/
}
```

程序运行结果:

```
10,16,15
12,20,17
a,10,f
```

3) 格式说明字符

为了表示用户需要的一些格式,可插入格式说明字符。常用格式说明字符如表 3-2 所示。

表 3-2 常用格式说明字符

格式说明字符	含 义	举 例
-	结果左对齐，右补空格，默认右对齐	%-d，%-c，%-f
+	输出时带有正、负号	%+d
空格	输出正数时前面加空格，输出负数时前面加负号	% d
l	用于长整型整数和双精度型数据	%ld，%lo，%lx，%lu，%lf
h	用于短整型整数	%hd，%ho，%hx，%hu
m(代表一个正整数)	数据的输出宽度	%md，%-mc
n(代表一个正整数)	对实数，表示输出 n 位小数；对字符串，表示截取字符个数	%m.nf，%-m.ns
0	输出数值时指定左面不使用的空位置自动填 0	%08d

注：%ld 表示长整型数据的输出，%lf 表示双精度型数据的输出。

【例 3.2】 格式说明字符 m、n、-与格式控制字符结合使用的用法示例。
程序代码如下：

```
#include "stdio.h"
void main()
{   int a=1234;
    float f=123.456;
    char ch='#';
    printf("12345678912345\n");        /* 设置标尺，方便阅读结果*/
    printf("%-5d,%5d\n",a,a);          /* -表示左对齐，5 表示输出宽度 */
    printf("%2d\n",a);                 /* a 是 4 位数，输出宽度值 2 太小，忽略 */
    printf("%8.1f\n",f);               /* 总宽度是 8 位(包括小数点)，小数位数是 1 位 */
    printf("%.2f\n",f);                /* 保留 2 位小数，省略 m 说明输出实际宽度，不补空格*/
    printf("%.3e\n",f);                /* 以指数形式输出，保留 3 位小数 */
    printf("%3c\n",ch);                /* 以 3 个字符宽度显示#，默认右对齐，左补 2 个空格 */
}
```

格式说明字符 m、n、-与格式控制字符结合使用的用法示例

程序运行结果如图 3.6 所示。

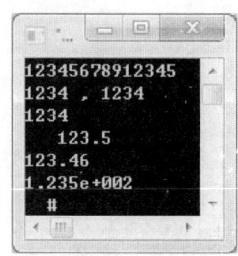

图 3.6 例 3.2 运行结果

第 3 章 顺序结构程序设计

【例 3.3】 格式说明字符 m、n、- 与格式控制字符 s 结合使用的示例。
程序代码如下：

```c
#include "stdio.h"
void main()
{   char a[]="Hello,world!";
    printf("123456789123456789\n");      /* 设置标尺,方便阅读结果*/
    printf("%s\n",a);      /* 按实际宽度输出字符串中所有字符*/
    printf("%15s\n",a);/* 按 15 个字符宽度输出字符串中所有字符,左补 3 个空格*/
    printf("%-10.5s,",a); /* 按 10 个字符宽度输出字符串中前 5 个字符,右补 5 个空格*/
    printf("%2.5s\n",a);    /* 截取前 5 个字符输出,指定宽度 2<5,忽略 2*/
    printf("%.3s\n",a);     /* 截取前 3 个字符,按实际宽度输出*/
}
```

运行结果如图 3.7 所示。

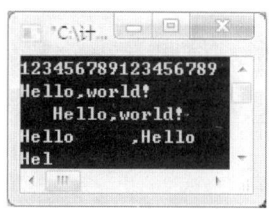

图 3.7　例 3.3 运行结果

> 格式说明字符 m、n、- 与格式控制字符 s 结合使用的示例

【例 3.4】 格式说明字符 0、+ 用法示例。
程序代码如下：

```c
#include "stdio.h"
void main()
{
    int a=1234;
    printf("123456789123456789\n");/* 设置标尺,方便阅读结果*/
    printf("%-7d,%7d\n",a,a);         /* -表示左对齐*/
    printf("%-7d,%7d\n",-a,-a);
    printf("%+07d,%07d\n",a,a);/* +表示数字前面显示正负号,正数显示+,负数显示-*/
    printf("%+07d,%07d\n",-a,-a);   /* 0 表示左补前导 0,而非空格 */
}
```

运行结果如图 3.8 所示。

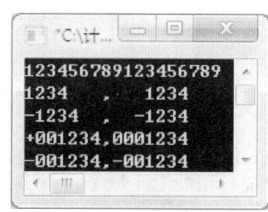

图 3.8　例 3.4 运行结果

3. 调用 printf 函数时的注意事项

(1) 格式控制字符必须和输出表列中的表达式按照从左到右的顺序一一匹配。

(2) 格式控制字符必须小写。例如，%d 不能写成%D。

(3) 如果想输出字符"%"，则应该在格式控制字符串中用连续的两个百分号表示。例如，想要输出某班女生(9 名)占全班总人数(40 名)的百分比，代码如下：

```
printf("%4.1f%%\n",9.0/40*100);
```

输出结果为：22.5%。

(4) 当格式控制字符个数少于输出项时，多余的输出项不能输出。若格式控制字符个数多于输出项，各个编译系统的处理方法各不相同。Microsoft Visual C++ 2010 Express 系统对缺少的项输出不定值。

3.3.2 字符输出函数——putchar 函数

putchar 函数是字符输出函数，它的函数原型也在头文件 stdio.h 中。

其一般格式为：

putchar(字符变量或字符常量)

功能：在显示器上输出单个字符。

例如：

```
putchar('a');        /* 输出小写字母 a*/
putchar(ch1);        /* 输出字符变量 ch1 的值*/
putchar('\n');       /* 换行。对控制字符则执行控制功能，不在显示器上显示*/
```

3.4 数据的输入

输入数据的函数主要有 scanf 函数和 getchar 函数。scanf 函数称为格式输入函数，getchar 函数称为字符输入函数。

3.4.1 格式输入函数——scanf 函数

scanf 函数是一个标准库函数，它的函数原型在头文件 stdio.h 中，与 printf 函数相同。

1. scanf 函数的格式

scanf 函数调用的一般语法格式为：

scanf("格式控制字符串",地址表列)

功能：程序执行到该语句时，暂停运行，等待用户输入数据，当用户输入完必要的数据并按 Enter 键后，系统把数据依次存入指定的变量地址中，然后程序继续往下运行。

说明：(1) 地址表列中给出各变量的地址。地址是由取地址运算符"&"与变量名组成的。例如，scanf("%d,%f",&a,&b);中&a 和&b 分别表示变量 a 和变量 b 的地址，这个地址就是编译系统在内存中给 a、b 变量分配的地址。

(2) &是一个取地址运算符，&a 是一个表达式，其功能是求变量的地址。

2. 格式控制字符串

格式控制字符串的作用是指定输入数据的格式。其包括非格式控制字符和格式控制字符。非格式控制字符需要原样输入。格式控制字符以%开头，后面跟有各种格式说明字符和格式控制字符，以说明输入数据的类型、形式、长度、小数位数等。其中，格式控制字符及含义如表 3-3 所示。

表 3-3　格式控制字符及含义

格式控制字符	含　　义
d	输入十进制整数
o	输入八进制整数
x	输入十六进制整数
u	输入无符号十进制整数
f 或 e	输入实型数(用小数形式或指数形式)
c	输入单个字符
s	输入字符串

格式说明字符及含义如表 3-4 所示。

表 3-4　格式说明字符及含义

格式说明字符	含　　义
l	用于输入长整型数据%ld、%lo、%lx、%lu 及 double 型数据%lf
h	用于输入短整型数据%hd、%ho、%hx、%hu
m	指定输入数据所占宽度，m 应为正整数，如%5d
*	抑制符，表示本输入项在读入后不赋给相应的变量，如%*d

3. 调用 scanf 函数时的注意事项

(1) 输入数据时，两个输入数据之间一般用空格、Enter 键或者 Tab 键进行分隔。如果用空格，则用一个或者多个空格。

(2) 格式控制字符串中如果出现非格式控制字符，要按原样输入。

例如：

```
scanf("x=%d,y=%d",&x,&y);
```

调用 scanf 函数时的注意事项

输入时应键入：x=5, y=8。
(3) 输入数据时不要指定精度。
例如：

```
scanf("%5.2f",&x);      /* 这种写法是不合法的 */
```

(4) "*"用来表示本输入项在读入后不赋给相应的变量，即跳过该输入值。
例如：

```
scanf("%d%*d%d",&a,&b);
```

当输入为 2 3 4 时，把数值 2 赋给 a，数值 3 被跳过，数值 4 赋给 b。
(5) 用十进制整数指定输入宽度。
例如：

```
scanf("%5d",&a);
```

输入 987654321 时，把 98765 赋给变量 a，其余部分被截去。
再如：

```
scanf("%4d%4d",&a,&b);
```

输入 987654321 时，把 9876 赋给变量 a，而把 5432 赋给变量 b。
(6) 输入字符型数据的时候，若格式控制字符串中无非格式控制字符，则认为所有输入字符均为有效字符。
例如：

```
scanf("%c%c",&a,&b);
```

当输入 AB 时，a 变量中为字符'A', b 变量中为字符'B'；当输入为 A B(A 与 B 中间有空格)时，a 变量中为字符'A', b 变量中为空格字符' '(一对单引号中有一个空格)。当输入 A，然后按 Enter 键时，a 变量中为字符'A', b 变量中为字符'\n'(回车所对应的字符)。
(7) 长度格式符为 l 和 h。l 表示输入长整型数据(如%ld)和双精度型数据(如%lf)，h 表示输入短整型数据。
举例：
① scanf("%3c%2c",&c1,&c2);
　　输入：abcde
　　则：'a'赋给变量 c1, 'd'赋给变量 c2。
② scanf("%2d%*3d%2d",&a,&b)。
　　输入：1234567
　　则：12 赋给变量 a, 67 赋给变量 b。
③ scanf("%3d%*4d%f",&k,&f);
　　输入：12345678765.43
　　则：123 赋给变量 k, 8765.43 赋给变量 f。

④ scanf("%4d%2d%2d",&yy,&mm,&dd);

输入：20251015

则：2025 赋给变量 yy，10 赋给变量 mm，15 赋给变量 dd。

⑤ scanf("%d:%d:%d",&h,&m,&s);

输入：12:30:45

则：12 赋给变量 h，30 赋给变量 m，45 赋给变量 s。

3.4.2 字符输入函数——getchar 函数

getchar 函数包含在库函数头文件 stdio.h 中。

其一般语法格式为：

  getchar()

功能：程序暂停，等待用户从键盘上输入一个字符。当用户输入任一字符并按 Enter 键后，程序继续往下运行，输入的字符被赋给指定的变量或直接输出。

说明：通常把输入的字符赋予一个字符变量，构成赋值语句。例如：

```
char c;
c=getchar();
```

【例 3.5】 输入单个字符，再将其输出。

程序代码如下：

```
#include "stdio.h"
void main()
{  char c;
   printf("请输入一个字符:");
   c=getchar();                /* 程序暂停，等待用户输入任意字符并按 Enter 键*/
   printf("刚刚输入的字符:");
   putchar(c);                 /* 把刚刚输入的字符显示输出*/
   putchar('\n');
}
```

程序运行结果如图 3.9 所示。

图 3.9　例 3.5 运行结果

说明：(1) getchar 函数只能接收单个字符，输入数字也按字符处理。输入多于一个字符时，只接收第一个字符。

(2) 程序中的两条语句 c=getchar();和 putchar(c);可用下面两行的任意一行代替：

```
putchar(getchar());
printf("%c",getchar());
```

3.5 顺序结构程序举例

【例 3.6】 输入三角形边长，使用下面的海伦公式求面积。a、b、c 是三边长，s 是半周长，area 是面积。

$$s = \frac{1}{2}(a+b+c)$$

$$\text{area} = \sqrt{s \times (s-a) \times (s-b) \times (s-c)}$$

程序代码如下：

```
#include "math.h"                    /* 数学函数头文件 */
#include "stdio.h"
void main()
{  int a,b,c;
   float s,area;
   printf("请输入三边长(用逗号分隔):");
   scanf("%d,%d,%d",&a,&b,&c);
   s=1.0*(a+b+c)/2.0;                /* 求半周长 */
   area=sqrt(s*(s-a)*(s-b)*(s-c));   /* 求面积，sqrt 是开平方函数 */
   printf("边长%d、%d和%d构成的三角形面积:%6.2f\n",a,b,c,area);
}
```

程序运行结果如图 3.10 所示。

图 3.10 例 3.6 运行结果

本例是通过三条边的长度求面积，用到数学公式。当需要用数学函数时，需包含 math.h 头文件。

【例 3.7】 求一元二次方程 $ax^2+bx+c=0$ 的根，假设 $b^2-4ac>0$。公式：$x = \dfrac{-b \pm \sqrt{b^2 - 4ac}}{2a}$。

程序代码如下：

```
#include "math.h"
#include "stdio.h"
void main()
{  float a,b,c,dit,x1,x2,p,q;
   printf("请输入三个系数:");
   scanf("%f%f%f",&a,&b,&c);         /* 输入三个系数*/
   dit=b*b-4*a*c;                    /* 求△值*/
   p=-b/(2*a);  q=sqrt(dit)/(2*a);
   x1=p+q;  x2=p-q;                  /* 求两个实根*/
   printf("两个实根:%.2f,%.2f\n",x1,x2);
}
```

程序运行结果如图 3.11 所示。

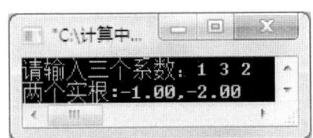

图 3.11　例 3.7 运行结果

【例 3.8】 要求用户从键盘输入 3 个数字字符，组成一个 3 位整数。如果输入 1、6、3，就会得到一个 3 位整数 163。

程序代码如下：

```c
#include "stdio.h"
void main()
{   int i;
    char d1,d2,d3;           /* 3个变量d1、d2、d3分别存储百位、十位、个位数字 */
    printf("请输入3个数字字符:");
    scanf("%c%c%c",&d1,&d2,&d3);            /* 输入3个数字字符*/
    i=(d1-'0')*100+(d2-'0')*10+(d3-'0');    /* 计算得到3位整数*/
    printf("数字%c、%c和%c组成的整数为:%d\n",d1,d2,d3,i);
}
```

运行结果如图 3.12 所示。

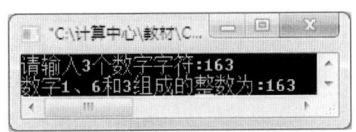

图 3.12　例 3.8 运行结果

本程序中，d1、d2、d3 三个变量中分别存入三个数字字符'1'、'6'、'3'。d1-'0' 也就是'1'-'0'，是对两个字符的 ASCII 码值做减法，字符'1'和'0'的 ASCII 码值分别为 49 和 48，所以 d1-'0' 的值是 1。同理，d2-'0'('6'-'0')的值是 6，d3-'0'('3'-'0')的值是 3。计算得到的 1、6、3 是 3 个整数，再计算 1×100+6×10+3，得到最终结果 163。

习　题

一、选择题

1. 若变量已正确定义为 int 型，要通过语句 scanf("%d,%d,%d",&a,&b,&c);给 a 赋值 1，给 b 赋值 2，给 c 赋值 3，则以下输入形式中错误的是(　　)。(□代表一个空格符)

　　A. □□□1,2,3<回车>

　　B. 1□2□3<回车>

　　C. 1,□□□2,□□□3<回车>

　　D. 1,2,3<回车>

2. 若有定义语句：int a,b,c;，执行以下选项中的语句，能正确执行的语句是(　　)。
   A. scanf("%d" ,&a,&b,&c);   B. scanf(" %d%d%d " ,&a,&b,&c);
   C. scanf(" %f" ,&a);   D. scanf(" %c%d " ,&a,&b);

3. 下列程序的运行结果是(　　)，其中，%u 表示按无符号整数输出。

```
#include <stdio.h>
void main()
{ unsigned int x=0xFFFF;    /* x 的初值为十六进制数 */
  printf("%u\n",x);
}
```

   A. -1   B. 65535   C. 32767   D. 0xFFFF

4. 下列说法正确的是(　　)。
   A. 输入项可以为一个实型常量，如 scanf("%f",3.5);
   B. 只有格式控制，没有输入项，也能进行正确输入，如 scanf("a=%d,b=%d");
   C. 当输入一个实型数据时，格式控制部分应规定小数点后的位数，如 scanf("%4.2f",&f);
   D. 当输入数据时，必须指明变量的地址，如 scanf("%f",&f);

5. 下列四个程序中，完全正确的是(　　)。
   A. #include <stdio.h>
      void main();
      { /*programming*/
        printf("programming!\n");}

   B. #include <stdio.h>
      void main()
      { /*/programming/*/
        printf("programming!\n");}

   C. #include <stdio.h>
      void main()
      { /*/*progmmmfug*/*/
        printf("programming!\n");}

   D. include <stdio.h>
      void main()
      { /*programming*/
        printf("programming!\n");}

6. 有以下程序：

```
#include <stdio.h>
void main()
{ char c1,c2,c3,c4,c5,c6;
  scanf("%c%c%c%c",&c1,&c2,&c3,&c4);
  c5=getchar();  c6=getchar();
  putchar(c1);   putchar(c2);
  printf("%c%c\n",c5,c6);
}
```

程序运行后，若从键盘输入(从第 1 列开始)：

```
123<回车>
45678<回车>
```

则输出结果是(　　)。
   A. 1267   B. 1256   C. 1278   D. 1245

第 3 章 顺序结构程序设计

7. 下列叙述正确的是(　　)。

　　A. 调用 printf 函数时，必须有输出项

　　B. 调用 putchar 函数时，必须在之前包含头文件 stdio.h

　　C. 在 C 语言中，整数可以十二进制、八进制或十六进制的形式输出

　　D. 调用 getchar 函数读入字符时，可以从键盘上输入字符所对应的 ASCII 码

8. 在 C 语言库函数中，可以输出 double 型变量 x 值的函数是(　　)。

　　A. getchar　　　　B. scanf　　　　C. putchar　　　　D. printf

9. 已知：int a, b;，用语句 scanf("%d%d",& a ,&b);输入 a、b 的值时，不能作为输入数据分隔符的是(　　)。

　　A. ,　　　　B. 空格　　　　C. 回车　　　　D. Tab 键

10. 执行语句：printf("The program\'s name is c:\\tools\book.txt");后的输出结果是(　　)。

　　A. The program's name is c:tools book.txt

　　B. The program's name is c:\tools book.txt

　　C. The program's name is c:\\tools book.txt

　　D. The program's name is c:\toolook.txt

11. 下列程序段的输出结果为(　　)。

```
int a=7,b=9,t;
t=a*=a>b?a:b;
printf("%d",t);
```

　　A. 7　　　　B. 9　　　　C. 63　　　　D. 49

12. 已知 i、j、k 为 int 型变量，若从键盘输入 1,2,3<回车>，使 i 的值为 1，j 的值为 2，k 的值为 3，以下选项中正确的输入语句是(　　)。

　　A. scanf("%2d%2d%2d",&i,&j,&k);

　　B. scanf("%d %d %d",&i,&j,&k);

　　C. scanf("%d,%d,%d",&i,&j,&k);

　　D. scanf("i=%d,j=%d,k=%d",&i,&j,&k);

二、填空题

1. 已知：int x; float y;scanf("x= %d,y=%f",&x,&y);，将数据 10 和 66.6 分别赋给 x 和 y，正确的输入是_____。

2. 执行以下程序时，输入 1234567<回车>，则输出结果是_____。

```
#include <stdio.h >
void main()
{  int  a=1,b;
   scanf("%2d%2d",&a,&b);
   printf("%d    %d\n",a,b);
}
```

3. 若有定义：int n,i,t;，以下程序段的输出结果是_____。

    t=(n=i=2,++i,i++); printf("##%d##%d",n,i);

4. 执行以下程序后的输出结果是_____。

```
#include <stdio.h>
void main()
{   int a=10;
    a=(3*5,a+4);
    printf("a=%d\n",a);
}
```

三、编程题

1. 编写程序，输入 a、b 的值，求 a、b 的和并显示出来。

2. 编写程序，输入三角形三条边 a、b、c 的值，计算三角形的面积。

三角形面积公式为：area=sqrt(s(s-a)(s-b)(s-c))。其中，s=(a+b+c)/2，sqrt(x)表示 x 的平方根。(注：sqrt 是 C 语言的库函数，在使用该函数时，文件的首部需要用编译预处理命令 #include 将文件 math.h 包含到源文件中)。

第4章 选择结构程序设计

选择结构又称分支结构,是程序设计的一种基本结构,其作用是通过编程使得计算机具有判断和选择的功能,即在程序的执行过程中,根据给定的条件是否满足来决定某些操作是执行还是不执行,或者从若干个操作中选择一个操作来执行。

C 语言中用于实现选择结构的控制语句主要有 if 语句和 switch 语句。

因为在一些判断条件表达式中要用到关系运算符和逻辑运算符,所以在学习各种控制语句之前,介绍用于判断的运算符和表达式:关系运算符和关系表达式、逻辑运算符和逻辑表达式、条件运算符和条件表达式。

4.1 关系运算符、逻辑运算符、条件运算符

4.1.1 关系运算符和关系表达式

1. 关系运算符

在程序设计过程中经常需要比较两个数值的大小,以决定程序下一步的走向。有时程序中还需要比较字符的大小。用于比较两个数据大小的运算符称为关系运算符(也称比较运算符)。

在 C 语言中有 6 个关系运算符:<(小于)、<=(小于或等于)、>(大于)、>=(大于或等于)、==(等于)、!=(不等于)。

(1) 关系运算符都是双目运算符,其结合性均为左结合。

(2) <、<=、>、>=的优先级相同,均高于==和!=。==和!=的优先级相同。

(3) 关系运算符的优先级低于算术运算符,高于赋值运算符(见附录 C)。

(4) 关系运算符在比较字符型数据时,比较的是字符的 ASCII 码值。

2. 关系表达式

用关系运算符将两个表达式连接起来的式子,称为关系表达式。

关系表达式的一般形式为:

  表达式 1 关系运算符 表达式 2

功能:比较两个表达式的大小,返回一个逻辑值。

例如:a+c>b、3>2、x==k*2 都是合法的关系表达式。

说明:(1) 表达式可以是算术表达式、关系表达式、逻辑表达式、赋值表达式和字符表达式等。但两个表达式的类型要相同,否则比较没有意义。

(2) 关系表达式的值是逻辑"真"或逻辑"假",在 C 语言中用 1 代表逻辑"真"值,用 0 代表逻辑"假"值。例如:

```
1>0                    /* 表达式结果为 1 */
(x=2)>(y=3)            /* 先计算括号中的表达式,然后计算 2>3,表达式结果为 0 */
'a'>'b'                /* 用两个字符的 ASCII 码值作比较,97>98,表达式结果为 0 */
int a=3,b=2,c=1,d,f;
c==a>b                 /* 先计算 3>2,值为 1,再计算 1==1,表达式结果为 1 */
d=a>b                  /* 先计算 3>2,值为 1,再计算 d=1,表达式结果和 d 都为 1 */
b+c<a                  /* 先计算 2+1,值为 3,再计算 3<3,表达式结果为 0 */
a>b>c                  /* 先计算 3>2,值为 1,再计算 1>1,表达式结果为 0 */
```

(3) 应避免对实数进行相等的判断。如要判断表达式 1.0/3.0*3.0 的值是否为 1.0,不能用关系表达式 1.0/3.0*3.0==1.0 。因为该表达式的结果为逻辑"假"(1.0/3.0*3.0 的结果并不是 1.0,小数点后保留 6 位有效数字),可改写为 fabs(1.0/3.0*3.0-1.0)<1e-6(fabs 是求绝对值的库函数)。

(4) 注意区分赋值运算符"="和等于比较运算符"=="。例如:

```
int a=0,b=5;
a==b                   /* 计算 0==5,表达式结果为 0 */
a=b                    /* 将 b 的值 5 赋给 a,a 的值为 5,表达式结果也为 5 */
```

4.1.2 逻辑运算符和逻辑表达式

  1. 逻辑运算符

关系运算是对两个数据进行比较得出"真"或"假"的结果,分别用 1 和 0 表示。当需要描述更复杂的条件时,涉及的操作数较多时,用关系表达式就难以正确表达。例如,判断 x 是否在闭区间[0,10]内,在 C 语言中不能用 0<=x<=10 这样的表达式来表示,必须使用逻辑运算符来实现。

(1) C 语言中提供了三种逻辑运算符:&&(逻辑与)、||(逻辑或)、!(逻辑非)。

例如:判断 x 是否在闭区间[0,10],应使用表达式 x>=0 && x<=10 。

(2) &&和||均为双目运算符,具有左结合性。

(3) !为单目运算符,具有右结合性。

(4) 优先级(从高到低):! → && → ||。

(5) &&和||的优先级低于关系运算符,!的优先级高于算术运算符(见附录 C)。

例如：

```
a>b && x>y            等价于  (a>b)&&(x>y)
!b||d<a               等价于  (!b)||(d<a)
a+b>c && x+y<b        等价于  ((a+b)>c)&&((x+y)<b)
c=a||b                等价于  c=(a||b)
a||b&&c               等价于  a||(b && c)
```

(6) 逻辑运算的真值表如表 4-1 所示。

表 4-1 逻辑运算的真值表

a	b	!a	a&&b	a‖b
真	真	假	真	真
真	假	假	假	真
假	真	真	假	真
假	假	真	假	假

(7) 从表 4-1 中可以得到进行逻辑运算的规则。

① 逻辑与(&&)：参与运算的两个量都为真时，结果才为真；否则为假。

② 逻辑或(‖)：只要有一个量为真，结果就为真；两个量都为假时，结果才为假。

③ 逻辑非(!)：参与运算的量为真时，结果为假；参与运算的量为假时，结果为真。

2. 逻辑表达式

用逻辑运算符将两个关系表达式或逻辑量连接起来的式子，称为逻辑表达式。
逻辑表达式的一般形式为：

表达式 1　逻辑运算符　表达式 2

或

逻辑运算符　表达式 1

说明：(1) 逻辑表达式的运算结果也返回一个逻辑值：逻辑"真"或逻辑"假"，用 1 和 0 来表示。

(2) 虽然 C 语言在进行逻辑运算时，以 1 代表"真"，0 代表"假"。但反过来，在判断一个表达式为"真"还是为"假"时，用 0 表示"假"，用非 0 值表示"真"。
例如：

```
3&&2            /* 结果为真，即为1。因为3和2均为非0("真")，真和真的逻辑与为真 */
5&&0            /* 结果为假，即为0。因为5代表"真",0代表"假"，真和假的逻辑与为假 */
5>3&&2‖8<4-!0   /* 表达式结果为1 */
'c'&&'d'        /* 表达式结果为1 */
```

(3) 短路特性：逻辑表达式求解时，并非所有的逻辑运算符都被执行，只是在必须执行下一个逻辑运算符才能求出表达式的解时，才执行该运算符。例如：

```
a&&b&&c         /* 只在a为真时，才计算b的值；只在a、b都为真时，才计算c的值 */
```

```
a||b||c              /* 只在a为假时，才计算b的值；只在a、b都为假时，才计算c的值 */
a=1;b=2;c=3;d=4;m=1;n=1;
 (m=a>b)&&(n=c>d)    /* 结果m为0，n为1，表达式结果为0。n=c>d并未计算*/
```

4.1.3 条件运算符和条件表达式

条件运算符为?:，它是C语言中唯一的三目运算符，即有三个操作数。

由条件运算符组成条件表达式的一般形式为：

表达式 1 ? 表达式 2: 表达式 3

运算规则为：先求解表达式1的值，若为真(非0)，则求解表达式2的值，且整个条件表达式的值等于表达式2的值；否则求解表达式3的值，且整个条件表达式的值等于表达式3的值。

说明：(1) 条件运算符的优先级低于关系运算符和算术运算符，但高于赋值运算符。

(2) 条件运算符的结合方向是自右至左。例如：

```
a>b? a:c>d? c:d              /* 应理解为 a>b? a:(c>d? c:d) */
```

【例 4.1】用条件表达式求两个数中的较大数。

程序代码如下：

```c
#include "stdio.h"
void main()
{ int a,b;
   printf("请输入两个整数:");
   scanf("%d%d",&a,&b);
   printf("两个数中的最大数为:%d\n",a>b ? a:b);
}
```

程序运行结果如图4.1所示。

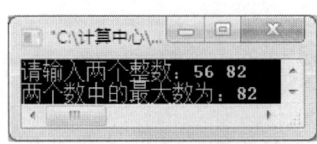

图 4.1 例 4.1 运行结果

4.2 选择结构程序设计

4.2.1 if 语句

用 if 语句可以构成选择结构。它根据给定的条件进行判断，以决定执行某个分支程序段。C语言的 if 语句有三种形式。

第 4 章 选择结构程序设计

1. 单分支 if 语句

语法格式为:

  if(表达式)
   语句组;

功能:如果表达式的值为"真",则执行其后的语句组,否则不执行语句组。其流程图如图 4.2 所示。

单分支 if 语句

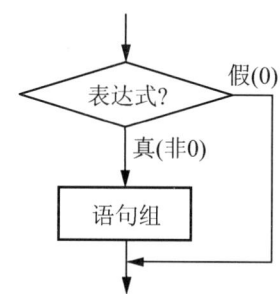

图 4.2 单分支 if 语句流程图

说明:(1) 表达式可以是任意符合规则的 C 语言表达式,甚至可以是一个常量或变量。如果表达式的值为非 0,即为逻辑"真",则条件成立;如果表达式的值为 0,即为逻辑"假",则条件不成立。

(2) 语句组可以是单条语句,也可以是用花括号括起来的复合语句。如果语句组中有两条或两条以上的语句,则必须用花括号括起来。

【例 4.2】 求一个数的绝对值。

程序代码如下:

```
#include "stdio.h"
void main()
{   int x,y;
    printf("请输入一个整数:");
    scanf("%d",&x);
    y=x;
    if(y<0)
        y=-y;
    printf("整数%d 的绝对值为:%d\n",x,y);
}
```

程序运行结果如图 4.3 和图 4.4 所示。

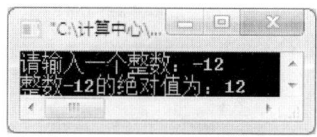

图 4.3 例 4.2 运行结果 1

图 4.4　例 4.2 运行结果 2

本程序中，输入一个整数 x。例如，输入 x 的值为-12，首先将其值赋给 y，y 的值也为-12。然后判断 y 的值，若 y 的值小于 0 则取负变正，否则其值不变。最后 y 就是 x 的绝对值。

【例 4.3】 输入三个数，要求按从小到大的顺序输出。

程序代码如下：

```
#include "stdio.h"
void main()
{
    float a,b,c,t;
    printf("输入三个数:");
    scanf("%f%f%f",&a,&b,&c);
    if(a>b)
       {t=a;a=b;b=t;}       /* 交换变量 a 和 b 的值 */
    if(a>c)
       {t=a;a=c;c=t;}
    if(b>c)
       {t=b;b=c;c=t;}
    printf("\n升序排序后:%.1f→%.1f→%.1f\n",a,b,c);
}
```

程序运行结果如图 4.5 所示。

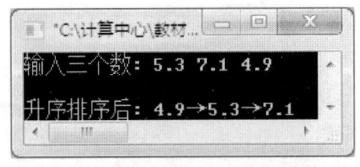

图 4.5　例 4.3 运行结果

2. 双分支 if 语句

双分支 if 语句

语法格式为：

　　if(表达式)
　　　　语句组 1;
　　else
　　　　语句组 2;

功能：如果表达式的值为真，则执行语句组 1，否则执行语句组 2。其流程图如图 4.6 所示。

第 4 章 选择结构程序设计

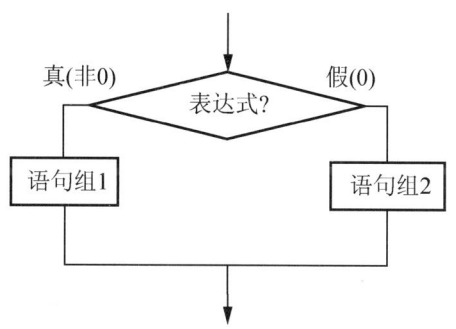

图 4.6 双分支 if 语句流程图

说明：语句组 1 和语句组 2 既可以是单条语句，也可以是由花括号括起来的复合语句。如果语句组中有两条或两条以上的语句，则必须用花括号括起来。

【例 4.4】 输入两个数并输出其中较大的数。

程序代码如下：

```c
#include "stdio.h"
void main()
{   int a,b;
    printf("输入两个整数:");
    scanf("%d%d",&a,&b);
    if(a>b)
        printf("较大数为:%d\n",a);
    else
        printf("较大数为:%d\n",b);
}
```

运行结果：

```
输入两个整数:12  15✓      (输入)
较大数为:15              (输出)
```

【例 4.5】 某商场举办优惠促销活动，累计消费达到 800 元及 800 元以上打 8 折，否则打 9 折。根据顾客购物总金额，编程计算并输出实际应付金额。

程序代码如下：

```c
#include "stdio.h"
void main()
{   float total,pay;
    int x;
    printf("输入购物总金额:");
    scanf("%f",&total);
    if(total>=800)
        pay=total*0.8;
    else
        pay=total*0.9;
    printf("实际付款金额:%.1f\n",pay);
}
```

程序运行结果如图 4.7 所示。

图 4.7 例 4.5 运行结果

3. 多分支 if 语句

语法格式为：
    if(表达式 1)
        语句组 1;
    else if(表达式 2)
        语句组 2;
    else if(表达式 3)
        语句组 3;
    …
    else if(表达式 n)
        语句组 n;
    else
        语句组 n+1;

功能：依次判断表达式的值，当出现某个表达式值为真时，则执行其对应的语句组，然后跳到整个 if 语句之外继续执行程序；如果所有的表达式值均为假，则执行语句组 n+1，然后继续执行后续程序。其流程图如图 4.8 所示。

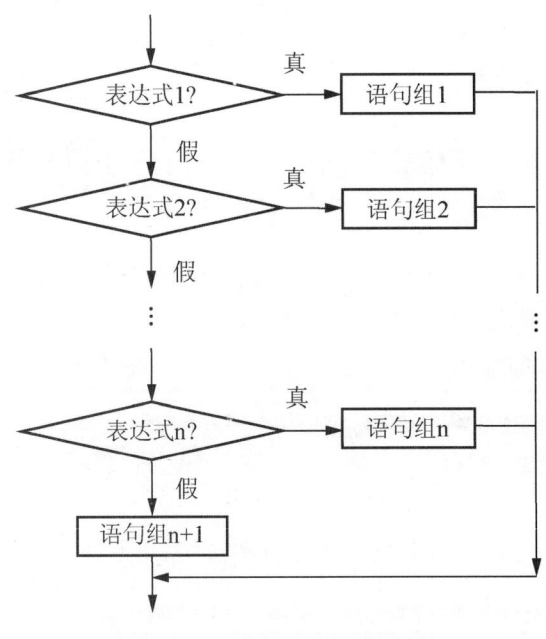

图 4.8 多分支 if 语句流程图

第 4 章　选择结构程序设计

说明：(1) 语句组 1～语句组 n+1 既可以是单条语句，也可以是由花括号括起来的复合语句。如果语句组中有两条或两条以上的语句，则必须用花括号括起来。

(2) else 子句可以省略。

【例 4.6】 根据输入字符的 ASCII 码来判别字符种类。

程序代码如下：

```
#include "stdio.h"
void main()
{   char c;
    printf("请输入一个字符:");
    c=getchar();
    if(c<32)
        printf("这是一个控制字符\n");
    else if(c>='0'&&c<='9')
        printf("这是一个数字\n");
    else if(c>='A'&&c<='Z')
        printf("这是一个大写字母\n");
    else if(c>='a'&&c<='z')
        printf("这是一个小写字母\n");
    else
        printf("这是一个其他字符\n");
}
```

运行结果如图 4.9～图 4.11 所示。

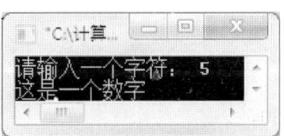

图 4.9　例 4.6 运行结果 1　　　图 4.10　例 4.6 运行结果 2　　　图 4.11　例 4.6 运行结果 3

程序分析：

(1) 由 ASCII 码表可知，ASCII 值小于 32 的为控制字符。在 "0" 和 "9" 之间的为数字，在 "A" 和 "Z" 之间的为大写字母，在 "a" 和 "z" 之间的为小写字母，其余则为其他字符。

(2) 这是一个多分支选择的问题，用多分支 if 语句编程，判断输入字符 ASCII 码所在的范围，分别给出不同的输出。

【例 4.7】 某书店打折促销，每位顾客一次购书在 100 元及以上 200 元以下者，按 9 折优惠；购书在 200 元及以上 500 元以下者，按 8.5 折优惠；购书在 500 元及以上者，按 8 折优惠。编写程序，输入购书金额，计算输出实际应付金额。

程序代码如下：

```
#include "stdio.h"
void main()
{
    float total,pay;
```

```
        printf("请输入购书金额:");
        scanf("%f",&total);
        if(total<100)
            pay=total;                    /* [0,100)之间，不打折 */
        else if(total<200)
            pay=total*0.9;                /* [100,200)之间，9折 */
        else if(total<500)
            pay=total*0.85;               /* [200,500)之间，8.5折 */
        else
            pay=total*0.8;                /* 大于或等于500元，8折 */
        printf("实际应付金额:%.1f\n",pay);
    }
```

程序运行结果如图 4.12 所示。

图 4.12　例 4.7 运行结果

if 语句的嵌套

4. if 语句的嵌套

当 if 语句的语句组中又出现 if 语句时，则构成了 if 语句的嵌套。下面是几种常用的嵌套形式。

形式一：
　　if(表达式 1)
　　　　if(表达式 2)
　　　　　　语句组 1;　　⎫
　　　　else　　　　　　⎬ 内嵌 if
　　　　　　语句组 2;　　⎭
　　else
　　　　if(表达式 3)
　　　　　　语句组 3;　　⎫
　　　　else　　　　　　⎬ 内嵌 if
　　　　　　语句组 4;　　⎭

形式二：
　　if(表达式 1)
　　　　语句组 1;
　　else
　　　　if(表达式 2)
　　　　　　语句组 2;　　⎫
　　　　else　　　　　　⎬ 内嵌 if
　　　　　　语句组 3;　　⎭

第 4 章 选择结构程序设计

形式三:
  if(表达式 1)
   if(表达式 2) ⎫
    语句组 1; ⎬ 内嵌 if
   else   ⎪
    语句组 2; ⎭

形式四:
  if(表达式 1)
  {
   if(表达式 2) ⎫
    语句组 1; ⎬ 内嵌 if
  }   ⎭
  else
    语句组 2;

说明: (1) 几种形式的 if 语句可以相互嵌套。

(2) 在内层嵌套的 if 语句中可能又会出现某种形式的 if 语句, 这时要特别注意 else 和 if 的配对问题。例如:

```
if(表达式 1)
  if(表达式 2)
    语句组 1;
  else
    语句组 2;
```

其中的 else 究竟与哪一个 if 配对呢? 应该理解为(与第二个 if 配对):

```
if(表达式 1)
  if(表达式 2)
    语句组 1;
  else
    语句组 2;
```

还是应理解为(与第一个 if 配对):

```
if(表达式 1)
  if(表达式 2)
    语句组 1;
else
  语句组 2;
```

为了避免这种二义性, C 语言规定, else 总是与它前面最近的未配对的 if 配对, 因此对上述例子应按第一种情况理解, 即与形式三相同。如果希望 else 与第一个 if 配对的话, 可以像形式四那样加一对花括号, 即花括号可以改变配对关系。

C语言程序设计教程(第2版)

【例4.8】 比较两个数的大小。

程序代码如下：

```
#include "stdio.h"
void main()
{   int x,y;
    printf("请输入两个整数x,y:");
    scanf("%d,%d",&x,&y);
    printf("两个数的大小关系:");
    if(x!=y)
        if(x>y)
            printf("x 大于 y\n");
        else
            printf("x 小于 y\n");
    else
        printf("x 等于 y\n");
}
```

程序运行结果如图4.13所示。

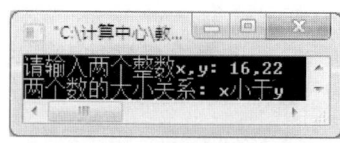

图4.13　例4.8运行结果

本例中用了if语句的嵌套结构。采用嵌套结构实质上是为了实现多分支结构，本例中有三种情况，即x>y、x<y和x==y，具有三个分支。

本程序可以改用多分支if语句完成：

```
#include "stdio.h"
void main()
{
    int x,y;
    printf("请输入两个整数x,y:");
    scanf("%d,%d",&x,&y);
    printf("两个数的大小关系:");
    if(x>y)
        printf("x 大于 y\n");
    else if(x<y)
        printf("x 小于 y\n");
    else
        printf("x 等于 y\n");
}
```

【例4.9】 题目同例4.7。要求用if语句的嵌套实现。

程序代码如下：

```
#include "stdio.h"
void main()
{   float total,pay;
```

第4章 选择结构程序设计

```
         printf("请输入购书金额:");
         scanf("%f",&total);
         if(total<100)
            pay=total;                    /*[0,100)之间,不打折 */
         else
            if(total<200)
               pay=total*0.9;             /* [100,200)之间,9折 */
            else
               if(total<500)
                  pay=total*0.85;         /* [200,500)之间,8.5折 */
               else
                  pay=total*0.8;          /* 大于或等于500元,8折 */
         printf("实际应付金额:%.1f\n",pay);
     }
```

4.2.2 switch 语句

C 语言为了实现多路选择还提供了另一种多分支语句,也称开关语句,这就是 switch 语句。

语法格式为:

switch 语句

switch(表达式)
{
  case 常量表达式 1:语句组 1;
  case 常量表达式 2:语句组 2;
  …
  case 常量表达式 n:语句组 n;
  default:语句组 n+1;
}

功能:计算表达式的值,并逐个与其后的常量表达式值进行比较,当表达式的值与某个常量表达式的值相等时,即执行其后的语句组,然后不再进行判断,继续执行后面所有语句组。所有语句组执行完后,程序控制执行该 switch 语句的下一条语句。如表达式的值与所有 case 后的常量表达式值均不相同时,则执行 default 后的语句组 n+1。

上述格式并不常用,更常用的格式是在每个语句组后加上"break;"语句(语句组 n+1 后可以省略),格式如下:

switch(表达式)
{ **case 常量表达式 1:语句组 1; break;**
  case 常量表达式 2:语句组 2; break;
  …
  case 常量表达式 n:语句组 n; break;
  default:语句组 n+1;
}

功能：计算表达式的值，并逐个与其后的常量表达式值进行比较，当表达式的值与某个常量表达式的值相等时，即执行其后的语句组，然后执行 break 语句，程序控制将跳出 switch 语句，执行该 switch 语句的下一条语句。如表达式的值与所有 case 后的常量表达式值均不相同时，则执行 default 后的语句组 n+1。

说明：break 语句不但可以退出 switch 语句，也可用于退出循环语句。

带 break 语句的 switch 语句流程图如图 4.14 所示。

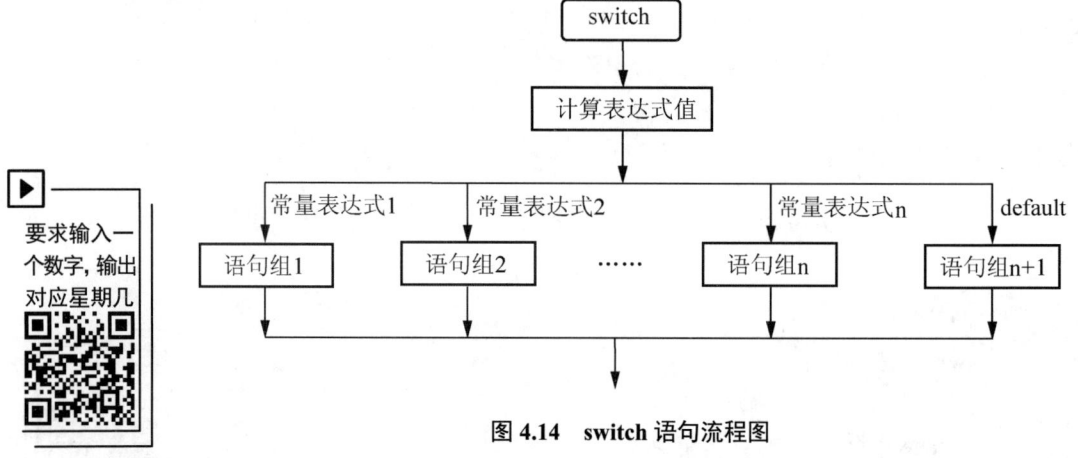

图 4.14 switch 语句流程图

【例 4.10】 要求输入一个数字，输出对应星期几。

程序代码如下：

```
#include "stdio.h"
void main()
{   int a;
    printf("请输入一个数字:");
    scanf("%d",&a);
    switch(a)
    {   case 1:printf("星期一\n");
        case 2:printf("星期二\n");
        case 3:printf("星期三\n");
        case 4:printf("星期四\n");
        case 5:printf("星期五\n");
        case 6:printf("星期六\n");
        case 7:printf("星期日\n");
        default:printf("错误\n");
    }
}
```

程序运行结果如图 4.15 所示。

第 4 章　选择结构程序设计

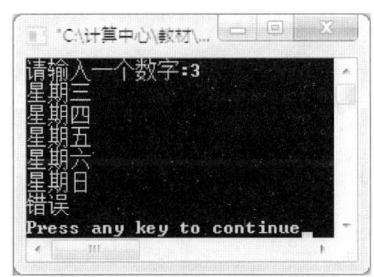

图 4.15　例 4.10 运行结果

程序分析：此程序是按照输入的数字，得到对应的星期几。但是当输入数字 3 之后，却执行了 case 3 后面的语句以及以后的所有语句，输出了星期三及以后的所有星期，这当然是不希望的。

为了避免上述情况，应使用带 break 语句的 switch 语句来编写该程序，使每次执行相应语句之后均可跳出 switch 语句，从而避免输出不应有的结果。

此程序改写如下：

```
#include "stdio.h"
void main()
{   int a;
    printf("请输入一个数字:");
    scanf("%d",&a);
    switch(a)
    {   case 1:printf("星期一\n");break;
        case 2:printf("星期二\n");break;
        case 3:printf("星期三\n");break;
        case 4:printf("星期四\n");break;
        case 5:printf("星期五\n");break;
        case 6:printf("星期六\n");break;
        case 7:printf("星期日\n");break;
        default:printf("错误\n");
    }
}
```

改写后的程序运行结果如图 4.16 所示。

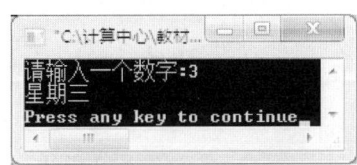

图 4.16　例 4.10 改写后的程序运行结果

在使用 switch 语句时还应注意以下几点。

(1) case 后的各常量表达式的值不能相同，否则会出现错误。

(2) 在 case 后，允许有多个语句，可以不用花括号{}括起来。

(3) 各 case 和 default 子句的先后顺序可以变动，不会影响程序执行结果。

(4) default 子句可以省略。

【例 4.11】 题目同例 4.7。要求用 switch 语句实现。

程序代码如下：

```c
#include "stdio.h"
void main()
{ float total,pay;
  int x;
  printf("请输入购书金额:");
  scanf("%f",&total);
  x=(int)(total/100);        /* 获取百位数字 */
  if(x>5)x=5;                /* 如果 x>5，都将是 8 折 */
  switch(x)
  { case 0:pay=total;        /* [1,100)之间，不打折 */
          break;             /* 退出 switch 语句，程序执行下一条语句 */
    case 1:pay=total*0.9;    /* [100,200)之间，9 折 */
          break;
    case 2:case 3:
    case 4:pay=total*0.85;   /* [200,500)之间，8.5 折 */
          break;
    case 5:pay=total*0.8;    /* 大于或等于 500 元，8 折 */
  }
  printf("实际应付金额:%.1f\n",pay);
}
```

4.3 选择结构程序设计举例

【例 4.12】 题目同例 3.6。即输入三角形边长，使用下面的海伦公式求面积。a、b、c 是三条边的长度，s 是半周长，area 是面积。

在例 3.6 中并未判断输入的三条边长值是否构成三角形。在实际应用中需要做这样的判断，否则程序没有实用价值。本例程序中加入这样的判断。

$$s = \frac{1}{2}(a+b+c)$$

$$area = \sqrt{s \times (s-a) \times (s-b) \times (s-c)}$$

程序代码如下：

```c
#include "math.h"                       /* 数学函数头文件*/
#include "stdio.h"
void main()
{ int a,b,c;
  float s,area;
  printf("请输入三边长(用逗号分隔):");
  scanf("%d,%d,%d",&a,&b,&c);
  if(a+b>c && a+c>b && b+c>a)           /* 任意两边之和大于第三边,才能构成三角形*/
```

第 4 章　选择结构程序设计

```
    { s=1.0*(a+b+c)/2.0;                    /* 求半周长*/
      area=sqrt(s*(s-a)*(s-b)*(s-c));       /* 求面积,sqrt 是开平方函数*/
      printf("边长%d、%d 和%d 构成的三角形面积:%6.2f\n",a,b,c,area);
    }
    else
      printf("边长%d、%d 和%d 不能构成三角形!\n",a,b,c);
}
```

程序运行结果如图 4.17 和图 4.18 所示。

图 4.17　例 4.12 运行结果 1

图 4.18　例 4.12 运行结果 2

同理，例 3.7 也需要在程序中判断 b^2-4ac 的值以决定输出不同的结果。如果值大于 0，得到两个不相等实根；如果值等于 0，得到两个相等实根；如果值小于 0，得到两个复根。请读者自行完善程序。

【例 4.13】　编写计算器程序。用户输入运算数和四则运算符+、-、*、/，输出计算结果。程序代码如下：

```
#include "stdio.h"
void main()
{ float a,b;
  char c;
  printf("请输入一个表达式 a+(-,*,/)b:");
  scanf("%f%c%f",&a,&c,&b);
  switch(c)
  { case '+':printf("%.1f+%.1f=%.1f\n",a,b,a+b);break;
    case '-':printf("%.1f-%.1f=%.1f\n",a,b,a-b);break;
    case '*':printf("%.1f*%.1f=%.1f\n",a,b,a*b);break;
    case '/':if(b==0)
                printf("除数不能为 0!\n");
             else
                printf("%.1f/%.1f=%.1f\n",a,b,a/b);
             break;
    default: printf("输入有误!\n");
  }
}
```

程序运行结果如图 4.19 至图 4.22 所示。

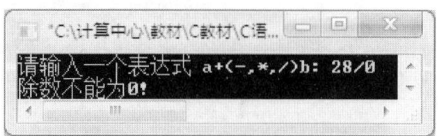

图 4.19　例 4.13 运行结果 1

图 4.20　例 4.13 运行结果 2

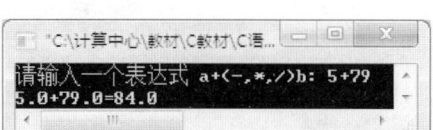

图 4.21　例 4.13 运行结果 3

图 4.22　例 4.13 运行结果 4

程序分析：本例可用于四则运算求值。switch 语句用于判断运算符，然后输出结果值。当输入的运算符不是+、-、*、/ 时，给出错误提示。

【例 4.14】 从键盘输入一个百分制成绩 score，按下列原则输出等级：score 在[90,100]闭区间，等级为 A；score 在[80,89]闭区间，等级为 B；score 在[70,79]闭区间，等级为 C；score 在[60,69]闭区间，等级为 D；score 在[0,59]闭区间，等级为 E。

解法一：用 switch 语句完成。

程序代码如下：

```
#include "stdio.h"
void main()
{int score,grade;
 printf("请输入一个分数(0～100):");
 while(1)
 {
    scanf("%d",&score);
    if(score<0)
        printf("成绩不能为负数!重新输入一个分数(0～100):");
    else
        break;
 }
 if(score>100)score+=9;  /* 加 9 的目的是把[101,109]区间的分数变换到 110 及以上*/
 grade=score/10;  /* 否则下面的程序会将它们误认为是 100,而输出 A*/
 switch(grade)
 { case 10:
   case 9:printf("成绩为 A!\n");break;  /* [90,100]区间的分数,都将输出 A*/
   case 8:printf("成绩为 B!\n");break;  /* [80,89]区间的分数,都将输出 B*/
   case 7:printf("成绩为 C!\n");break;  /* [70,79]区间的分数,都将输出 C*/
   case 6:printf("成绩为 D!\n");break;  /* [60,69]区间的分数,都将输出 D*/
   case 5:case 4: case 3: case 2: case 1:
   case 0:printf("成绩为 E!\n");break;  /* [0,59]区间的分数,都将输出 E*/
   default:printf("分数错误!\n");
 }
}
```

解法二：用多分支 if 语句完成。

程序代码如下：

```c
#include"stdio.h"
void main()
{   int score;
    printf("请输入一个分数(0～100):");
    scanf("%d",&score);
    if(score<0 || score >100)     /* 如果分数<0 或分数>100，提示分数错误!*/
        printf("分数错误!\n");
    else                           /* 否则得到相应的五级分制成绩*/
        if(score>=90)
          printf("成绩为A!\n");    /* [90,100]区间的分数，都将输出 A*/
        else if(score>=80)
          printf("成绩为B!\n");    /* [80,89]区间的分数，都将输出 B*/
        else if(score>=70)
          printf("成绩为C!\n");    /* [70,79]区间的分数，都将输出 C*/
        else if(score>=60)
          printf("成绩为D!\n");    /* [60,69]区间的分数，都将输出 D*/
        else
          printf("成绩为E!\n");    /* [0,59]区间的分数，都将输出 E*/
}
```

程序运行结果如图 4.23 至图 4.26 所示。

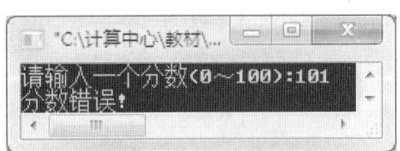

图 4.23　例 4.14 运行结果 1

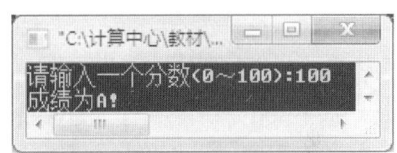

图 4.24　例 4.14 运行结果 2

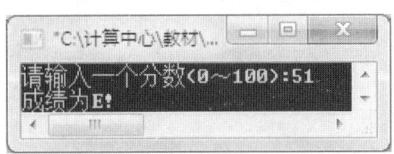

图 4.25　例 4.14 运行结果 3

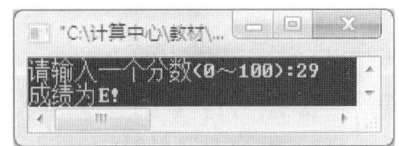

图 4.26　例 4.14 运行结果 4

习　　题

一、选择题

1. 执行下列程序段后，w 的值为(　　)。

```c
int w='A',x=14,y=15;
w=((x||y)&&(w<'a'));
```

A. -1　　　　　　B. NULL　　　　　C. 1　　　　　　D. 0

2. 若变量已正确定义，有以下程序段：

```
int a=3,b=5,c=7;
if(a>b) a=b; c=a;
if(c!=a) c=b;
printf("%d,%d,%d\n",a,b,c);
```

其输出结果是(　　)。

  A. 程序段有语法错误　　　　　　B. 3,5,3

  C. 3,5,5　　　　　　　　　　　　D. 3,5,7

3. 有以下程序：

```
#include <stdio.h>
void main()
{   int x=1,y=0,a=0,b=0;
    switch(x)
    { case 1: switch(y)
        { case 0: a++; break;
          case 1: b++; break;
        }
      case 2: a++; b++; break;
      case 3: a++; b++;
    }
    printf("a=%d,b=%d\n",a,b);
}
```

程序的运行结果是(　　)。

  A. a=1,b=0　　　B. a=2,b=2　　　C. a=1,b=1　　　D. a=2,b=1

4. 有以下程序：

```
#include <stdio.h>
void main()
{   int x=1,y=2, z=3;
    if(x>y)
      if (y<z)  printf("%d",++z);
      else      printf("%d",++y);
    printf("%d\n",x++);
}
```

程序的运行结果是(　　)。

  A. 331　　　　　B. 41　　　　　C. 2　　　　　D. 1

5. 变量 a 和 b 均已正确定义并赋值，以下 if 语句在编译时将产生错误信息的是(　　)。

  A. if(a++);　　　　　　　　　　　B. if(a>b&&b!=0);

  C. if(a>b) a--　　　　　　　　　　D. if(b<0) {;} else b++;

6. 已知：a=b=c=1，且均为 int 型变量，则执行以下语句：

```
++a||++b&&++c;
```

变量 a 的值为(　①　)，b 值为(　②　)。

① A. 不正确　　　B. 0　　　　　C. 2　　　　　D. 1
② A. 1　　　　　B. 2　　　　　C. 不正确　　　D. 0

7. 已知：int w=1, x=2, y=3, z=4, a=5, b=6;，则执行下列语句：

```
(a=w>x)&&(b=y>z);
```

变量 a 的值为（ ① ），b 值为（ ② ）。

① A. 5　　　　　B. 0　　　　　C. 1　　　　　D. 2
② A. 6　　　　　B. 0　　　　　C. 1　　　　　D. 4

8. 下列错误的 if 语句是（　　）。

A. if (x>y);

B. if (x==sy) x+=y;

C. if (x!=y)　scanf("%d", &x) else scanf ("%d", &y);

D. if (x<y) {x++; y++;}

9. 为了避免嵌套的条件语句 if-else 的二义性，C 语言规定，else 与（　　）配对。

A. 缩进位置相同的 if　　　　　　B. 其之前最近的未配对的 if

C. 其之后最近的 if　　　　　　　D. 同一行上的 if

10. 在下列的 4 个选项中(s1 和 s2 为 C 语言的语句)，（　　）语句在功能上与其他 3 个语句不等价。

A. if(a) s1; else s2;　　　　　　B. if(a==0) s2; else s1;

C. if(a!=0) s1; else s2;　　　　　D. if(a==0) s1; else s2;

11. 下列关于 switch 语句和 break 语句的结论中，正确的是（　　）。

A. break 语句是 switch 语句中的一部分

B. 在 switch 语句中可以根据需要使用或不使用 break 语句

C. 在 switch 语句中必须使用 break 语句

D. break 语句在 switch 语句中只能出现一次

12. 若 int i=10;，则执行下列程序段后，变量 i 的输出结果是（　　）。

```
switch (i)
{ case  9: i+=1;
  case 10: i++;
  case 11: i+=1;
  default: i+=1;
}
```

A. 10　　　　　B. 11　　　　　C. 12　　　　　D. 13

二、填空题

1. 已有定义：char c=' ';int a=1,b;(此处 c 的初值为空格字符)，执行 b=!c&&a;后，b 的值为_____。

2. 设有定义：int y;，执行表达式(y=4)||(y=5)||(y=6)后，y 的值是_____；逻辑表达式的值是_____。

3. 表示关系 x≥y≥z，应使用 C 语言表达式_____。

4. 当 a=1，b=3，c=5，d=4 时，执行下列程序后，x 的值是_____。

```
if(a<b)  if(c<d) x=1;else  if(a<c)  if(b<d)x=2;
else x=3; else x=6; else x=7;
```

5. 下列程序用于判断 a、b、c 是否构成三角形，若能输出 YES，否则输出 NO，请填空。

```
#include <stdio.h>
void main()
{  float a,b,c;
   scanf("%f%f%f"),&a,&b,&c);
   if(_____) printf("YES\n");   /*a、b、c 能构成三角形*/
   else    printf("NO\n");   /*a、b、c 不能构成三角形*/
}
```

6. 若有定义：int x=2,y=3,z=4;，则表达式 x+y&&(x=y)的值为_____。

7. 若有定义：int x=2,y=3,z=4;，则表达式!(x=y)||x+z-y-!z 的值是_____。

三、编程题

1. 编程求解下面函数的值。

$$y = \begin{cases} -1 & x < 0 \\ 0 & x = 0 \\ 1 & x > 0 \end{cases}$$

2. 编程实现判断输入的一个整数是否能被 3 或 7 整除，若能整除，输出 YES，若不能整除，输出 NO。

3. 编程实现输入 3 个整数，并按由大到小的顺序输出。

4. 编程实现输入一个字符，判断它是否为小写字母，若是，则将其转换成大写字母并输出；若不是，不进行转换，输出该字符本身。

第 5 章 循环结构程序设计

循环结构是结构化程序设计中的三种基本结构之一，绝大多数的应用程序都需要用循环结构控制程序的流程。例如，计算 1 到 100 之间的奇数之和；求两个正整数的最大公约数；计算 π 的近似值；等等。在这类问题中，某些功能对应的程序段重复多次被执行，可以利用循环结构设计程序，使程序结构清晰，从而提高编程的效率。

C 语言用于实现循环结构的控制语句主要有 while 语句、do-while 语句和 for 语句三种。

5.1 while 语句

while 语句用于实现前测试当型循环。
while 语句的一般形式为：
  while(表达式)
    循环体；
  while 语句的执行过程：先判断 while 后面圆括号内表达式的值，当其值为"真"(非0)时，执行循环体，然后判断 while 后面圆括号内表达式的值，若仍为"真"，再执行循环体，重复上述过程，直到表达式的值为"假"(值为 0)，退出循环。while 语句流程图如图 5.1 所示。

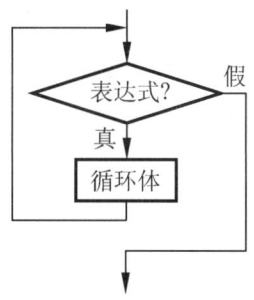

图 5.1 while 语句流程图

使用 while
语句求
sum=1+2+
3+…+100

说明：(1) while 后面圆括号内的表达式通常是关系表达式或逻辑表达式。

(2) 循环体可以是单条语句，也可以是用花括号括起来的复合语句。如果循环体中有两条或两条以上的语句，则必须用花括号括起来。

(3) while 语句的特点是先判断循环条件，后执行循环体。如果首次判断表达式的值就为 0，那么，循环体将一次也不被执行。

(4) 在循环结构中应该有正确修改循环条件的表达式或语句，以便结束循环。循环体一直被重复执行，程序无法自动退出的循环称为"死循环"。这样的算法不符合结构化程序设计思想，因为算法应该具有"有穷性"。

【例 5.1】 计算并输出 1 到 100 之间所有整数的累加和，即求 sum=1+2+3+…+100。

程序代码如下：

```
#include "stdio.h"
void main()
{ int i,sum;
   i=1;                       /* 变量赋初值，i 从 1 开始，每次加 1 */
   sum=0;                     /* sum 用于存储累加和，初值为 0 */
   while(i<=100)              /* 若 i 不大于 100，则继续循环，否则循环结束 */
   { sum=sum+i;               /* 将 i 累加到 sum 中 */
      i++;                    /* 变量 i 的值增 1 */
   }
   printf("1+2+3+…+100=%d\n",sum);    /* 输出累加和 */
}
```

程序运行结果：

1+2+3+…+100=5050

其中，变量 sum 用于存放和值，称作累加器，其初始值应设置为 0。变量 i 用于存放 1 至 100 之间的每一个自然数，初值取 1。

问题一：计算并输出 1 到 100 之间所有奇数之和。

只需将上述程序循环体中的语句"i++;"修改为"i+=2;"即可。也可用以下代码完成。

```
#include "stdio.h"
void main()
{ int i,sum;
   i=1;                       /* 变量赋初值，i 从 1 开始，每次加 1 */
   sum=0;                     /* sum 用于存储累加和，初值为 0 */
   while(i<=100)              /* 若 i 不大于 100，则继续循环，否则循环结束 */
   { if(i%2!=0)sum=sum+i;     /* 只将奇数累加到 sum 中 */
      i++;                    /* 变量 i 的值增 1 */
   }
   printf("1+3+…+99=%d\n",sum);    /* 输出累加和 */
}
```

程序运行结果：

1+3+…+99=2500

问题二：计算并输出 1 到 100 之间所有偶数之和。请读者自行思考完成。

第 5 章 循环结构程序设计

【例 5.2】 求两个正整数 m、n 的最大公约数。

解法一：根据定义求解。可以同时被两个正整数整除的最大数，称为这两个正整数的最大公约数。

程序代码如下：

```
#include "stdio.h"
void main()
{   int m,n,i,t;
    printf("请输入两个正整数m和n:");
    scanf("%d%d",&m,&n);
    if(m<n)                    /* 如果m<n，则交换 */
       {t=m;m=n;n=t;}
    i=n;
    while(i>=1)
    {                          /* 将二者最小值n赋给i，i从n到1递减变化*/
                               /* 若某次i能同时被m和n整除，其即为最大公约数*/
        if(m%i==0 && n%i==0)break;
        i--;
    }
    printf("%d和%d的最大公约数为:%d\n",m,n,i);
}
```

解法二：辗转相除法。思路：用 m 除以 n 求余数 r，当 $r \neq 0$ 时，用除数作被除数，用余数作除数，再求余数，如此反复，直到 $r=0$，此时除数即为所求的最大公约数。例如：求 24 和 16 的最大公约数，先用 24 除以 16 余 8，此时余数不为 0，再将 16 作被除数，8 作除数，再求余数，此时余数为 0，则除数 8 即为最大公约数。

程序代码如下：

```
#include "stdio.h"
void main()
{   int m,n,r,t,a,b;             /* m为被除数，n为除数，r为余数 */
    printf("请输入两个正整数m和n:");
    scanf("%d%d",&m,&n);
    a=m;b=n;
    if(m<n)                      /* 如果m<n，则交换 */
       {  t=m;m=n;n=t;}
    r=m % n;
    while(r!=0)
       {  m=n;n=r;r=m % n;}
    printf("%d和%d的最大公约数为:%d\n",a,b,n);
}
```

程序运行结果如图 5.2 所示。

C语言程序设计教程(第2版)

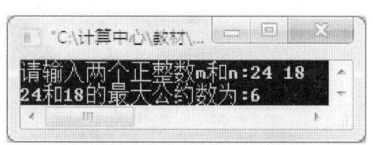

图 5.2 例 5.2 运行结果

5.2 do-while 语句

do-while 语句用于实现后测试当型循环。

其一般形式如下：

  do
   循环体;
  while(表达式);

do-while 语句的执行过程：先执行一次循环体语句，然后计算 while 后面圆括号内表达式的值，当表达式的值为"真"(非 0)时，重新执行循环体语句，重复上述过程，直到表达式的值为"假"(值为 0)，结束循环。

do-while 语句流程图如图 5.3 所示。

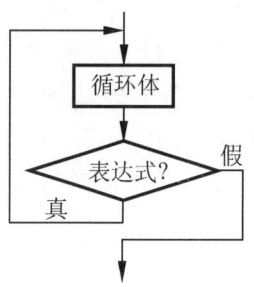

图 5.3 do-while 语句流程图

使用 do-while 语句求 sum= 1+2+3+…+100

说明：(1) 循环体由多条语句组成时，应该使用花括号将这些语句括起来，使其构成复合语句。

(2) do-while 语句中 while(表达式)的右圆括号后面必须有一个分号。

(3) 与 while 语句一样，在 do-while 语句的循环结构中，也应该有正确修改循环条件的表达式或语句，避免出现"死循环"。

(4) do-while 循环的特点是先执行一次循环体，后判断循环条件。循环体至少被执行一次。

【例 5.3】 题目同例 5.1，即求 sum=1+2+3+…+100。要求用 do-while 语句实现。

程序代码如下：

```
#include "stdio.h"
void main()
```

```
{ int i,sum;
   i=1;                         /* 变量赋初值，i 从 1 开始，每次加 1 */
   sum=0;                       /* sum 用于存储累加和，初值为 0 */
   do
   { sum=sum+i;                 /* 将 i 累加到 sum 中 */
     i++;                       /* 变量 i 的值增 1 */
   } while(i<=100);             /* 若 i 不大于 100，则继续循环，否则循环结束 */
   printf("sum=%d\n",sum);      /* 输出累加和 */
}
```

【例 5.4】 利用下面公式计算 π 的近似值，直到某项的绝对值小于 10^{-8}。

$$\frac{\pi}{4} = 1 - \frac{1}{3} + \frac{1}{5} - \frac{1}{7} + \cdots$$

程序代码如下：

```
#include "stdio.h"
#include "math.h"
void main()
{ int k=1,sign=1;
  double term=1,pai=0;
  do
  { pai+=term;                  /* 将得到的每一项累加到累加器 pai 中 */
    sign=-sign;                 /* 控制每项的正负号 */
    k+=2;                       /* 得到每项的分母 */
    term=sign*1.0/k;            /* 得到每项的值 */
  } while(fabs(term)>=1e-8);    /* 当某项的绝对值大于 $10^{-8}$ 时，循环继续；否则结束 */
  printf("圆周率的近似值为:%lf\n",4*pai);
}
```

程序运行结果：

圆周率的近似值为:3.141593

5.3　for 语句

for 语句是 C 语言提供的功能强大、使用灵活的循环控制语句。
for 语句的一般形式如下：

　　for(表达式 1;表达式 2;表达式 3)
　　　循环体；

for 语句的执行过程如下。

(1) 求解表达式 1 的值。这一操作的目的是在循环之前进行初始化。例如，变量赋初值。

(2) 求解表达式 2，若其值为"真"(非 0)，执行循环体；若其值为"假"(值为 0)，转到步骤(4)。

(3) 求解表达式 3，转到步骤(2)。

(4) 结束循环，执行 for 语句之后的语句。

for 语句流程图如图 5.4 所示。

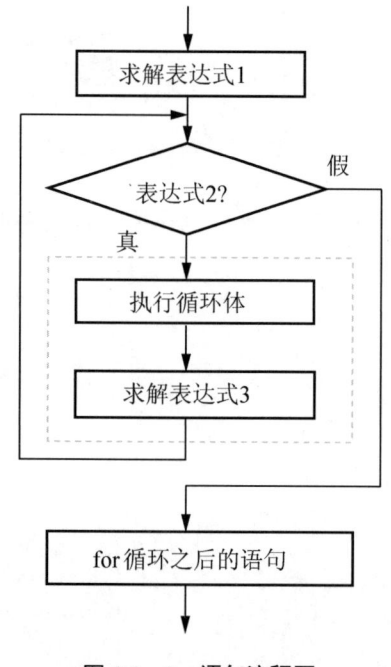

图 5.4 for 语句流程图

【例 5.5】 题目同例 5.1，即求 sum=1+2+3+…+100。要求用 for 语句实现。

程序代码如下：

```
#include "stdio.h"
void main()
{   int i,sum;                          /* i为循环控制变量 */
    sum=0;                              /* sum用于存储累加和,初值为0 */
    for(i=1;i<=100;i++)                 /* 若i不大于100,则继续循环,否则循环结束 */
        sum=sum+i;                      /* 将i累加到sum中 */
    printf("sum=%d\n",sum);             /* 输出累加和 */
}
```

说明：(1) 循环体可以是一条语句，也可以是多条语句。若是多条语句，必须用花括号括起来形成复合语句。

(2) 表达式 1 可以省略，但后面的分号不能省略。如本例中 for 语句可以改写为：

```
i=1;
for( ;i<=100;i++)
  sum=sum+i;
```

(3) 表达式 3 可以省略，但前面的分号不能省略。如本例中 for 语句可以改写为：

```
i=1;
for( ;i<=100; )          /* 由于循环体由多条语句组成,所以必须加花括号 */
```

第 5 章 循环结构程序设计

```
{ sum=sum+i;              /* 这两条语句可以合为一条:sum=sum+i++; */
  i++;
}
```

(4) 表达式 2 可以省略,认为表达式 2 的值始终为真。如本例中 for 语句可以改写为:

```
i=1;
for(  ;  ;  )           /* 注意: 3 个表达式都省略了,两个分号是不可以省略的 */
{ sum=sum+i++;          /* 由于循环体由多条语句组成,所以必须加花括号 */
  if(i>100)  break;
}
```

(5) 表达式 1、表达式 3 均可以是逗号表达式。如本例中 for 语句可以改写为:

```
for(i=1,sum=0;i<=100;sum=sum+i,i++)
  ;                     /* 循环体是空语句,表示什么都不执行。不能省略 */
```

【例 5.6】 将输入字符串中的小写字母转换为大写字母输出,其他字符按原样输出。
程序代码如下:

```
#include "stdio.h"
void main()
{ char ch;
  for(;(ch=getchar())!='\n';) /* 若输入的字符是回车符,退出循环,否则继续 */
  { if(ch>='a' && ch<='z')    /* 若输入的字符是小写字母,转换为大写字母 */
      ch-=32;
    printf("%c",ch);
  }
  printf("\n");
}
```

程序运行情况如下:

```
China       (输入)
CHINA       (输出)
```

注意: 本例中 for 语句中的表达式 2,不能写成 ch=getchar()! ='\n',因为关系运算符 "! =" 的优先级高于赋值运算符 "="。这样,执行 for 语句时,先判断输入的字符是否为回车符,然后将判断的结果 0 或 1 赋值给字符变量 ch。当输入字符不是回车符时,ch 的值为 1,循环体中输出的不是输入的字符或大小写转换后的字符,而是 ASCII 码值为 1 的字符,不能实现题目指定的功能。

【例 5.7】 求 $n!$,即求 $p=1\times2\times3\times\cdots\times n$。
程序代码如下:

```
#include "stdio.h"
void main()
{ int i,n;
  double p=1;                  /* p 作为累乘器,初值应赋为 1 */
  printf("请输入 n 的值:");
  scanf("%d",&n);
  for(i=1;i<=n;i++)            /* i 从 1 到 n,每次加 1,并依次乘到 p 上去 */
```

```
        p*=i;
    printf("%d!=%6.2lf\n",n,p);
}
```

程序运行情况如下:

```
请输入 n 的值:5↙        (输入)
5!=120.00               (输出)
```

使用 while 语句改写本例中的实现循环结构的程序段:

```
i=1;
while(i<=n)              /* 等价的循环语句为: while(i<=n)  p*=i++; */
  {p*=i;i++;}
```

5.4 break 语句和 continue 语句

前面介绍的三种用于循环控制的语句: while 语句、do-while 语句和 for 语句,都是通过循环的判断条件为"假"而结束循环的,这仅是控制循环结束的一般方式。C 语言还提供了 break 语句和 continue 语句, break 语句可以使程序控制跳出循环, continue 语句可以结束本次循环。

5.4.1 break 语句

在选择结构中, break 语句用于终止 switch 语句的执行,使控制流程转向 switch 语句的下一条语句。在循环结构中,也可以使用 break 语句从循环体中跳出循环,从而提前结束循环,使程序流程转向执行循环语句的下一条语句。

break 语句的一般形式如下:

break;

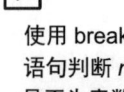

使用 break 语句判断 n 是否为素数

注意: break 语句仅能用于 while、do-while、for 以及 switch 语句中,不能用于其他语句。

【例 5.8】 从键盘输入一个大于 1 的整数 n,判断 n 是否为素数。

素数又称质数,是指除了 1 和它自身之外,不能被其他整数整除的自然数。可以用素数的定义设计算法,其算法思想是: 用 n 去依次除以 $2 \sim n-1$ 之间的每个整数,如果每次均未整除,则 n 是素数。否则,只要有一次实现了整除,则 n 不是素数。

程序代码如下:

```
#include "stdio.h"
void main()
{   int n,i,flag=1;              /* flag 称为哨兵变量,初值为 1 */
    printf("请输入一个大于 1 的正整数:");
    scanf("%d",&n);
    for(i=2;i<n && flag;i++)      /* 当 i 值到 n 或 flag 为 0 时,将退出循环*/
        if(n%i==0)
            flag=0;              /* n 只要有一次被 i 整除,给 flag 赋 0,说明 n 不是素数*/
```

```
        if(flag==1)                    /* 若flag值为1，说明n一次都没有被2~n-1*/
            printf("%d是素数。\n",n);   /* 之间的整数整除，所以n为素数*/
        else
            printf("%d不是素数。\n",n);
}
```

程序运行情况如下：

```
请输入一个大于1的正整数:29✓      (输入)
29是素数。                       (输出)
```

本程序中的变量 flag 用于标记 n 是否为素数，flag 初值为 1，若 n 被任何一个除数 i 整除，则将 flag 置为 0，返回循环入口判断条件时，因为 flag 为 0，可以提前结束循环。

通常情况下，用 break 语句结束循环，会使程序更简单，用 break 语句修改上述判断素数的程序。

程序代码如下：

```
#include "stdio.h"
void main()
{   int n,i;
    printf("请输入一个大于1的正整数:");
    scanf("%d",&n);
    for(i=2;i<n;i++)              /* 当i值到n时，将退出循环 */
        if(n%i==0)break;          /* n只要有一次被i整除，说明n不是素数，结束循环*/
    if(i==n)                      /* 若i值为n，说明循环正常退出，n一次都没有*/
        printf("%d是素数。\n",n);   /* 被2~n-1之间的整数整除，所以n为素数*/
    else
        printf("%d不是素数。\n",n);
}
```

使用 break 语句后，只要 n 被某一个除数 i 整除，即终止循环。

我们还可以对判断素数的程序段再进行修改：让 i 从 2 取到 sqrt(n)。因为，若 n 不是素数，那么 n 一定可以分解成两个正整数的乘积，其中的一个因数必然小于或等于 sqrt(n)。修改后的判断素数的程序段如下：

```
for(i=2;i<=(int)sqrt(n);i++)
    if(n%i==0)  break;
```

此时，应该在程序开头部分加入文件包含命令：#include "math.h"。

5.4.2 continue 语句

continue 语句用于结束本次循环，跳过循环体中位于 continue 语句后面未执行的语句，进行下一次循环的判断。continue 语句只能用于循环控制语句 while 语句、do-while 语句和 for 语句中，不能用于其他语句。

continue 语句的一般形式如下：

continue;

使用 continue 语句时，需要注意以下两个问题。

> 使用continue语句输出1~50之间能被7整除的所有整数

(1) 当执行 while 语句和 do-while 语句的循环体语句，遇到 continue 语句时，流程控制转到循环判断条件；当执行 for 语句的循环体语句，遇到 continue 语句时，程序流程先转到求解表达式 3，再求解表达式 2(判断循环条件)。

(2) continue 语句与 break 语句是有区别的。break 语句结束整个循环过程，接着执行循环语句下面的语句；而 continue 语句仅结束本次循环，还需要做是否进行下一次循环的判断。

【例 5.9】 输出 1~50 之间能被 7 整除的所有整数。

程序代码如下：

```
#include "stdio.h"
void main()
{   int i;
    for(i=1;i<=50;i++)           /* 变量 i 控制循环 50 次*/
    {   if(i%7)
            continue;             /* i%7 等价于 i%7!=0 */
        printf("%3d",i);
    }
}
```

实际上，本例中的循环可以简化为：

```
for(i=1;i<=50;i++)
    if(i%7==0)printf("%3d",i);
```

程序运行结果如图 5.5 所示。

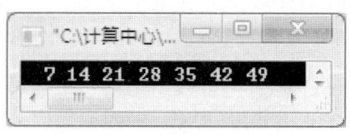

图 5.5　例 5.9 运行结果

5.5　循环嵌套

循环嵌套是指在一个循环结构的循环体中，又包含另一个完整的循环结构。关于循环嵌套，说明如下。

(1) 如果在一个循环的循环体内包含了循环结构，那么这个循环称为外层循环，而嵌入循环体内的循环称为内层循环。

(2) C 语句提供的 3 种实现循环的控制语句 while 语句、do-while 语句以及 for 语句可以相互嵌套，并且允许循环结构多层嵌套，从而构成多重循环。

(3) 嵌套层数不限。无论何种嵌套，外层循环都要完整地包含内层循环，不允许交叉。程序代码应该缩进排版，以方便阅读理解。

(4) 当多个 for 语句嵌套时，不能使用相同的循环控制变量。

第 5 章 循环结构程序设计

【例 5.10】 打印乘法口诀表。

算法分析:乘法口诀表共有 9 行,第 1 行输出 1 个乘积项,第 2 行输出 2 个乘积项,……,第 9 行输出 9 个乘积项。用变量 i 控制外层循环,控制输出的行数,i 的取值为 1 到 9(i 的值与输出行的序号相同)。i 表示因数。

用变量 j 控制内层循环,控制每行输出的乘积项个数,j 的取值为 1 到 i。j 也表示因数。

程序代码如下:

```
#include "stdio.h"
void main()
{   int i,j;                                    /* i,j均表示因数 */
    for(i=1;i<=9;i++)                           /*i 控制外层循环,控制行数,共 9 行 */
    {   for(j=1;j<=i;j++)                       /*j 控制内层循环,控制每行乘积数 */
            printf("%1d*%1d=%-3d",j,i,j*i);     /* 输出乘积项 */
        printf("\n");                           /* 内层循环结束,一行结束,需换行 */
    }
}
```

在上述程序中,外层循环的循环体被执行了 9 次,内层循环的循环体被执行了 45 次。程序运行结果如图 5.6 所示。

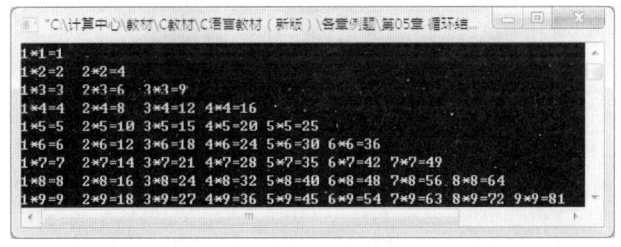

图 5.6 例 5.10 运行结果

【例 5.11】 编程输出如下金字塔。

使用循环嵌套输出如下金字塔

算法分析:该算法与输出乘法口诀表的算法相似。可以使用双循环完成。变量 i 控制的外层循环控制行数,共有 5 行,内层循环控制每行中输出的空格数和*的个数。

内层循环是两个并列的 for 循环,第一个 for 循环控制输出空格数,每行输出的空格数都比上一行少一个。第二个 for 循环控制输出*的个数,第 1 行 1 个,第 2 行 3 个,第 i 行 2*i-1 个。

程序代码如下:

```
#include "stdio.h"
void main()
```

```
{  int i,j;
   for(i=1;i<=5;i++)                    /* i控制行数,共5行 */
   {  for(j=1;j<=10-i;j++)              /* 该循环输出每行第1个*前面的空格 */
         printf(" ");
      for(j=1;j<=2*i-1;j++)             /* 该循环输出每行的*符号 */
         printf("*");
      printf("\n");                     /* 内层循环结束,一行结束,需换行 */
   }
}
```

问题:如何实现倒金字塔?请读者自行思考完成。

【例 5.12】 输出 2~100 之间的全部素数,要求每行输出 10 个素数。

前面已经介绍了判断素数的算法及程序。现在,我们用嵌套的循环结构来设计算法。用外层循环控制取 2~100 之间的每个整数 i,然后,将判断素数的程序段作为内层循环,将其嵌入外层循环的循环体中。

程序代码如下:

```
#include "stdio.h"
#include "math.h"
void main()
{  int i,j,k,count=0;        /* 变量count作计数器,用于记录素数的个数 */
   for(i=2;i<=100;i++)       /* i控制外层循环,从2递增到100 */
   {  k=(int)sqrt(i);        /* k取i平方根之后的整数 */
      for(j=2;j<=k;j++)      /* 内层循环判断i是否为素数,j从2递增到k */
         if(i%j==0)break;    /* 只要有一次整除,说明i不是素数,退出循环 */
      if(j>k)                /* 如果i>k,说明上方循环正常退出,i是素数 */
      {  printf("%5d",i);
         count++;
         if(count%10==0)printf("\n");  /* 素数个数是10的倍数,输出回车符*/
      }
   }
}
```

运行结果如图 5.7 所示。

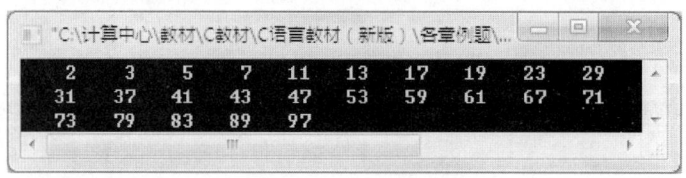

图 5.7 例 5.12 运行结果

本程序中,内层循环的循环体中包含 break 语句,该 break 语句结束内层循环,接着执行内层循环的下一条判断语句 "if(j>k)",而不是结束外层循环。

由此可见,在多重循环结构中,break 语句只能结束其所在层的循环的执行,而不能结束外层循环的执行。

5.6 程序举例

【例 5.13】 求 3 位水仙花数。如果一个数的各位数字的立方和等于该数本身,则称此数为"水仙花数"。例如,$153=1^3+5^3+3^3$,因此,153 是一个水仙花数。

解法一(使用单重循环)。

程序代码如下:

```
#include "stdio.h"
void main()
{   int i,a,b,c;
    printf("3 位水仙花数:  ");
    for(i=100;i<=999;i++)
    {   a=i/100;              /* a 中存放 i 的百位上的数字 */
        b=i/10%10;            /* b 中存放 i 的十位上的数字 */
        c=i%10;               /* c 中存放 i 的个位上的数字 */
        if(a*a*a+b*b*b+c*c*c==i)
           printf("%-5d",i);
    }
    printf("\n");
}
```

解法二(使用三重循环)。

程序代码如下:

```
#include "stdio.h"
void main()
{   int i,a,b,c;
    printf("3 位水仙花数:  ");
    for(a=1;a<=9;a++)              /* a 代表百位数字 */
       for(b=0;b<=9;b++)           /* b 代表十位数字 */
          for(c=0;c<=9;c++)        /* c 代表个位数字 */
          {   i=a*100+b*10+c;      /* 生成 3 位数 i */
              if(a*a*a+b*b*b+c*c*c==i)  printf("%-5d",i);
          }
    printf("\n");
}
```

程序运行结果如图 5.8 所示。

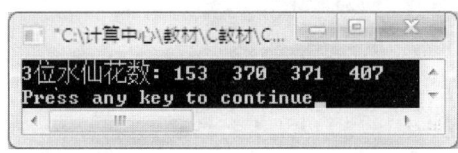

求 3 位水仙花数

图 5.8 例 5.13 运行结果

【例 5.14】 百鸡百钱:鸡翁(公鸡)一值钱五,鸡母(母鸡)一值钱三,鸡雏(小鸡)三值钱一,百钱买百鸡,问鸡翁、鸡母、鸡雏各几何?

解法一(双重循环)。用 i、j、k 分别表示公鸡、母鸡和小鸡的只数。根据题意，100元钱最多可以买 20 只公鸡，所以 i 的取值范围为 0～20。同理，j 的取值范围为 0～33。由公鸡和母鸡的只数计算出小鸡的只数 100-i-j，再对买鸡所花的钱数进行判断，即可找出满足条件的解。

程序代码如下：

```c
#include "stdio.h"
void main()
{ int i,j,k;
  printf("公鸡数  母鸡数  小鸡数\n");
  for(i=0;i<=20;i++)                    /* i 表示公鸡数 */
    for(j=0;j<=33;j++)                  /* j 表示母鸡数 */
    { k=100-i-j;                        /* k 表示小鸡数,i+j+k 满足百鸡 */
      if(k%3!=0)continue;               /* 小鸡数必须是 3 的整数倍 */
      if(i*5+j*3+k/3==100)              /* 如果满足百钱,则输出该组合 */
        printf("%3d\t%3d\t%3d\n",i,j,k);
    }
}
```

解法二(三重循环)。
程序代码如下：

```c
#include "stdio.h"
void main()
{ int i,j,k;
  printf("公鸡数  母鸡数  小鸡数\n");
  for(i=0;i<=20;i++)                    /* i 表示公鸡数,不会超过 20 只 */
    for(j=0;j<=33;j++)                  /* j 表示母鸡数,不会超过 33 只 */
      for(k=0;k<=100;k++)               /* k 表示小鸡数,不会超过 100 只 */
      { if(k%3!=0)continue;             /* 小鸡数必须是 3 的整数倍 */
        if(i+j+k==100 && i*5+j*3+k/3==100) /* 如果满足百鸡百钱,则输出该组合*/
          printf("%3d\t%3d\t%3d\n",i,j,k);
      }
}
```

程序运行结果如图 5.9 所示。

图 5.9 例 5.14 程序运行结果

注意：程序中"if(k%3!=0)continue;"语句的作用是判断小鸡的只数是否为 3 的倍数。根据题意，1 元钱买 3 只小鸡，所以买来的小鸡数应该是 3 的整数倍数。如果省略这条语句，程序的运行结果中会多出如下 3 组数据：

第 5 章　循环结构程序设计

```
 3  20  77
 7  13  80
11   6  83
```

如果按这 3 组方案买 100 只鸡，都有 2 只小鸡未花钱，不满足买 100 只鸡恰好用 100 元钱的要求，其原因在于计算钱的总数的表达式"i*5+j*3+k/3"中"k/3"的结果是整型数据，当 k 值不是 3 的整数倍时，如果不进行判断和处理，会导致结果出错。

以上两个例子使用的方法叫穷举法。所谓穷举法，就是将各种组合的可能性全部一个一个地测试，将符合条件的组合输出即可。

【例 5.15】 编程打印斐波那契(Fibonacci)数列的前 20 项。该数列如下：1，1，2，3，5，8，13，21，34，…。即从第三项开始，每一项均为前两项之和。

程序代码如下：

```c
#include "stdio.h"
void main()
{   int i,f1=1,f2=1;                /* 前两项已知 */
    for(i=1;i<=10;i++)
    {   printf("%6d%6d",f1,f2);     /* 每次显示 2 个数 */
        f1=f1+f2;                   /* f1 得到第 3 个数、第 5 个数、第 7 个数……*/
        f2=f2+f1;                   /* f2 得到第 4 个数、第 6 个数、第 8 个数……*/
        if(i%2==0)printf("\n");     /* 每行显示 4 个数 */
    }
}
```

程序运行结果如图 5.10 所示。

图 5.10　例 5.15 运行结果

由本例可以看出，任意指定的项数 n 的值，均可以由前面项的值递推得到，这种方法称为递推法或迭代法。

【例 5.16】 输入一串字符，分别统计出其中英文字母、数字、空格和其他字符的个数。
程序代码如下：

```c
#include "stdio.h"
void main()
{   char c;
    int letter=0,digit=0,space=0,other=0;
    printf("请输入一串字符:");
    while((c=getchar())!='\n')
        if(c>='a'&&c<='z'||c>='A'&&c<='Z')      /* 若是字母，则 letter 加 1 */
            letter++;
        else if(c>='0'&&c<='9')                 /* 若是数字，则 digit 加 1 */
```

```
            digit++;
        else if(c==' ')                         /* 若是空格，则 space 加 1 */
            space++;
        else                                    /* 否则，other 加 1 */
            other++;
    printf("字母%d 个,数字%d 个,空格%d 个,其他字符%d 个。",letter,digit,space,other);
    }
```

程序运行结果如图 5.11 所示。

图 5.11　例 5.16 运行结果

习　　题

一、选择题

1. 有以下程序：

```
#include <stdio.h>
void main()
{ int y=10;
  while(y--); printf("y=%d\n",y);
}
```

程序执行后的输出结果是(　　)。

　　A. y=0　　　　　　B. y=-1　　　　　　C. y=1　　　　　　D. while 构成无限循环

2. 要求通过 while 循环语句不断读入字符，当读入字母 N 时，结束循环。若变量已正确定义，以下程序段正确的是(　　)。

　　A. while ((ch=getchar())!='N') printf("%c",ch);

　　B. while (ch=getchar()!='N') printf("%c",ch);

　　C. while (ch=getchar()=='N') printf("%c",ch);

　　D. while ((ch=getchar())=='N') printf("%c",ch);

3. 有以下程序：

```
#include <stdio.h>
void main()
{ int i,j;
  for(i=1;i<4;i++)
  { for(j=i;j<4;j++)
        printf("%d*%d=%d ",i,j,i*j);
    { printf("\n");
```

    }
}

程序的运行结果是(   )。

A. 1*1=1　1*2=2　1*3=3
　 2*1=2　2*2=4
　 3*1=3

B. 1*1=1　1*2=2　1*3=3
　 2*2=4　2*3=6
　 3*3=9

C. 1*1=1
　 1*2=2　2*2=4
　 1*3=3　2*3=6　3*3=9

D. 1*1=1
　 2*1=2　2*2=4
　 3*1=3　3*2=6　3*3=9

4. 以下关于 C 语言的叙述中，错误的是（   ）。

　 A. 可以用 while 语句实现的循环，一定可以用 for 语句实现
　 B. 可以用 for 语句实现的循环，一定可以用 while 语句实现
　 C. 可以用 do-while 语句实现的循环，一定可以用 while 语句实现
　 D. do-while 语句与 while 语句的区别仅是关键字 while 出现的位置不同

5. 有以下程序：

```
#include <stdio.h>
void main()
{ int y=9 ;
   for( ; y>0 ; y--)
      if(y%3==0 )   printf("%d", --y) ;
}
```

程序的运行结果是(   )。

A. 741　　　　　B. 963　　　　　C. 852　　　　　D. 875421

6. 以下不构成无限循环的语句或语句组是(   )。

　 A. n=0;
　 do{++n;}while(n<=0);

　 B. n=0;
　 while(1){n++;}

　 C. n=10;
　 while(n);

　 D. for(n=0,i=1; ;i++) n+=i;
　 {n--;}

7. 有以下程序：

```
#include <stdio.h>
void main()
{ int x=8;
   for( ; x>0; x--)
   {  if(x%3)
      {  printf("%d,",x--); continue;}
      printf("%d,",--x);
   }
}
```

程序的运行结果是(   )。
   A. 7，4，2   B. 8，7，5，2   C. 9，7，6，4   D. 8，5，4，2
8. 有以下程序

```
#include <stdio.h>
void main()
{ int i,j;
   for(i=3; i>=1; i--)
   { for(j=1;j<=2;j++)  printf("%d",i+j);
      printf("\n");
   }
}
```

程序的运行结果是(   )。
   A. 2 3 4   B. 4 3 2   C. 2 3   D. 4 5
      3 4 5   5 4 3   3 4   3 4
                     4 5   2 3

9. 有以下程序：

```
#include <stdio.h>
void main()
{ int i=5;
   do
   {  if(i%3==1)
         if(i%5==2)
           {printf("*%d",i); break; }
      i++;
   }while(i!=0);
   printf("\n");
}
```

程序的运行结果是(   )。
   A. *7   B. *3*5   C. *5   D. *2*6
10. 有以下程序：

```
#include <stdio.h>
void main()
{ int i,j, m=55;
   for(i=1;i<=3;i++)
      for(j=3; j<=i; j++)    m=m%j;
   printf("%d\n ", m);
}
```

程序的运行结果是(   )。
   A. 0   B. 1   C. 2   D. 3

第5章 循环结构程序设计

11. 语句"for(x=0,y=0;(y=123)&&(x<4);x++);"的执行次数是(　　)。
    A. 无限循环　　　B. 不定　　　C. 4 次　　　D. 3 次
12. 从循环体内某一层跳出，继续执行循环外的语句是(　　)。
    A. break 语句　　B. return 语句　　C. continue 语句　　D. 空语句

二、填空题

1. 下列程序的功能是：输出 100 以内(不含 100)能被 3 整除且个位为 6 的所有整数，请填空。

```
#include <stdio.h>
void main()
{   int i,j;
    for(i=0; _____ ;i++)
    {   j=i*10+6;
        if(_____)  continue;
        printf("%3d",j);
    }
}
```

2. 若有定义：int k;，则以下程序段的输出结果是_____。

```
for(k=2;k<6;k++,k++) printf("##%d",k);
```

3. 下列程序的输出结果是_____。

```
#include <stdio.h>
void main()
{   int  n=12345,d;
    while(n!=0){ d=n%10; printf("%d", d); n/=10; }
}
```

4. 有下列程序段，且变量已定义和赋值：

```
for(s=1.0, k=1; k<=n; k++)     s=s+1.0/(k*(k+1));
printf("s=%f\n\n",    s);
```

请填空，使下面程序段的功能与之完全相同。

```
s=1.0; k=1;
while(_____)   {    s=s+1.0/(k*(k+1));  _____;   }
printf("s=%f\n\n",s);
```

5. 当执行下列程序时，输入 1234567890<回车>，则程序中 while 循环体将执行_____次。

```
#include <stdio.h>
void main()
{  char ch;
   while((ch=getchar())=='0')
       printf("#");
}
```

6. 下列程序的输出结果为_____。

```c
#include <stdio.h>
void main()
{   int a;
    for(a=0;a<10;a++);
        printf("%d",a);
}
```

三、编程题

1. 编程实现求 $1+\dfrac{1}{3}+\dfrac{1}{5}+\cdots+\dfrac{1}{51}$ 的值，并显示出来。

2. 编程实现显示如下图形。

    *
    * *
    * * *
    * * * *
    * * * * *

3. 编程实现从键盘输入一个正整数，计算并显示其各位数字之和，如 1234 各位数字之和为 1+2+3+4=10。

4. 用一元纸币兑换一分、两分和五分的硬币，要求兑换硬币的总数为 50 枚，问共有多少种兑换方法？每种兑换方法中各种硬币分别为多少？

第 6 章　数　组

在前面章节中，介绍了 C 语言提供的基本数据类型中的整型、实型和字符型数据，用这些基本类型声明的变量称为简单变量。在实际问题的处理过程中，往往需要存储和处理大量相同类型的数据。如要求存储 100 个学生的成绩，并求成绩最高分，如果仍然用简单变量存储数据，需要分别定义 100 个简单变量，不仅声明变量的工作量很大，而且也无法用循环结构实现相同性质的操作。

对于一组相同类型数据的处理，C 语言提供了一种构造类型——数组。利用数组可以方便地实现成批数据的存储和加工。

数组可用地址连续的存储单元，依次存放一批数据类型相同的数据。这种数据结构称为数组类型。

数组分为一维数组和多维数组。只有一个下标的数组称为一维数组，有两个下标的数组称为二维数组，依此类推。本章只讨论一维数组和二维数组。

6.1　一维数组

6.1.1　一维数组的定义和引用

1. 一维数组的定义

在定义数组时，应该说明数组的名字、类型、大小和维数。
一维数组的定义形式如下：

   类型说明符　数组名[常量表达式];

说明：(1) 类型说明符用于指定数组中每个数据的数据类型。数组中的这些数据称为数组元素。

(2) 数组名与简单变量的命名一样，需要符合标识符的命名规则。数组名表示数组在内存中的首地址，用于标识数组的整个连续空间。

(3) 常量表达式规定了数组的大小，即数组中包含的数组元素的个数。常量表达式必须包含在一对中括号[ ]之内，可以包含整型常量或符号常量，但不能包含变量。其运算结果必须是整型。

例如：

```
int a[10];
```

定义了一个一维数组，数组名为 a，数组 a 中包含 10 个整型数据，在内存中占用 40 个字节的连续空间，如图 6.1 所示。

下面几种形式都是合法等价的定义。

① 直接用常量定义：

```
int a[10];
```

② 用符号常量定义：

```
#define N 10        /* 本命令放在程序开头(主函数之前)*/
int a[N];           /* 本语句放在main函数的函数体的前面声明部分*/
```

③ 用常量表达式定义：

```
#define N 5
int a[2*N];
```

或

```
int a[5+5];
```

(4) C 语言不允许对数组作动态定义，即定义数组时，不能使用变量。以下形式定义的数组是不合法的：

```
int n=10,a[n];
```

或

```
int n;
scanf("%d",&n);
int a[n];
```

(5) 可以在一个语句中同时定义多个数组和简单变量。

例如：

```
int a[10],b[5],i,j;
```

2. 一维数组的引用

数组元素的引用方法如下：

数组名[下标]

说明：(1) C 语言中规定，数组必须先定义、后使用。

(2) 下标可以是常量表达式，其数据类型必须是整型。C 语言中规定，下标从 0 开始。

第6章 数 组

例如:
```
int a[10];
```
数组 a 的 10 个数组元素的引用方式为：a[0]、a[1]、a[2]、a[3]、……、a[9]。
数组 a 在内存中的存储结构如图 6.1 所示。

低地址	2000	95	a[0]
	2004	62	a[1]
	2008	71	a[2]
	2012	34	a[3]
	2016	52	a[4]
	2020	76	a[5]
	2024	18	a[6]
	2028	27	a[7]
	2032	85	a[8]
高地址	2036	43	a[9]

图 6.1 数组 a 在内存中的存储结构

(3) 通过下标能够确定每个数组元素在数组中的相对位置，所以，数组元素又称下标变量。与简单变量不同，下标变量必须依赖于数组的整体存储空间而存在，即先定义数组，后引用下标变量。
(4) 不能整体引用数组，只能逐个引用数组元素。字符型数组除外。
(5) 对某一简单变量可以施加的操作，同样可以用在与简单变量同一数据类型的下标变量。例如，赋值、键盘输入、算术运算、关系运算等。

【例 6.1】 用数组实现例 5.15，即打印斐波那契(Fibonacci)数列的前 20 项。
程序代码如下:

```
#include "stdio.h"
#define N 21
void main()
{   int i,fib[N];                    /* fib[0]未用 */
    fib[1]=fib[2]=1;                 /* 为数列的前两项赋值 */
    for(i=3;i<N;i++)                 /* 计算数列第3~20项的值，存储到数组中 */
       fib[i]=fib[i-2]+fib[i-1];
    for(i=1;i<N;i++)                 /* 输出数列前20项 */
    {  printf("%6d",fib[i]);
       if(i%4==0)printf("\n");       /* 每行显示4个数 */
    }
}
```

【例 6.2】 输入一批学生(不超过 100 人)的学号和成绩，计算所有学生的平均分，并输出成绩高于平均分的学生成绩。

程序代码如下:

```
#include "stdio.h"
#define MAXSIZE 100
void main()
{   int num[MAXSIZE],n,i;                        /* num 数组存储学号*/
    double score[MAXSIZE];                       /* score 数组存储成绩*/
    double ave=0;
    printf("请输入学生人数:");
    scanf("%d",&n);                              /* 输入学生人数*/
    printf("请输入%d 个学生的学号和成绩:\n",n);
    for(i=0;i<n;i++)
    {   scanf("%d,%lf",&num[i],&score[i]);       /* 输入学号和成绩*/
        ave+=score[i];                           /* 成绩累加*/
    }
    ave/=n;                                      /* 求平均分*/
    printf("平均分:%6.2lf\n",ave);
    printf("高于平均分的学生成绩如下:\n");
    for(i=0;i<n;i++)                             /* 输出成绩高于平均分的学生成绩*/
        if(score[i]>ave)
            printf("学号:%-5d\t 成绩:%6.2lf\n",num[i],score[i]);
}
```

程序运行结果如图 6.2 所示。

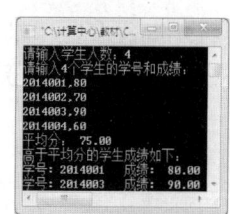

图 6.2　例 6.2 运行结果

6.1.2　一维数组的初始化

数组的初始化是指在定义数组的同时,直接为数组元素赋初值。与简单变量的初始化类似,数组初始化后,仍可以根据需要修改数组元素的值。

对一维数组的初始化,可以用如下几种方式。

(1) 对全部元素赋初值。

例如:

```
int a[10]={10,20,30,40,50,60,70,80,90,100};
```

系统会将花括号内的 10 个数值 10、20、……、100,依次赋值给 a[0]、a[1]、……、a[9]。

(2) 只给部分元素赋初值。当初值个数小于数组的长度时,只给前面部分元素赋初值,其余元素赋 0 值。

例如:

```
int a[10]={10,20,30,40,50};
```

第6章 数 组

此时，数组a[0]~a[4]的值依次是10、20、30、40、50，而a[5]~a[9]的值都是0。
如果想使数组的所有元素值都为0，可以写成：

```
int a[10]={0};
```

注意：对数组初始化时，不能对整个数组初始化。如下语句是不合法的：

```
int a[]=0;
```

(3) 当初值个数大于数组的长度时，则编译时将出错。
(4) 对全部数组元素赋初值时，可以不指定数组的长度。
例如：

```
int a[]={10,20,30,40,50};
```

编译系统将根据初值的数据类型和个数，为数组a分配20个字节的存储空间，依次存放5个初始值，等价于 int a[5]={10,20,30,40,50};。

(5) 当数组被声明为静态(static)或外部存储类型(即在所有函数外部定义)时，则在不赋初值的情况下，所有数组元素被初始化为0。
(6) 如果对非静态或非外部存储类型数组不赋初值，则数组元素的值是不确定的。
静态存储类型和外部存储类型将在第7章介绍。

【例6.3】 将数组中数组元素逆序存放。

要实现n个数组元素的逆序存放，最简单的方法就是：从下标0开始，将a[0]与a[n-1]对调、a[1]与a[n-2]对调、……、a[i]与a[n-i-1]对调(0≤i<n/2)，完成数组元素的逆序存放。
程序代码如下：

```
#include "stdio.h"
#define N 10
void main()
{ int i,a[N]={4,6,9,1,2,3,5,0,7,8},t;
  printf("原序:\n");
  for(i=0;i<N;i++)
     printf("%3d",a[i]);              /* 输出逆置之前数组a中的元素 */
  printf("\n");
  for(i=0;i<N/2;i++)                   /* 逆置数组a中的元素 */
  { t=a[i];a[i]=a[N-i-1];a[N-i-1]=t;  }
  printf("\n逆序:\n");
  for(i=0;i<N;i++)                     /* 输出逆置之后数组a中的元素 */
     printf("%3d",a[i]);
  printf("\n");
}
```

程序运行结果如图6.3所示。

图6.3 例6.3运行结果

6.1.3 一维数组程序举例

【例 6.4】 输入一批学生成绩，以 10 分为一个分数段，统计各分数段的学生人数。成绩的输入以-1 作为结束标志。

程序代码如下：

```
#include "stdio.h"
#define MAXSIZE 100                    /* 假定学生人数<100*/
void main()
{   int c[11]={0},n=0,i,k;
    double s[MAXSIZE],x;
    printf("请输入若干学生成绩(以-1 结束):\n");
    scanf("%lf",&x);                   /* 输入学生成绩*/
    while(x!=-1)
    {   s[n++]=x;                      /* 学生成绩存入数组*/
        k=(int)x/10;                   /* 计算成绩对应的分数段*/
        c[k]+=1;                       /* 对应的分数段人数加 1*/
        scanf("%lf",&x);
    }
    printf("各分数段的学生人数:\n");
    for(i=0;i<=10;i++)                 /* 按分数段输出人数*/
        if(i<10)printf("%2d----%2d:  %d\n",i*10,i*10+9,c[i]);
        else printf("%10d:  %d\n",i*10,c[i]);
}
```

程序运行结果如图 6.4 所示。

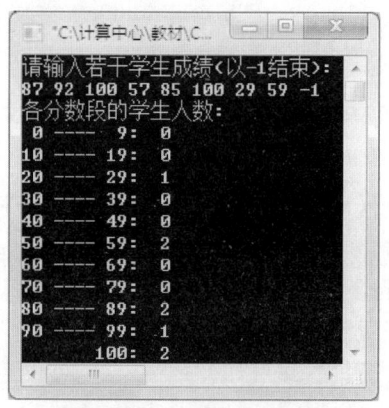

图 6.4 例 6.4 运行结果

说明：在本程序中，数组 c 用于存放各分数段的人数，其全部数组元素在初始化时都置为 0。即 c[0]中存放成绩为 0~9 分的学生人数，c[1]中存放成绩为 10~19 分的学生人数，依此类推，c[10]中存放成绩为 100 分的学生人数。

【例 6.5】 输入若干个学生某一门课的成绩，将学生成绩按分数由低到高的顺序输出(假定学生总数不超过 100 人)。

解决这类问题要用到排序算法，下面介绍几种常用的排序方法。

(1) 冒泡排序。

冒泡排序的算法思想是：先从待排序的 n 个数中选择一个最大数，将其放在第 n-1 个位置(数组的最后)，然后从剩余的 n-1 个数中选择一个最大数放在第 n-2 个位置，依此类推，直到从剩余的 2 个数中选择一个最大数放在第 1 个位置，剩下的最后一个数已经放在了第 0 个位置，完成对 n 个数的排序。

将一个数放在其最终排序结果位置上的操作为一趟排序。显然，对 n 个数要进行 n-1 趟排序。在每趟排序过程中，从数组的前端开始，相邻位置的元素相比较，如果前一个元素值大于后一个元素值，就交换。直到第 i 趟排序的 n-i+1 个元素都比较完，再进行下一趟排序。

下面以 5 个数为例，说明第一趟排序的过程：

第一次比较：	48	87	40	55	34
第二次比较：	48	87	40	55	34
第三次比较：	48	40	87	55	34
第四次比较：	48	40	55	87	34
第一趟排序结果：	[48	40	55	34]	(87)

我们将已经完成排序的数据部分称为有序区，放在圆括号内；未完成排序的数据部分称为无序区，放在方括号内。

在完成第一趟排序的基础上，继续对前 4 个数进行第二趟排序，依此类推。各趟排序结果如下：

第二趟排序结果：	[40	48	34]	(55	87)
第三趟排序结果：	[40	34]	(48	55	87)
第四趟排序结果：	[34]	(40	48	55	87)

在上述排序过程中，通过 4 趟排序，完成了对 5 个数的排序。仔细观察会发现随着排序过程的展开，数值大的数"沉淀"到数组的后端，数值小的数就像气泡一样"漂移"到数组的前端，这种排序方法因而有了一个形象的名字——冒泡排序。

结论：n 个数要进行 n-1 趟排序，用外层循环控制语句 for(i=0;i<n-1;i++)，第 i 趟需要两两比较 n-i-1 次，用内层循环控制语句 for(j=0;j<n-i-1;j++)。

运行结果如图 6.5 所示。

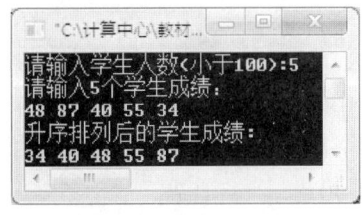

图 6.5　例 6.5 运行结果

冒泡排序

冒泡排序程序代码如下:

```c
#define MAXN 100
void main()
{   int a[MAXN],i,j,n,t;
    printf("请输入学生人数(小于%d):",MAXN);
    scanf("%d",&n);                          /* 输入学生人数 */
    printf("请输入%d个学生成绩:\n",n);       /* 输入学生成绩 */
    for(i=0;i<n;i++)
        scanf("%d",&a[i]);
    for(i=0;i<n-1;i++)                       /* 冒泡排序,外层循环控制趟数,共n-1趟 */
        for(j=0;j<n-i-1;j++)                 /* 内层循环控制每趟两两比较的次数,共n-i-1次 */
            if(a[j]>a[j+1])                  /* 若前数大于后数,则交换 */
            { t=a[j];a[j]=a[j+1];a[j+1]=t; }
    printf("升序排列后的学生成绩:\n");
    for(i=0;i<n;i++)                         /* 输出排序结果 */
        printf("%-3d",a[i]);
    printf("\n");
}
```

(2) 选择排序。

选择排序的算法思想是:先从待排序的n个数中选择一个最小数,将其放在第0个位置(数组的最前端),然后从剩余的n-1个数中选择一个最小数放在第1个位置,依此类推,直到从剩余的2个数中选择一个最小数放在第n-2个位置,剩下的最后一个数已经放在第n-1个位置,完成对n个数的n-1趟排序。

在第i趟排序(0≤i<n-1)开始时,先假定i位置的元素值最小,比较a[i]和a[j]的大小(i+1≤j≤n-1),如果a[j]小于a[i],就将a[j]与a[i]的值互换。否则,不进行交换。这样,一趟排序结束时,已经将i~n-1位置之间的最小数放在了a[i]中,完成了第i趟排序。

下面仍以5个数为例,说明第一趟排序的过程:

第一次比较:	48	87	40	55	34
第二次比较:	48	87	40	55	34
第三次比较:	40	87	48	55	34
第四次比较:	40	87	48	55	34
第一趟排序结果:	(34)	[87	48	55	40]

其余各趟排序的结果如下:

第二趟排序结果:	(34	40)	[87	55	48]
第三趟排序结果:	(34	40	48)	[87	55]
第四趟排序结果:	(34	40	48	55)	[87]

第6章 数 组

这个排序算法称为基本选择排序。将上述程序中用于实现冒泡排序的双循环,可以用以下双循环代替。

```
for(i=0;i<n-1;i++)            /* 基本选择排序,外层循环控制趟数,共 n-1 趟 */
  for(j=i+1;j<n;j++)          /* 内层循环控制每趟中比较的次数,共 n-i-1 次 */
    if(a[j]<a[i])             /* 若 a[i]大,则交换 */
    { t=a[j];a[j]=a[i];a[i]=t;}
```

下面给出改进的选择排序方法。

在第 i 趟排序过程中,用变量 k 记录最小数的位置,其初始值为 i。比较 a[j]与 a[k],若 a[j]小于 a[k],不是交换 a[j]与 a[k]的值,而是通过语句 "k=j;" 将当前最小数的下标存储在变量 k 中,从而将用于交换两个变量值的 3 条赋值语句,优化为记录最小数下标的 1 条赋值语句。在完成数组元素值的比较之后,如果最小数的下标不是 i,则交换 a[i]与 a[k]的值。

改进的选择排序方法

改进的选择排序程序段如下:

```
for(i=0;i<n-1;i++)            /* 改进的选择排序,外层循环控制趟数,共 n-1 趟 */
{ k=i;                        /* 先假设 a[i]最小,将其下标 i 存储在 k 中 */
  for(j=i+1;j<n;j++)          /* 内层循环控制每趟中比较的次数,共 n-i-1 次 */
    if(a[j]<a[k])k=j;         /* 若 a[j]小,则将 j 值存储在 k 中 */
  if(i!=k)                    /* 若 i!=k,说明 a[i]不是最小的,需交换 */
  { t=a[i];a[i]=a[k];a[k]=t;}
}
```

【例 6.6】 随机产生 10 个[10,99]区间的整数存入数组元素 a[1]~a[10]中,并对这 10 个整数升序排序。由键盘输入一个数 x,将其插入数组 a 中,使插入 x 之后数组元素 a[1]~a[11]仍按元素值升序排列。

解决这个问题需要找到 x 的插入位置 i,并将 a[i]~a[10]的所有数组元素依次向后移动一个元素的位置,然后将 x 插入 a[i]位置。

采用边比较边移动的方法,首先将 x 与最后一个数据 a[10]比较,如果 x 小于 a[10],那么 x 应该插入在 a[10]之前的某一个位置,将 a[10]向后移动到 a[11]中,然后将 x 与 a[9]比较,……,直到找到某一位置 i,使得 x≥a[i],将 x 插入 a[i+1]位置,完成插入操作。

程序代码如下:

```
#include "stdio.h"
#include "stdlib.h"
#include "time.h"
void main()
{ int a[12],i,j,t,x;
  srand(time(0));                     /* 随机种子,使得每次执行程序时产生不同的随机数 */
  printf("排序前数组元素:\n");
  for(i=1;i<11;i++)                   /* 随机产生并输出排序前的数组元素 */
  { a[i]=rand()%90+10;                /* 随机产生[10,99]区间的整数 */
    printf("%4d",a[i]);
  }
```

```
        for(i=1;i<=9;i++)              /* 冒泡排序,外层循环控制趟数,10 个数共 9 趟 */
            for(j=1;j<=10-i;j++)       /* 内层循环控制每趟两两比较的次数,共 10-i 次 */
                if(a[j]>a[j+1])        /* 若前数大于后数,则交换 */
                { t=a[j];a[j]=a[j+1];a[j+1]=t;}
        printf("\n排序后数组元素:\n");
        for(i=1;i<11;i++)              /* 输出排序后的数组元素 */
            printf("%4d",a[i]);
        printf("\n输入要插入的数据:");
        scanf("%d",&x);                /* 输入待插入的数据 x */
        a[0]=x;                        /* 暂存 x */
        i=10;                          /* 从第 10 个元素开始依次向前比较 */
        for( ;x<a[i];i--)              /* 找小于 x 的第 1 个 a[i],边比较边移动 */
            a[i+1]=a[i];
        a[i+1]=x;                      /* 将 x 插入在 a[i]之后 */
        printf("插入后数组元素:\n");
        for(i=1;i<=11;i++)             /* 输出插入 x 之后的全部数组元素 */
            printf("%4d",a[i]);
        printf("\n");
    }
```

程序运行结果如图 6.6 所示。

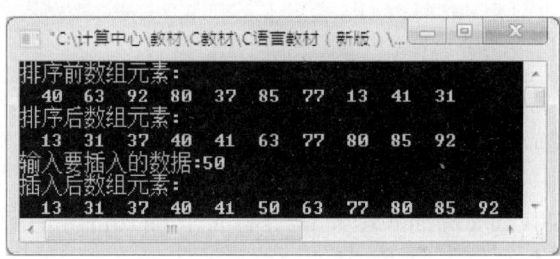

图 6.6 例 6.6 运行结果

由于事先将 x 暂存在 a[0]中,因此,在用于查找的 for 语句的循环判断条件中,不必判断下标是否越界,只需判断 x<a[i]即可。当待插入的 x 小于所有数组元素时,依然能够在下标 0 位置处结束查找。数组元素 a[0]所在位置被称为"监视哨"。仅仅多用了 1 个元素的空间,简化了查找判断的条件,提高了算法效率。

关于本例中用到的随机函数 rand()的几点说明。

(1) time(0):时间函数。该函数用于返回系统当前时间。其包含在头文件 time.h 中。

(2) srand(time(0)):随机种子函数。该函数产生一个从当前时间开始的随机种子,以便随机函数 rand()每次都产生不同的随机数。其包含在头文件 stdlib.h 中。

(3) rand():随机函数。该函数用于产生 0～RAND_MAX 均匀分布的随机整数。RAND_MAX 必须至少为 32767。其包含在头文件 stdlib.h 中。

(4) 产生闭区间[a,b]内随机整数的公式:rand()%(b-a+1)+a。

第6章 数组

6.2 二维数组

6.2.1 二维数组的定义和引用

1. 二维数组的定义

定义二维数组时，同样应该说明数组的名字、类型、大小和维数。
二维数组的定义形式如下：

类型说明符 数组名[常量表达式1][常量表达式2];

说明：(1) 二维数组中的参数与一维数组完全相同。常量表达式1规定了二维数组行的大小，常量表达式2规定了二维数组列的大小。

例如：

```
int a[3][4];
```

定义数组a为3×4的二维数组，即数组a有3行，每行有4个整型元素，共有12个数组元素。C语言的二维数组在内存中是按行存储的，数组a在计算机中的存储顺序如下：

a[0][0]⟶a[0][1]⟶a[0][2]⟶a[0][3]⟶
a[1][0]⟶a[1][1]⟶a[1][2]⟶a[1][3]⟶
a[2][0]⟶a[2][1]⟶a[2][2]⟶a[2][3]

上述定义不能写成：

```
int a[3,4];
```

(2) 如果将二维数组a每行的4个元素看作一个整体，那么数组a相当于1个一维数组，它有3个元素a[0]、a[1]、a[2]，每个a[i](0≤i≤2)本身又是一个一维数组。

a[0]—— a[0][0] a[0][1] a[0][2] a[0][3]
a[1]—— a[1][0] a[1][1] a[1][2] a[1][3]
a[2]—— a[2][0] a[2][1] a[2][2] a[2][3]

2. 二维数组的引用

二维数组的数组元素表示方法如下：

数组名[行下标][列下标]

说明：(1) 二维数组的引用方法与一维数组的数组元素的引用类似。

例如：

```
int a[3][4];
```

定义数组a之后，可以引用其数组元素，如a[0][0]、a[1][2]、a[2][1]等。
(2) 通常用for语句的双重循环嵌套对二维数组元素逐个引用。
(3) 利用二维数组可以很方便地处理数学中的矩阵问题。

【例6.7】 利用二维数组构造图6.7所示的矩阵，并输出该矩阵。

N行N列的矩阵称为N阶方阵，其行列下标值相等的位置称为主对角线；行列下标值之和等于$N-1$的位置称为次对角线。

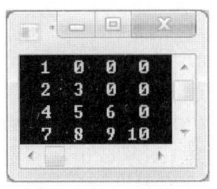

图6.7 构造的矩阵

算法分析：将4阶方阵的主对角线以上位置(j>i)的元素值置为0，主对角线及其以下位置(j≤i)的元素值置为从1开始的整数。

程序代码如下：

```
#include "stdio.h"
#define N 4
void main()
{   int i,j,a[N][N],k=1;
    for(i=0;i<N;i++)          /* 外层循环控制行数，i是二维数组行下标 */
    {   for(j=0;j<N;j++)      /* 内层循环控制列数，j是二维数组列下标 */
        {   if(j<=i)
                a[i][j]=k++;  /* 主对角线及其左下方元素赋k值，k从1~10逐次加1 */
            else
                a[i][j]=0;    /* 主对角线右上方元素赋0值 */
            printf("%3d",a[i][j]);
        }
        printf("\n");         /* 一行完毕，内层循环结束，换行 */
    }
}
```

6.2.2 二维数组的初始化

二维数组初始化的一般形式如下：

类型说明符　数组名[常量表达式][常量表达式2]={初始数据};

对二维数组的初始化可以用如下几种方式实现。

(1) 分行给二维数组赋初值。

例如：

```
int a[][4]={{1,2,3,4},{5,6,7,8},{9,10,11,12}};
```

这种赋值方法将每行的数据用一对花括号括起来，各行的数据包含在外层花括号之中。

(2) 将所有数据写在一个花括弧内。

例如：

```
int a[3][4]={1,2,3,4,5,6,7,8,9,10,11,12};
```

第6章 数　　组

(3) 对部分元素赋初值。

① 对各行中的某些元素赋初值。

例如：

```
int a[3][4]={{1},{2,3},{4,5,6}};
```

本例中只对各行的左边各列元素赋初始值，其余未赋初值的各列元素系统将自动为其赋初值 0。这种方法适用于非 0 元素较少而值为 0 的元素较多的矩阵，在定义数组时，仅给出少量的非 0 元素，不必给出所有值为 0 的元素。赋初值后的数组如图 6.8 所示。

② 只对某几行元素赋初值。

例如：

```
int a[3][4]={{1},{2,3}};
```

对未赋初值的行上的各列元素，系统将自动赋初值 0。赋初值后的数组如图 6.9 所示。

③ 省略内层花括号。

例如：

```
int a[3][4]={1,2,3};
```

若省略内层花括号，则系统按存储顺序一一赋初值，不够补 0。赋初值后的数组如图 6.10 所示。

(4) 若对全部元素都赋初值，定义数组时可以不指定行的大小，但必须指定列的大小。

例如：

```
int a[][4]={1,2,3,4,5,6,7,8,9,10,11,12};
```

不能写成：

```
int a[3][]={1,2,3,4,5,6,7,8,9,10,11,12};
```

系统根据列的大小和数据总个数计算出行数，本列中的数组 a 每行有 4 列元素，12 个元素的行数为 3 行。如果数据总数不是列数的整数倍，多余的元素放在最后一行的左边，该行其余各列元素的值系统自动赋初值 0。

例如：

```
int a[][4]={1,2,3,4,5,6,7,8,9};
```

赋初值后的数组如图 6.11 所示。

$$\begin{pmatrix} 1 & 0 & 0 & 0 \\ 2 & 3 & 0 & 0 \\ 4 & 5 & 6 & 0 \end{pmatrix} \quad \begin{pmatrix} 1 & 0 & 0 & 0 \\ 2 & 3 & 0 & 0 \\ 0 & 0 & 0 & 0 \end{pmatrix} \quad \begin{pmatrix} 1 & 2 & 3 & 0 \\ 0 & 0 & 0 & 0 \\ 0 & 0 & 0 & 0 \end{pmatrix} \quad \begin{pmatrix} 1 & 2 & 3 & 4 \\ 5 & 6 & 7 & 8 \\ 9 & 0 & 0 & 0 \end{pmatrix}$$

图 6.8　对某些元素　　图 6.9　对几行元素　　图 6.10　省略内层　　图 6.11　对全部元素
　　赋初值后的数组　　　　赋初值后的数组　　　花括号赋初值后的数组　　赋初值后的数组

【例6.8】 将二维数组a表示的矩阵转置后存储到二维数组b中，如图6.12所示。

图6.12 二维数组矩阵转置

矩阵转置是指将 M 行 N 列矩阵的行和列的元素互换，得到 N 行 M 列的矩阵称为原矩阵的转置矩阵。

程序代码如下：

```c
#include "stdio.h"
#define M 3
#define N 4
void main()
{   int a[M][N]={{1,2,3,4},{5,6,7,8},{9,10,11,12}};
    int b[N][M],i,j;
    for(i=0;i<M;i++)            /* 数组a的第i行作为数组b的第i列*/
        for(j=0;j<N;j++)        /* 数组a的第j列作为数组b的第j行*/
            b[j][i]=a[i][j];    /* 转置，a[i][j]赋给b[j][i]*/
    printf("矩阵a:\n");
    for(i=0;i<M;i++)            /* 输出转置之前的矩阵a */
    {   for(j=0;j<N;j++)
            printf("%5d",a[i][j]);
        printf("\n");           /* 矩阵的每行结束，换行*/
    }
    printf("矩阵b:\n");
    for(i=0;i<N;i++)            /* 输出转置矩阵b */
    {   for(j=0;j<M;j++)
            printf("%5d",b[i][j]);
        printf("\n");           /* 矩阵的每行结束，换行*/
    }
}
```

6.2.3 二维数组程序举例

【例6.9】 输出如图6.13所示的杨辉三角形的前5行。

图6.13 杨辉三角形

第6章 数 组

可以利用 N 阶方阵的主对角线及其以下位置存储杨辉三角形中的数据。对于一个 $N\times N$ 的二维数组 a，可以将主对角线以上的元素置为 0；将第 0 列元素及主对角线位置上的元素置为 1；主对角线以下元素值由下面公式确定。

a[i][j]=a[i-1][j-1]+a[i-1][j],$1\leqslant i<N,0<j<i$。

程序代码如下：

```
#include "stdio.h"
#define N 5
void main()
{   int i,j;
    long x[N][N]={1};
    for(i=1;i<N;i++)
    {  x[i][0]=x[i][i]=1;          /* 为第 0 列及主对角上的元素赋 1 */
       for(j=1;j<i;j++)
           x[i][j]=x[i-1][j-1]+x[i-1][j];
    }
    for(i=0;i<N;i++)               /* 输出主对角及其以下位置的元素 */
    {  for(j=0;j<=i;j++)
           printf("%4d",x[i][j]);
       printf("\n");
    }
}
```

【例 6.10】将随机产生的 20 个[0,1]区间的整数存入二维数组 a(4 行 5 列)的各个数组元素中。输出该二维数组，并求其周边元素之和。程序运行结果如图 6.14 所示。

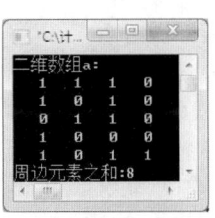

图 6.14 例 6.10 运行结果

程序代码如下：

```
#include "stdio.h"
#include "stdlib.h"
#include "time.h"
void main()
{   int a[5][4],i,j,sum=0;
    srand(time(0));                /* 随机种子，使得每次执行程序产生不同的随机数 */
    printf("二维数组 a:\n");
    for(i=0;i<5;i++)               /* 随机产生并输出数组 a 的各数组元素 */
    {  for(j=0;j<4;j++)
       {  a[i][j]=rand()%2;        /* 随机产生[0,1]区间的整数 */
          printf("%4d",a[i][j]);   /* 输出数组元素 */
```

```
        }
        printf("\n");
    }
    for(i=0;i<5;i++)                    /* 求周边元素之和 */
        for(j=0;j<4;j++)
            if(i==0||i==4||j==0||j==3)
                sum+=a[i][j];
    printf("周边元素之和:%d\n",sum);
}
```

【例 6.11】 编程将 4 名学生 3 门课成绩存储在二维数组中,并计算每个学生的平均分。程序运行结果如图 6.15 所示。

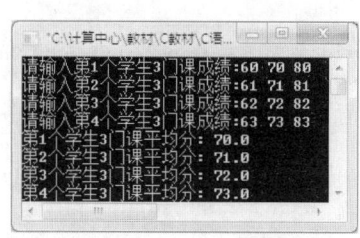

图 6.15　例 6.11 运行结果

程序代码如下:

```
#include "stdio.h"
#define M 4
#define N 3
int main()
{   float s[M][M],sum;
    int i,j;
    for(i=0;i<M;i++)                  /* 外层循环控制学生人数*/
    {   printf("请输入第%d个学生3门课成绩:",i+1);
        for(j=0;j<N;j++)              /* 内层循环控制课程数*/
            scanf("%f",&s[i][j]);
    }
    for(i=0;i<M;i++)                  /* 求每个学生的3门课平均分并输出*/
    {   sum=0;                        /* 求下一个学生3门课成绩总和前要将sum清零*/
        for(j=0;j<N;j++)              /* 内层循环求第i+1个学生成绩总和*/
            sum+=s[i][j];
        printf("第%d个学生3门课平均分:%5.1f\n",i+1,sum/N);
                                      /* 输出平均分*/
    }
}
```

6.3　字符数组与字符串

在用计算机处理问题的过程中,除了需要加工数值数据,还需要保存和加工大量的字符数据。用于存储字符型数据的数组称为字符数组。

6.3.1 字符数组的定义和初始化

1. 字符数组的定义

定义字符数组的一般形式如下：

  char   数组名[常量表达式];

  char   数组名[常量表达式 1][常量表达式 2];

例如：

```
chars[6];
s[0]='H';  s[1]='E';  s[2]='L';  s[3]='L';  s[4]='O';  s[5]='!';
```

字符数组 s 包含 6 个元素，每个数组元素存储一个字符常量，占用 1 个字节的内存空间。字符数组元素在存储字符时存储该字符的 ASCII 码值。赋值后数组存储情况如图 6.16 所示。

s[0]	s[1]	s[2]	s[3]	s[4]	s[5]
'H'	'E'	'L'	'L'	'O'	'!'

图 6.16 赋值后数组存储情况

2. 字符数组的引用

字符数组也是使用下标引用数组元素。对字符数组不能整体赋值，但可以使用输入/输出函数对字符数组进行整体输入及输出。

【**例 6.12**】 输入若干个字符(以#结束)，删除其中的数字字符(假定字符个数不超过 100 个)。程序运行结果如图 6.17 所示。

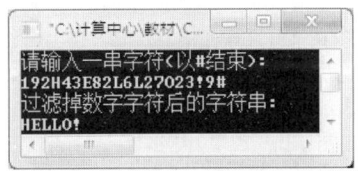

图 6.17 例 6.12 运行结果

程序代码如下：

```
#include "stdio.h"
#define MAXN 100
void main()
{   char s[MAXN],ch;
    int i,j,n;
    printf("请输入一串字符(以#结束):\n");
    for(n=0;(ch=getchar())!='#';)    /* 输入字符,并存入字符数组 */
        s[n++]=ch;                    /* n 统计#号之前的字符个数 */
    for(j=0,i=0;i<n;i++)              /* 将非数字字符移动到数组前端 */
        if(s[i]<'0'||s[i]>'9')        /* 如果不是数字字符,则向前移动 */
```

```
                s[j++]=s[i];              /* j记录当前移动的字符在数组中的新位置 */
        printf("过滤掉数字字符后的字符串:\n");
        for(i=0;i<j;i++)                  /* 输出非数字字符*/
            printf("%c",s[i]);
        printf("\n");
}
```

在本程序中,先将由键盘输入的字符依次存入字符数组中。然后,从 0 下标位置开始对每个字符逐个进行判断,若该字符不是数字字符,就往数组的前端移动该字符,并用变量 j 记录当前移动的字符在数组中的新位置;否则,不移动该字符。这样,可以将数字字符"过滤"掉,使数组的前端存放非数字字符。

3. 字符数组的初始化

在定义字符数组时,可以给数组元素指定初值。如果在定义字符数组时未进行初始化,那么字符数组中各个元素的值是不确定的。

(1) 对全部元素赋初值。

例如:

```
char ch[10]={ 'V','i','s','u','a','l',' ','C','+','+'};
```

将 "Visual C++" 这 10 个字符依次赋值给数组元素 ch[0]~ch[9]。

在对全部元素指定初值的情况下,字符数组的大小可以省略。此时,系统会根据初值的个数自动定义数组的大小。

例如:

```
char ch[]={ 'P','r','o','g','r','a','m'};
```

系统自动将字符数组的长度定义为 7。

(2) 可以只给部分元素赋初值。

例如:

```
char ch[10]={ 'P','r','o','g','r','a','m'};
```

① 如果初值个数小于数组长度,将初值表中的字符依次赋值给字符数组前端的元素,其余元素系统自动将其值设置为空字符'\0'(其 ASCII 码值为 0)。

上面定义的字符数组 ch 的 7 个初值字符依次赋值给数组元素 ch[0]~ch[6],而 ch[7]~ch[9]的值均为空字符。

② 如果初值个数大于字符数组的长度,编译时会产生语法错误。

6.3.2 字符串

字符串是指有限个字符组成的字符序列。在 C 语言中,以空字符('\0')作为字符串的结束标志。字符串中的字符可以是 ASCII 码表中所有的可打印和不可打印的字符,也可以是转义字符。

第6章 数 组

1. 字符串及其结束标志

字符串常量是包括在一对双撇号之内的字符序列。双撇号是界限符，不是字符串的内容。

例如：

```
"This is a book."、"China"、"2025-01-01"
```

字符串常量以字符数组的形式存放，字符串 China 在内存中的存放形式如下：

| 'C' | 'h' | 'i' | 'n' | 'a' | '\0' |

在字符数组中有效字符后面(或字符串末尾)加上一个'\0'，处理字符数组时，一旦遇到'\0'就表示字符串已经结束。如果在一个字符数组中存在多个空字符'\0'，系统默认第一个'\0'之前的字符为字符串中的有效字符。

字符串与字符数组最显著的区别就是字符数组中可以没有'\0'。但是，字符串中含有字符串结束标志'\0'。(表面上并看不到'\0'，是系统自动加上的)

C 语言不提供字符串变量，为了存储字符串，通常在程序中定义字符型数组，将字符串存储在字符数组中。

字符串中的字符个数称为字符串长度。计算字符串长度时，空字符'\0'不参与计数。

长度为 0 的字符串称为空字符串(即不包含任何字符的字符串)。

注意：空字符串" "与含有一个空格字符的字符串" "的区别。

(1) 空字符串的第一个字符就是空字符'\0'；而含有一个空格字符的字符串的首字符是'\040'(八进制数)，第二个字符才是'\0'。

(2) 空字符串的长度是 0，而含有一个空格字符的字符串长度是 1。

2. 用字符串常量对字符数组初始化

在 C 语言中，除了可以逐个地为字符数组中的各个元素指定初值字符，还可以用字符串常量对字符数组初始化。

(1) 定义字符数组时省略数组长度。

例如：

```
char s[]={"HELLO"};
```

注意：包括在花括号之中的字符序列是字符串常量，必须用双引号括起来，也可以采用如下形式为字符数组赋初值，即直接使用字符串常量，而省略花括号。

```
char s[]="HELLO";
```

上述两种赋初值的形式是等价的，系统将自动地在'O'字符的后面添加一个'\0'，并将字符'\0'一起存入字符数组中。字符数组 s 在内存中的存放形式如下：

s[0]	s[1]	s[2]	s[3]	s[4]	s[5]
'H'	'E'	'L'	'L'	'O'	'\0'

(2) 字符数组初始化时指定了数组的长度。

若字符串中的字符个数小于字符数组的长度,系统默认未赋初值的数组元素的值均为'\0'。

例如:

```
char s[10]="HELLO";
```

字符数组 s 在内存中的存放形式如下:

s[0]	s[1]	s[2]	s[3]	s[4]	s[5]	s[6]	s[7]	s[8]	s[9]
'H'	'E'	'L'	'L'	'O'	'\0'	'\0'	'\0'	'\0'	'\0'

复制字符串

若字符串中的字符个数大于字符数组的长度,编译时会产生语法错误。

【例 6.13】 将字符数组 st1 中存储的字符串复制到另一个字符数组 st2 中。

采用逐个字符赋值的方式,将字符数组 st1 中的字符(包括'\0')赋值给字符数组 st2。

程序代码如下:

```
#include "stdio.h"
void main()
{   char st1[80]="How are you.",st2[80];
    int i;
    for(i=0;st2[i]=st1[i];i++)    /* 将 st1 中的字符串赋值给 st2,当将'\0'复制过去后
        ;                            循环结束*/
    for(i=0;st2[i];i++)            /* 逐个字符地输出 st2 中的字符串*/
        printf("%c",st2[i]);
    printf("\n");
}
```

程序运行结果如下:

```
How are you.
```

程序中第 1 个 for 语句的循环体是一个空语句,故行尾的分号必须写。否则,会将第 2 个 for 语句作为前一个 for 语句的循环体,导致程序得不到预期的结果。

3. 字符串的输入和输出

对于字符串中的字符,既可以逐个字符地输入/输出,也可以利用函数对字符串进行整体的输入/输出。

下面介绍几个字符串输入/输出函数。

(1) scanf 函数。

scanf 函数的一般形式为:

scanf("%s",字符数组名);

功能:从键盘输入一个字符串存储到字符数组中,每个数组元素中存储一个字符,结束标志'\0'也一起存入字符数组,存储到所有字符之后。

例如：

```
char s[10];
scanf("%s",s);
```

由键盘输入：HELLO✓

系统自动在 HELLO 后面添加一个空字符'\0'，以结束字符串。由于未向 s[6]～s[9]中输入字符，因此，数组元素 s[6]～s[9]中的字符是不确定的。其在内存中的存放形式如下：

s[0]	s[1]	s[2]	s[3]	s[4]	s[5]	s[6]	s[7]	s[8]	s[9]
'H'	'E'	'L'	'L'	'O'	'\0'	不确定	不确定	不确定	不确定

说明：① scanf 函数的第 2 个参数是字符数组名，不要在数组名的前面加上取地址运算符 &，因为数组名本身就代表该数组的起始地址。

② 使用格式控制符"%s"输入字符串时，是以空格、回车或 tab 制表符来结束输入的。当输入带有空格字符的字符串时，系统仅接收第一个空格字符之前的字符，而空格之后的字符未输入到字符数组中。例如，scanf("%s",s)。

由键盘输入：This is a book.✓

字符数组 s 中的 s[0]='T'、s[1]='h'、s[2]='i'、s[3]='s'、s[4]='\0'，后面的元素均为不确定。字符串中空格之后的字符并未保存到数组中。可见，不能用函数 scanf 来输入带有空格字符的字符串。

③ 从键盘输入的字符串的长度应该小于已定义的字符数组的长度。

(2) printf 函数。

printf 函数的一般形式为：

printf("%s",字符数组名);

功能：输出字符数组中的字符串。

例如：

```
char s1[100],s2[100];
scanf("%s%s",s1,s2);
printf("%s\n%s\n",s1,s2);
```

程序运行时从键盘输入：

China Beijing✓

输出：

China
Beijing

说明：① 用"%s"输出字符串时，不是输出某个字符，而是将字符串结束符'\0'之前的所有字符依次输出，所以要用字符数组名作为 printf 函数的第 2 个参数，而不是数组元素名。

② 使用 printf 函数输出字符串时,遇到字符串结束标志'\0'时结束输出,并且不输出字符'\0'。如果字符数组中包含多个'\0',遇到第一个'\0'时输出即结束。

③ 函数 printf 不能自动换行输出,如需换行输出多个字符串,应该在格式控制字符串中放置换行符\n。

(3) gets 函数。

gets 函数的一般形式为:

    gets(字符数组名)

功能:从键盘输入一个字符串到字符数组中。函数调用后得到的函数值是字符数组的起始地址。

例如:

```
char s[80];
gets(s);
```

由键盘输入:Visual C++✓

将输入的字符串 Visual C++存储在字符数组中,系统自动地在字符串的最后一个字符+后面添加一个字符串结束标志字符'\0'。

说明:① gets 函数和 scanf 函数都可以向字符数组中输入字符串,但 gets 函数可以接收字符串中的空格字符,而 scanf 函数遇空格结束输入。所以,在输入带有空格的字符串时,应该使用 gets 函数。

② scanf 函数可以指定多个格式控制符%s 来输入多个字符串;而 gets 函数只能指定一个字符数组名作为其参数,即只能输入一个字符串。

(4) puts 函数。

puts 函数的一般形式为:

    puts(字符数组名)

功能:向屏幕输出一个字符串。

例如:

```
char s1[10]="sun",s2[20]="moon";
puts(s1);puts(s2);
```

运行程序时输出:

```
sun
moon
```

puts 函数与 printf 函数都可以输出字符串,二者的区别如下。

① 调用一次 puts 函数只能输出一个字符串;调用一次 printf 函数可以指定若干个格式控制符%s,用来输出多个字符串。

② 调用 puts 函数输出字符串时,输出完成后系统自动换行;调用 printf 函数输出字符串时,需要手动设定换行符\n。

第6章 数　组

6.3.3 字符串处理函数

下面介绍几个常用的字符串处理函数，在使用这些函数时需要将头文件 string.h 包含到源程序文件中。

1. strcat 函数

strcat 函数的一般形式为：

　　strcat(字符数组 1,字符串 2)

功能：连接两个字符串，把字符串 2 连接到字符数组 1 中存储的字符串 1 之后，结果放在字符数组 1 中。函数调用后得到的函数值是字符数组 1 的起始地址。

例如：

```
char str1[80]="the People's Republic of ";
char str2[20]="China";
strcat(str1,str2);
```

连接后字符数组 str1 中存储的字符串为：the People's Republic of China。

说明：(1) 字符串 2 可以是字符数组名，也可以是字符串常量。但字符数组 1 必须是字符数组名。

(2) 因为字符串连接后的结果存储在字符数组 1 中，所以必须将字符数组 1 的空间定义得足够大，以便容纳连接后的新字符串。

(3) 在字符串连接时，用字符串 2 的首字符覆盖字符串 1 的结束标志'\0'，系统自动在新字符串的末尾添加一个字符串结束标志'\0'。

2. strcpy 函数

strcpy 函数的一般形式为：

　　strcpy(字符数组 1,字符串 2)

功能：将字符串 2 复制到字符数组 1 中。

例如：

```
char str1[80]="computer";
char str2[20]="program design";
strcpy(str1,str2);        /* 将 str2 中的字符串 program design 复制到 str1 中 */
strcpy(str2,"cpu");       /* 将字符串常量 cpu 复制到字符数组 str2 中 */
```

说明：(1) 字符串 2 可以是字符数组名，也可以是字符串常量。但字符数组 1 必须是字符数组名。

(2) 应该将字符数组 1 的空间定义得足够大，以便容纳字符串 2，即字符数组 1 长度应该大于字符串 2 的长度。

(3) 字符串复制时，连同字符串 2 的结束标志'\0'一起复制到字符数组 1 中。

(4) 可以用 strcpy 函数将一个字符串复制到另一个字符数组中，但不能用赋值运算符"="直接给字符数组整体赋值。下面的语句均是不合法的：

117

```
str1="computer";   str2=str1;
```

(5) 如果只想将字符串 2 的前 *n* 个字符复制到字符数组 1 中就需要利用 strncpy 函数。复制的字符个数 *n* 应不大于字符数组 1 的长度。

其一般形式为：strncpy(字符数组 1，字符串 2，n)

例如：

```
char str1[80]="This is a book.";
char str2[20]="That is a pen.";
strncpy(str1,str2,4);
```

将字符数组 str2 的前 4 个字符复制到字符数组 1 中，替换了字符数组 1 原来的前 4 个字符，复制后字符数组 1 中的字符串为：That is a book.

3. strcmp 函数

strcmp 函数的一般形式为：

strcmp(字符串 1,字符串 2)

功能：比较两个字符串的大小。

字符串比较规则：两个字符串自左向右逐个字符比较(按字符 ASCII 码值大小)，直到出现不同的字符或遇到'\0'。若全部字符都相同，则两个字符串相等；若出现不相同的字符，则以第一个不相同字符的比较结果为准，字符 ASCII 码值大，则其所在的字符串就大。

例如："strcmp"大于"strcat"，"comPuter"小于"compare"，"2025"大于"2024"。

strcmp 函数比较的结果由函数值带回，分为以下三种情况。

(1) 如果字符串 1 大于字符串 2，则函数值为一个正整数。

(2) 如果字符串 1 等于字符串 2，则函数值为 0。

(3) 如果字符串 1 小于字符串 2，则函数值为一个负整数。

说明：(1) strcmp 函数的两个参数可以是字符数组名或字符串常量。

(2) 比较字符串大小只能使用 strcmp 函数，根据该函数值判断两个字符串的大小，不能用关系运算符(>、>=、<、<=、==、!=)比较两个字符串的大小。

以下对两个字符串的比较是不合法的：

```
if(str1<str2)
   printf("%s\n%s\n",str1,str2);
else
   printf("%s\n%s\n",str2,str1);
```

其正确的语句形式为：

```
if(strcmp(str1,str2)<0)
   printf("%s\n%s\n",str1,str2);
else
   printf("%s\n%s\n",str2,str1);
```

第 6 章 数 组

4. strlen 函数

strlen 函数的一般形式为：

strlen(字符串)

功能：测试字符串的长度，函数返回值为字符串的实际长度(不包含字符串结束标志'\0')。

例如：

```
char st[]="HELLO!";
printf("%d",strlen(st));
```

函数 strlen(st)的值为 6。

说明：(1) strlen 函数的参数可以是字符数组名或字符串常量。

(2) 计算字符串长度时，不包含字符串结束标志'\0'。

(3) 可以利用运算符 sizeof 获得字符数组所占内存空间的大小(字节数)。

例如：

```
char st[]="HELLO!";
printf("%d,%d",strlen(st),sizeof(st));
```

函数 strlen(st)的值是 6，而 sizeof(st)的值是 7。

6.3.4 程序举例

【例 6.14】 从键盘输入一个字符串，再输入一个字符，判断该字符在字符串中出现的次数，若没有出现则输出该字符未出现。程序运行结果如图 6.18 和图 6.19 所示。

图 6.18　查找成功

图 6.19　未找到

程序代码如下：

```
#include <stdio.h>
#include <string.h>
void main()
{   int i,sum=0;
    char s[100],ch;
    printf("请输入一个字符串:\n");
    gets(s);                /*从键盘上接收一个字符串*/
    printf("请输入一个字符:\n");
    scanf("%c",&ch);         /*从键盘上接收一个字符*/
    for(i=0;s[i];i++)        /*统计字符出现的次数,表达式2可以换成i<strlen(s)*/
```

```
            if(s[i]==ch)sum++;
    if(sum!=0)
        printf("%c在%s中出现%d次!\n",ch,s,sum);
    else
        printf("%c在%s未出现!\n",ch,s);
}
```

【例 6.15】 编写程序，输入一串英文，统计单词(以空格分隔，可能多个空格)的个数，输出统计结果。程序运行结果如图 6.20 所示。

图 6.20　例 6.15 运行结果

程序代码如下：

```
#include "stdio.h"
void main()
{   char s[100];
    int i,count=0;
    printf("请输入一串英文:\n");
    gets(s);
    for(i=1;s[i];i++)
        if(s[i-]!=' '&&s[i]==' ')
            count++;      /*若前一个字符不是空格而后一个是空格，则认为是一个单词*/
    if(s[i-1]==' ')
        printf("单词个数:%d\n",count);
            /*若最后一个字符是空格，单词个数不加1，因为这种情况上面已经统计过了*/
    else
        printf("单词个数:%d\n",count+1);
            /*若最后一个字符不是空格，单词个数需加1，因为这种情况上面没有统计过*/
}
```

【例 6.16】 编写程序，将两个字符串连接起来，s2 连接在 s1 的后面(不能使用 strcat 函数)。程序运行结果如图 6.21 所示。

图 6.21　例 6.16 运行结果

程序代码如下:

```
#include <stdio.h>
void main()
{   char s1[80],s2[40];
    int i=0,j=0;
    printf("请输入第1个字符串:");
    gets(s1);
    printf("请输入第2个字符串:");
    gets(s2);
    while(s1[i]!='\0')  i++;           /* 找到字符串s1的末尾,即结束标志'\0'处 */
    while(s2[j]!='\0')  s1[i++]=s2[j++]; /* 将s2中的字符一个一个连接到s1后面 */
    s1[i]='\0';                        /* 连接后在新字符串末尾加上结束标志'\0' */
    printf("连接后的新字符串:%s\n",s1);    /* 输出连接后的新字符串 */
}
```

【例 6.17】 判断由键盘输入的字符串是否为"回文"。所谓"回文"是指正读和反读都一样的字符串。例如,LEVEL 和 level 是"回文",而 LEVLEV 不是"回文"。程序运行结果如图 6.22 和图 6.23 所示。

图 6.22　是回文　　　　　　　　　　图 6.23　不是回文

算法分析:取字符串首尾两端的一对字符进行比较,初始时 i 的值为 0、j 的值为字符串的长度减 1。如果 s[i]与 s[j]相等,则 i 增 1、j 减 1,然后比较下一对字符,直到 i≥j 时每对字符都相同,则该字符串是"回文";如果某对字符 s[i]与 s[j]不相等,则该字符串不是"回文",结束循环。

程序代码如下:

```
#include "stdio.h"
#include "string.h"
void main()
{   char s[100],i,j,len;
    printf("请输入一个字符串:");
    gets(s);
    len=strlen(s);                   /* 计算字符串的长度*/
    for(i=0,j=len-1;i<j;i++,j--)
        if(s[i]!=s[j])break;         /* 字符串两端对应位置字符相比较*/
    if(i>=j)            /* 若 i≥j,说明所有对应位置字符比较时均相等,所以是回文*/
        printf("\n%s 是回文。\n",s);
    else
        printf("\n%s 不是回文。\n",s);
}
```

习 题

一、选择题

1. 若有定义语句：int m[ ]={5,4,3,2,1},i=4;，则下面对 m 数组元素的引用错误的是(   )。
   A. m[--i]   B. m[2*2]   C. m[m[0]]   D. m[m[i]]
2. 若有定义语句：char s[10]="1234567\0\0";，则 strlen(s)的值是(   )。
   A. 7   B. 8   C. 9   D. 10
3. 以下错误的定义语句是(   )。
   A. int x[][3]={{0},{1},{1,2,3}};
   B. int x[4][3]={{1,2,3},{1,2,3},{1,2,3},{1,2,3}};
   C. int x[4][]={{1,2,3},{1,2,3},{1,2,3},{1,2,3}};
   D. int x[][3]={1,2,3,4};
4. 若有定义语句:char s[10];，要从终端给 s 输入 5 个字符，则错误的输入语句是(   )。
   A. gets(&s[0]);   B. scanf("%s",s+1);
   C. gets(s);   D. scanf("%s",s[1]);
5. 有以下程序：

```
#include <stdio.h>
void main()
{ int s[12]={1,2,3,4,4,3,2,1,1,1,2,3},c[5]={0},i;
  for(i=0;i<12;i++) c[s[i]]++;
  for(i=1;i<5;i++) printf("%d",c[i]);
  printf("\n");
}
```

程序的运行结果是(   )。
   A. 1 2 3 4   B. 2 3 4 4   C. 4 3 3 2   D. 1 1 2 3
6. 有以下程序段：

```
int j; float y; char name[50];
scanf("%2d%f%s",&j,&y,name);
```

当执行上述程序段，从键盘上输入 55566 7777abc 后，y 的值为(   )。
   A. 55566.0   B. 566.0   C. 7777.0   D. 566777.0
7. 若有定义语句：int a[3][6];，按照数组在内存中的存放顺序，a 数组的第 10 个元素是(   )。
   A. a[0][4]   B. a[1][3]   C. a[0][3]   D. a[1][4]
8. 以下关于字符串的叙述正确的是(   )。
   A. C 语言中有字符串类型的常量和变量
   B. 只有在两个字符串中的字符个数相同时才能进行字符串大小的比较

C. 可以用关系运算符对字符串的大小进行比较

D. 空串一定比空格打头的字符串小

9. 以下程序的输出结果是(   )。

```
#include <stdio.h>
#include <string.h>
void main()
{   char  p[20]={'a','b','c','d'},q[]="abc", r[]="abcde";
    strcpy(p+strlen(q),r);   strcat(p,q);
    printf("%d %d\n",sizeof(p),strlen(p));
}
```

  A. 20   9   B. 9   9   C. 20   11   D. 11   11

10. 已知：char str1[10],str2[10]={"books"};，则在程序中能够将字符串"books"赋给数组 str1 的正确语句是(   )。

  A. str1={"Books"};   B. strcpy(str1, str2);

  C. str1=str2;   D. strcpy(str2, str1);

11. 已知：char a1[]="abc",a2[80]="1234";,将 a1 串连接到 a2 串后面的语句是(   )。

  A. strcat(a2,a1);   B. strcpy(a2,a1);   C. strcat(a1,a2);   D. strcpy(a1,a2);

12. 若二维数组 a 有 m 列，则在 a[i][j]前的元素个数为(   )。

  A. j*m+i   B. i*m+j   C. i*m+j-1   D. i*m+j+1

13. 已知：int a[10];，给数组 a 的所有元素分别赋值为 1、2、3……的语句是(   )。

  A. for(i=1;i<11;i++)a[i]=i;   B. for(i=1;i<11;i++)a[i-1]=i;

  C. for(i=1;i<11;i++)a[i+1]=i;   D. for(i=1;i<11;i++)a[0]=1;

14. 合法的数组定义是(   )。

  A. int a[ ]="string";   B. int a[5]={0,1,2,3,4,5};

  C. char a[ ]="string";   D. char a={0,1,2,3,4,5};

15. 已知：char a[]="This is a program.";，输出前 5 个字符的语句是(   )。

  A. printf("%.5s",a);   B. puts(a);

  C. printf("%s",a);   D. a[5*2]=0;puts(a);

二、填空题

1. 下列程序是按指定的数据给 x 数组的下三角置数，并按如下形式输出，请填空。

4

3 7

2 6 9

1 5 8 10

```
#include <stdio.h>
void main()
{   int x[4][4],n=0,i,j;
    for(j=0;j<4;j++)
```

```
        for(i=3;i>=j; _____ )
        {   n++;x[i][j]= _____ ;}
    for(i=0;i<4;i++)
      {for(j=0;j<=i;j++)
          printf("%3d",x[i][j]);
       printf("\n");
      }
}
```

2. 下列程序分别统计从终端输入的字符中大写字母的个数，num[0]统计大写字母 A 的个数，num[1] 统计大写字母 B 的个数，依此类推。用#号结束输入，请填空。

```
#include <stdio.h>
#include <ctype.h>
void main()
{   int num[26]={0}, i; char c;
    while( (_____) != '#')
      if(isupper(c)) num [ c-'A']+= _____ ;
    for(i=0; i<26; i++)
        printf("%c : %d\n ",i+'A',num[i]);
}
```

3. 下列程序的输出结果是_____。

```
#include <stdio.h>
#include <string.h>
void main()
{   printf("%d\n",strlen("IBM\n012\1\\"));
}
```

4. 若有定义语句：int a[][3]={{0},{1},{2}};，则数组元素 a[1][2]的值为_____。

5. 下列程序的功能是求出数组 x 中各相邻两个元素的和，并依次存放到 a 数组中，然后输出，请填空。

```
#include <stdio.h>
void main()
{   int x[10],a[9],i;
    for(i=0;i<10;i++)
        scanf("%d",&x[i]);
    for(_____;i<10;i++)
        a[i-1]=x[i]+ _____ ;
    for(i=0;i<9;i++)
        printf("%3d",a[i]);
    printf("\n");
}
```

6. 若有定义语句：char s[ ]= "china";，则 C 语言系统为数组 s 开辟_____个字节的内存单元。

7. 数组在内存中占一段连续的存储区，由_____代表它的首地址。

第6章 数 组

8. 若有数组 a，数组元素 a[0]~a[9]，其值为 9、4、12、8、2、10、7、5、1、3，该数组中下标最大的元素的值是_____。

9. 执行语句 char str[81]="abcdef";后，字符串 str 的结束标志存储在 str[ ]中(填写下标值)。

10. 若有以下定义和语句，则输出结果是_____。

```
char s[12]="a book!";
printf("%d\n",strlen(s));
```

11. 定义：int a[2][3];，表示数组 a 中的元素为_____个。

12. 字符串的结束标志是_____。

13. 已知：static int a[3][3]={{1,2,3},{4,5,6},{7,8,9}};，a[1][2]的值为_____。

三、编程题

1. 使用冒泡法对输入的 10 个整数从小到大进行排序。
2. 编程实现求出数组 a 的两条对角线上的元素之和。
3. 通过键盘输入一个字符串 s，编程实现将字符串 s 中所有的字符 c 删除。
4. 利用二维数组，产生如下形式的杨辉三角形(共 10 行)。

```
1
1  1
1  2  1
1  3  3  1
1  4  6  4  1
……
```

第 7 章 函 数

C 语言实际上是函数式语言，一个 C 语言源程序由一个主函数 main 和若干其他函数组成。除了 main 函数，其他函数均不能独立运行。函数本质上就是用于完成某个特定功能的程序代码段。通过对函数模块的调用实现特定的功能。可以把函数看作一个"黑匣子"，只要将数据送进去，就能得到结果，而函数内部是如何工作的，外部函数是不知道的。外部函数所知道的仅限于输入给函数什么(通过参数传递实现)以及函数输出什么(通过函数返回值实现)。

函数提供了编写程序的手段，把某个会重复使用的特定功能编写成函数，需要该功能时，直接调用该函数，避免每次都堆叠一大堆代码。需要修改功能时，也只要修改和维护这个函数就可以了。

7.1 函数概述

无论 C 程序中包含多少个函数，程序总是从 main 函数开始执行，最终在 main 函数中结束运行，而其他函数都是直接或间接在 main 函数中被调用。

C 语言不仅提供了极为丰富的库函数，还允许用户建立自己的函数。用户可以把自己的算法编写成一个个相对独立的函数模块，然后用调用的方法来使用函数。

在 C 语言中，我们可以从不同的角度对函数进行分类。

1. 从函数定义的角度

从函数定义的角度分类，函数可以分为库函数和用户自定义函数。

1) 库函数(标准函数)

库函数由 C 系统提供，用户无须定义，也不必在程序中作类型说明，只需要在程序开始处，使用编译预处理命令#include 将包含该函数原型的头文件引入程序中就可以直接调用。在前面各章中反复用到的 printf、scanf、getchar、putchar、gets、puts、strcat 等函数均属于库函数。

例如：

```
#include "stdio.h"
```

在程序前加入该编译预处理命令，程序中就可以直接调用所有的标准输入/输出函数。

2) 用户自定义函数

由用户按需编写的函数。本章主要讲解用户自定义函数。

2. 从函数返回值的角度

从函数返回值的角度分类，函数可以分为有返回值函数和无返回值函数。

1) 有返回值函数

此类函数被调用执行完成后将向调用者(主调函数)返回一个执行结果，称为函数返回值。由用户定义的具有返回值的函数，必须在函数定义和函数声明中明确返回值的类型。

下列函数返回一个整型值。例如：

```
int max(int x,int y)
{  int z;
   z=x>y ? x:y;
   return(z);
}
```

2) 无返回值函数

此类函数用于完成某项特定的处理任务，执行完成后不向调用者返回函数值。由于函数无须返回值，用户在定义此类函数时可指定它的返回值为"空类型"，空类型的说明符为"void"。

下列函数无返回值。例如：

```
void fun()
{  printf("Hello!\n");  }
```

3. 从主调函数和被调函数之间数据传递的角度

如果函数 a 调用了函数 b，称函数 a 为主调函数，而被函数 a 调用的函数 b 称为被调函数。

从主调函数和被调函数之间数据传递的角度分类，函数可分为无参函数和有参函数。

1) 无参函数

函数定义、函数声明及函数调用中均不带参数。主调函数和被调函数之间不进行参数传递。此类函数通常用来完成一组指定的功能，可以返回或不返回函数值。

2) 有参函数

在函数定义及函数声明时都有参数，称为形式参数(简称形参)。在函数调用时也必须给出参数，称为实际参数(简称实参)。进行函数调用时，主调函数将把实参的值或地址传送给形参，供被调函数使用。

前面定义的函数 int max(int x,int y)是一个有参函数，而函数 void fun()是无参函数。

7.2 函数定义

用户自定义函数要先定义后调用,所谓函数定义就是定义函数所能实现的功能。

7.2.1 函数定义的一般形式

1. 无参函数

定义无参函数的一般形式为:
  类型说明符　函数名()
  {
    函数体
  }

说明:(1) 函数定义包括两部分:函数首部(函数头)和函数体。
  (2) 函数首部:类型说明符　函数名()。该部分定义函数的名称,如果函数有返回值,则定义返回值的数据类型;如果函数没有返回值,则定义为 void 类型。函数名需要符合标识符的命名规则。
  (3) 函数体:用花括号括起来的部分。函数体又分为声明部分和可执行部分两部分。声明部分主要作用是定义变量、数组、声明其他函数等。可执行部分由一系列 C 语言可执行语句组成,完成该函数的功能。

例如,前面定义的函数 fun 就是一个无参函数。该函数不仅没有返回值,而且也没有函数参数,只是显示字符串"Hello!"。

2. 有参函数

定义有参函数的一般形式为:
  类型说明符　函数名(形式参数表列)
  {
    函数体
  }

有参函数比无参函数多了一个形式参数表列,在形式参数表列中给出了形式参数的名称及数据类型,如果参数多于两个,则各参数之间用逗号分隔。

例如,前面定义的函数 int max(int x,int y)就是一个有参函数。该函数有两个整型的形式参数 x 和 y,其具体值是由主调函数在调用该函数时传递过来的。

7.2.2 函数的返回值

函数的返回值,即函数值,就是指函数被调用之后,执行函数体中的程序段所取得的值,该函数值将返回给主调函数。

第 7 章 函 数

【例 7.1】 编写程序，找出两个整数中的最大值。求最大值的功能用函数实现。
程序代码如下：

```
#include "stdio.h"
int max(int x,int y)          /* 函数定义 */
{   int z;
    z=x>y? x:y;
    return z;                 /* 返回最大值 */
}
void main()
{   int a,b,c;
    printf("请输入两个整数:");
    scanf("%d%d",&a,&b);
    c=max(a,b);               /* 函数调用 */
    printf("\n 二者的最大值:%d\n",c);
}
```

程序运行结果如图 7.1 所示。

图 7.1 例 7.1 运行结果

说明：(1) 函数的值只能通过 return 语句返回主调函数，该语句的功能是计算表达式的值，并作为返回值返回给主调函数。
return 语句的一般形式为(圆括号可以省略)：
    return (表达式);
(2) 在定义函数时指定了函数返回值的类型，当函数类型和 return 语句表达式的数据类型不一致时，以函数类型为准，系统自动进行类型转换。
(3) 在函数定义时，若省略了类型说明符，则默认函数返回值的类型为 int 型。
(4) 不需要返回函数值的函数，可以明确定义为"空类型"，类型说明符为"void"，且该函数体中可以省略 return 语句，当程序执行到该函数体的右花括号时，自动执行一条不带返回值的 return 语句。

7.3 函数调用

前面已经说过，C 语言程序是由函数构成的，并且函数之间可以相互调用。在程序中是通过对函数的调用来执行该函数的函数体，完成相应的功能。特别强调一点，main 函数可以调用其他函数，但不能被其他函数调用。
函数的调用过程如下。
(1) 主调函数将实际参数传递给被调函数的形式参数。

(2) 执行函数体中的程序段。

(3) 将被调函数的执行结果返回给主调函数。

7.3.1 函数调用的一般形式

1. 函数调用

函数调用的一般形式为:

  函数名([实参表列])

说明: (1) 对无参函数调用时不需要实参表列, 但圆括号不能省略。

  (2) 若实际参数的个数多于一个时, 参数之间用逗号分隔。实参表列中的参数可以是常数、变量或其他构造类型数据及表达式。

2. C 语言中函数调用的三种方式

1) 函数表达式

函数作为表达式中的一项出现时, 以函数返回值参与表达式的运算。这种方式要求函数是有返回值的。

例如:

```
c=2*max(a,b);
```

这是一个赋值表达式, 把 max 函数返回值作为因数参与运算, 并把乘积赋给变量 c。

2) 函数语句

函数调用的一般形式加上分号即构成函数语句。

例如:

```
printf("max=%d",a);    /* 调用系统函数 printf */
```

3) 函数实参

某函数的返回值作为另一个函数的实参。

例如:

```
printf("max=%d",max(a,b));/* 函数 max 的返回值作为函数 printf 的实参 */
```

7.3.2 对被调函数的声明

函数声明的作用是将被调函数的函数名、函数参数的个数和参数类型、函数值的类型通知给编译系统, 以便在遇到函数调用时, 编译系统能够正确识别函数, 并检查函数调用的合法性。

函数声明的一般形式为:

  函数类型　被调函数名(形参表列);

或

  函数类型　被调函数名(形参类型表列);

第 7 章 函 数

说明：(1) 第二种形式中只列出了形参的类型，没有给出形参变量名。

(2) 如果被调函数的定义出现在主调函数的定义之前，在主调函数中不必对被调函数作函数声明，直接调用即可(参见例 7.1)。反之，如果主调函数定义在前，而被调函数的定义在后，则需要在主调函数中对被调函数加以声明。

(3) 调用系统提供的库函数时不需要作函数声明，但必须在源程序开头用#include 命令将该函数所在的头文件包含进来。例如，调用 sqrt()、exp()、fabs()等数学函数时，必须在程序开头使用如下命令： #include "math.h"。

【例 7.2】 题目同例 7.1。将例 7.1 中两个函数定义的位置上下颠倒一下，则需要在主调函数的函数体中对被调函数进行声明。程序运行结果与例 7.1 相同。

程序代码如下：

```
#include "stdio.h"
void main()                       /* 函数定义，主调函数 */
{ int a,b,c;
  int max(int x,int y);           /* 函数声明 */
  printf("请输入两个整数:");
  scanf("%d%d",&a,&b);
  c=max(a,b);                     /* 函数调用 */
  printf("\n 二者的最大值:%d\n",c);
}
int max(int x,int y)              /* 函数定义，被调函数 */
{ int z;
  z=x>y? x:y;
  return z;                       /* 返回最大值 */
}
```

函数声明语句"int max(int x,int y);"可以更改为下列任何一种等价的形式。

```
① int max(int,int);
② int max(int x1,int y1);        /* x1 和 y1 可以是任意合法的变量名 */
```

注意：两个形参的类型必须和函数定义时的类型一致。

7.3.3 参数传递

在调用有参函数的过程中，程序的执行由主调函数转入被调函数，将实参值或地址传给形参，从而实现了主调函数向被调函数的数据传递。

(1) 形参变量只有在函数被调用时才分配内存单元，在调用结束后，即刻释放所分配的内存单元。因此，形参只有在被调函数内部有效。函数调用结束返回主调函数后，则不能再使用该形参变量。

(2) 实参可以是常量、变量、表达式、函数等，无论实参是何种类型的量，在进行函数调用时，它们都必须具有确定的值，以便把这些值传递给形参。因此在使用实参前必须使实参获得确定值。

(3) 实参和形参在数量、类型、顺序上应该保持一致，否则会发生"类型不匹配"的错误。

(4) 参数传递分两种：值传递和地址传递。

(5) 当形参为简单变量时，实参与形参间的数据传递是"值传递"。在函数调用过程中，数据只能由实参传给形参，而不能由形参传回给实参，这种数据传递方式是单向的，也就是说，在被调函数中，无论形参的值如何改变，都不会影响其对应的实参的值。

【例7.3】 形参和实参"值传递"示例：交换两个变量的值。

程序代码如下：

```c
#include "stdio.h"
void swap(int x,int y)
{   int t;
    t=x;x=y;y=t;
    printf("函数调用时形参 x、y 的值:%d %d\n",x,y);
}
void main()
{   int a=3,b=4;
    printf("函数调用前实参 a、b 的值:%d %d\n",a,b);
    swap(a,b);
    printf("函数调用后实参 a、b 的值:%d %d\n",a,b);
}
```

程序运行结果如图 7.2 所示。

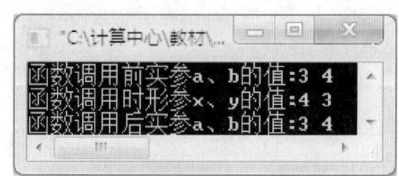

图 7.2　例 7.3 运行结果

main 函数中，函数调用前，首先输出两个实参变量 a、b 的值：3 和 4。

函数调用时，函数调用语句 "swap(a,b);" 将实参变量 a 和 b 的值传给 swap 函数的形参变量 x 和 y。在 swap 函数的函数体中交换了 x、y 的值，输出 x、y 的值是 4 和 3。

函数调用结束后，形参 x、y 被释放返回主函数，输出的 a、b 值没有改变，其值仍为 3 和 4。函数参数传递过程如图 7.3 所示。

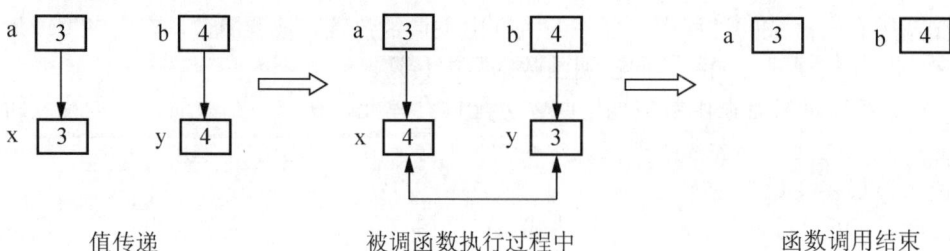

图 7.3　函数参数传递过程

(6) 当数组作为函数参数时，分为两种情况：值传递和地址传递。下一节将详细介绍。

第 7 章 函 数

7.4 数组作函数参数

除了简单变量可以作为函数的参数,数组元素和数组名也可以作为函数的参数出现在程序中。

7.4.1 数组元素作函数实参

数组元素即下标变量,其用法与简单变量相同。用数组元素作实参,形参、实参分别占用不同的存储空间,实参与形参之间的数据传递是单向的"值传递",函数调用结束之后,形参占用的存储空间被释放。因此,形参在被调函数中的改变不会影响实参数组元素的值。

【例 7.4】 输出数组中值为素数的元素。

程序代码如下:

```
#include "stdio.h"
int prime(int n)                    /* 实参数组元素 a[i]的值传递给形参 n */
{  int i;                           /* 判断其是否为素数 */
   for(i=2;i<=n-1;i++)
       if(n%i==0)  break;
   if(i>=n)  return 1;              /* 是素数,返回值为 1 */
   else    return 0;                /* 否则,返回值为 0 */
}
void main()
{  int i,a[6]={9,11,33,29,23,17};   /* 定义并初始化数组 */
   printf("数组中的素数:\n");
   for(i=0;i<6;i++)
       if(prime(a[i]))              /* 用数组元素 a[i]作实参,值传递 */
          printf("%-4d",a[i]);
   printf("\n");
}
```

程序运行结果如图 7.4 所示。

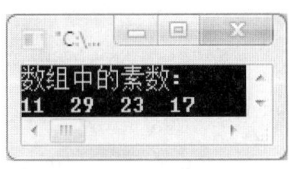

图 7.4 例 7.4 运行结果

将数组元素 a[i]的值作为实参传给函数 prime 的形参 n,判断其是否为素数,如果是素数,函数返回值为 1,否则为 0。在主调函数中,只要判断函数返回值为 1,就说明 a[i]是素数。

注意:数组元素只能作实参,不能作形参。

7.4.2 数组名作函数参数

在 C 语言中，数组名代表数组的首地址。用数组名作函数参数，实参向形参传递的数据是实参数组的首地址。也就是说，形参与实参共用同一块内存空间。因此，在被调函数中，形参数组的数组元素值改变了，将直接影响与其对应的实参数组的元素值。实参与形参之间实现的是双向的"地址传递"。

说明：(1) 要实现地址传递，要求形参和实参必须都是类型相同的数组名。
　　　(2) 使用指针也可以实现地址传递，将在第 8 章进行详细介绍。

【例 7.5】 题目同例 6.3。将数组中数组元素逆序存放。要求逆序存放过程用函数 fun 完成。

程序代码如下：

```c
#include "stdio.h"
#define N 10
void main()
{  int i,a[N]={4,6,9,1,2,3,5,0,7,8},t;
   void fun(int a[N]);          /* 函数声明*/
   printf("原序:\n");
   for(i=0;i<N;i++)
       printf("%3d",a[i]);       /* 输出逆置之前数组 a 中的元素*/
   printf("\n");
   fun(a);              /* 函数调用，地址传递，形参数组 b 与实参数组 a 共用同一内存空间*/
   printf("\n 逆序:\n");
   for(i=0;i<N;i++)               /* 输出逆置之后数组 a 中的元素*/
       printf("%3d",a[i]);
   printf("\n");
}
void fun(int b[N])              /* 函数定义*/
{  int i,t;
   for(i=0;i<N/2;i++)   /* 逆置数组 b 中的元素,也就是逆置了main 函数中数组 a 中的元素*/
   {  t=b[i];b[N-i-1]=b[N-i-1];b[N-i-1]=t;  }
}
```

程序运行结果如图 7.5 所示。

将数组中数组元素逆序存放

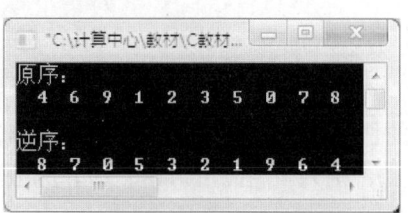

图 7.5　例 7.5 运行结果

【例 7.6】 题目同例 6.10。二维数组的值在主函数中随机生成，用函数 fun 求出二维数组周边元素之和，作为函数值返回。程序运行结果如图 7.6 所示。

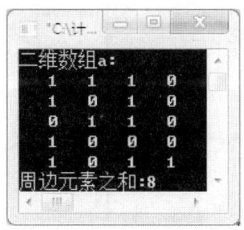

图 7.6　例 7.6 运行结果

程序代码如下：

```
#include "stdio.h"
#include "stdlib.h"
#include "time.h"
int fun(int a[5][4])
{   int i,j,sum=0;
    for(i=0;i<5;i++)                            /* 求周边元素之和 */
        for(j=0;j<4;j++)
            if(i==0||i==4||j==0||j==3)sum+=a[i][j];
    return sum;
}
void main()
{   int a[5][4],i,j;
    srand(time(0));              /* 随机种子，使得每次执行程序产生不同的随机数 */
    printf("二维数组a:\n");
    for(i=0;i<5;i++)                /* 随机产生并输出数组 a 中的各数组元素 */
    {   for(j=0;j<4;j++)
        {   a[i][j]=rand()%2;       /* 随机产生[0,1]区间的整数 */
            printf("%4d",a[i][j]);  /* 输出数组元素 */
        }
        printf("\n");
    }
    printf("周边元素之和:%d\n",fun(a));  /* 调用函数 fun 求和，并直接输出 */
}
```

7.5　函数的嵌套调用

C 语言不允许在一个函数定义中又定义另一个函数(即函数不允许嵌套定义)，函数定义是平行(并列)的，但是允许嵌套调用函数。函数的嵌套调用是指在调用一个函数的过程中又调用另一个函数，如图 7.7 所示。

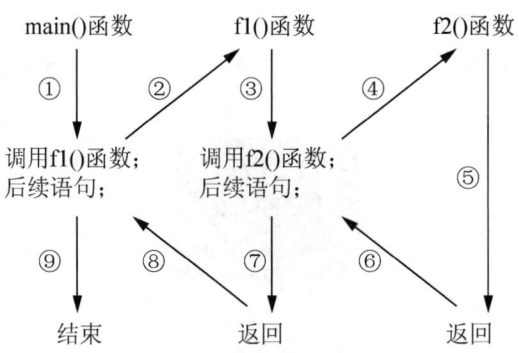

图 7.7　函数的嵌套调用

【例 7.7】　求 1!+2!+…+n!。程序运行结果如图 7.8 所示。

图 7.8　例 7.7 运行结果

程序代码如下：

```c
#include "stdio.h"
int fact(int n)              /* 函数定义，求阶乘，参见例 5.7 */
{ int p=1;
  int i;
  for(i=1;i<=n;i++)p=p*i;
  return p;
}
long sum(int k)              /* 函数定义，求阶乘和 */
{ int i;
  long s=0;
  for(i=1;i<=k;i++)
      s+=fact(i);            /* 调用 fact 函数，计算 i!，嵌套调用 */
  return s;
}
void main()
{ int n;
  long s;
  printf("请输入 n 的值:");
  scanf("%d",&n);
  s=sum(n);                  /* 调用 sum 函数 */
  printf("1!+2!+…+%d!=%-6.0ld\n",n,s);     /* 输出阶乘和 */
}
```

第7章 函 数

7.6 函数的递归调用

函数的递归调用是指一个函数直接或间接地调用自身。若一个问题可以基于更小规模的同类问题求解,而最小规模的问题可以直接求解,则这个问题可以用函数的递归调用解决。例如,阶乘、级数运算、幂指数运算都可以借助函数的递归调用求解。

使用递归算法来开发程序,可以使得程序代码非常简洁与清晰。

并不是所有问题都可以用递归方法解决,一个问题要想使用递归方法解决,必须满足两个条件:递归终止条件和递推公式。

递归调用过程分为以下两个阶段。

(1) 递推阶段:将原问题不断地分解为新的同类子问题,逐渐从未知的方向向已知的方向推进,最终达到已知的条件,即递归终止条件,这时递推阶段结束。

(2) 回归阶段:从已知条件出发,按照"递推"的逆过程,逐一求值回归,最终到达"递推"的开始处,结束回归阶段,完成递归调用。

【例 7.8】利用递归调用,计算 $n!$。程序运行结果如图 7.9 所示。正整数 n 的阶乘定义:$n!=1\times 2\times 3\times\cdots\times n$,归纳为:

$$n! = \begin{cases} 1 & n=1 \quad \text{(递归终止条件)} \\ n\times(n-1) & n>1 \quad \text{(递推公式)} \end{cases}$$

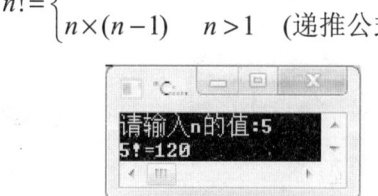

图 7.9 例 7.8 运行结果

利用递归调用,计算 $n!$

这个归纳式中包含了递归的思想:当 $n>1$ 时,体现的是"递推",即一个数的阶乘值可由比它小 1 的数的阶乘值计算得来;当 $n=1$ 时,体现的是"回归",这是"递推"的终点,"回归"的起点。

程序代码如下:

```
#include <stdio.h>
double f(int n)
{   double p;
    if(n==1)
        p=1;                              /* 递归终止条件,终止递推,开始回归 */
    else
        p=n*f(n-1);                       /* 递推公式 */
    return(p);
}
void main()
{   int n,fact;
    printf("请输入 n 的值:");
    scanf("%d",&n);
    fact=f(n);                            /* 调用 fact 函数,计算 n! */
```

```
        printf("%d!=%-6.0d\n",n,fact);        /* 输出阶乘值 */
}
```

f(5)的递归执行过程如图 7.10 所示。

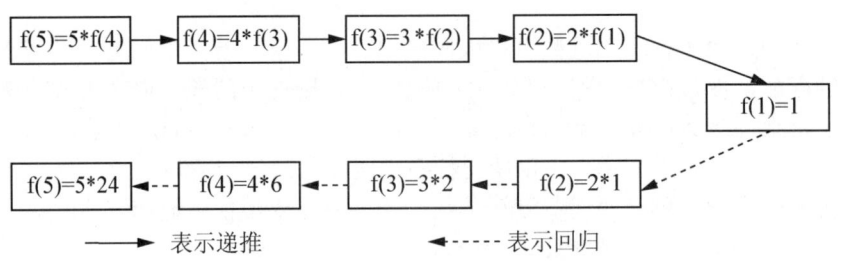

图 7.10 f(5)的递归执行过程

说明：例 7.7 中的求阶乘函数 fact()可以用本例的求阶乘函数 f()代替，用递归调用完成。

【例 7.9】 用递归实现例 5.15，即打印 Fibonacci 数列的前 20 项。程序运行结果如图 7.11 所示。经分析可以归纳为：

$$\text{fib}(n) = \begin{cases} 1 & n=1 \text{ 或 } n=2 \quad \text{（递归终止条件）} \\ \text{fib}(n-1) + \text{fib}(n-2) & n>2 \quad \text{（递推公式）} \end{cases}$$

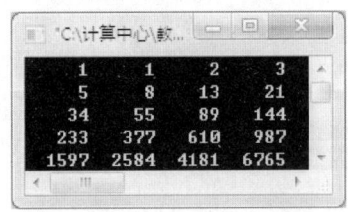

图 7.11 例 7.9 运行结果

程序代码如下：

```
#include <stdio.h>
void main()
{   int i;
    int fib(int n);
    for(i=1;i<=20;i++)
    {   printf("%6d",fib(i));          /* 调用递归函数*/
        if(i%4==0)printf("\n");
    }
}
int fib(int n)                          /* 用递归方法求 Fibonacci 数列*/
{   int f;
    if(n==1||n==2)
       f=1;                             /* 递归终止条件，终止递推，开始回归*/
    else
       f=fib(n-1)+fib(n-2);             /* 递推公式*/
    return f;
}
```

第 7 章 函 数

7.7 局部变量和全局变量

在 C 语言中,声明变量的方式不同,其可以使用的有效范围也不相同。变量可以使用的有效范围称为变量的作用域。C 语言中的变量,按其作用域可分为局部变量和全局变量。

7.7.1 局部变量

局部变量也称内部变量,是在一个函数内部定义的变量。其作用域仅限于在该函数内有效,离开该函数后再使用这个变量就是非法的。

(1) 主函数 main 中定义的变量也只能在主函数中使用,不能在其他函数中使用。同时,主函数中也不能使用其他函数中定义的变量。

(2) 形参变量属于被调函数的局部变量。

(3) 允许在不同的函数中使用相同的变量名,它们代表不同的对象,占用不同的内存单元,互不干扰,也不会发生混淆。

(4) 在复合语句中也可定义局部变量,其作用域只在复合语句范围内有效。

【例 7.10】局部变量的作用域示例。程序运行结果如图 7.12 所示。

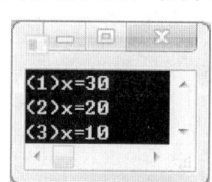

图 7.12 例 7.10 运行结果

局部变量的作用域示例

程序代码如下:

```
#include <stdio.h>
void main()
{   int x=10;                    /* 此 x 的作用域是主函数 main */
    {   int x=20;                /* 此 x 的作用域是其所在复合语句 */
        void fun();
        fun();
        printf("(2)x=%d\n",x);   /* 输出复合语句中的 x,值为 20 */
    }
    printf("(3)x=%d\n",x);       /* 输出主函数中的 x,值为 10 */
}
void fun()
{   int x=30;                    /* 此 x 的作用域是函数 fun */
    printf("(1)x=%d\n",x);       /* 输出函数 fun 中的 x,值为 30 */
}
```

本程序中定义了 3 个同名局部变量 x，它们在内存中占用不同的存储空间，作用域也不相同。

在 main 函数中调用 fun 函数时，在 fun 函数中定义的局部变量 x 的作用域是 fun 函数，其屏蔽了其他同名变量，此时输出 "(1)x=30"，函数调用结束后，x 被释放。

在程序第 7 行的输出语句中，局部变量 x 的作用域是复合语句，其屏蔽了其他同名变量，此时输出 "(2)x=20"。

在程序第 9 行的输出语句中，局部变量 x 的作用域是主函数 main，此时输出 "(3)x=10"。

如果去掉程序中第 4 行语句 "int x=20;"，程序的输出结果将有何变化？请读者自行分析。

7.7.2 全局变量

全局变量是指在函数外定义的变量，全局变量又称外部变量。全局变量的作用域是从定义变量的位置开始到本程序文件的末尾，即在全局变量定义位置之后的其他函数中都可以使用该全局变量。例如：

```
int a;              /* 定义全局变量 a */
int fun1()          /* 定义函数 fun1 */
{ … }
int b=5;            /* 定义全局变量 b，同时初始化为 5 */
int fun2()          /* 定义函数 fun2 */
{ … }
int c;              /* 定义全局变量 c */
void main()         /* 定义主函数 */
{ … }
```

程序中变量 a、b、c 都是全局变量。其中，变量 a 的作用域是 fun1 函数、fun2 函数和 main 函数；变量 b 的作用域是 fun2 函数和 main 函数；变量 c 的作用域是 main 函数。

根据 C 语言规定，未显式初始化的全局变量默认初始化为 0。上面程序中定义的全局变量 a、c 的初值均为 0。

【例 7.11】全局变量的作用域示例。程序运行结果如图 7.13 所示。

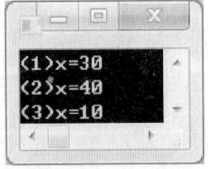

图 7.13　例 7.11 运行结果

程序代码如下：

```
#include <stdio.h>
int x=40;              /* 全局变量 x，初始化值为 40*/
void main()
{   int x=10;          /* 此 x 的作用域是主函数 main，其将全局变量 x 屏蔽*/
    void fun1();
```

第 7 章 函 数

```
    void fun2();
    fun1();
    fun2();
    printf("(3)x=%d\n",x);   /* 输出局部变量x的值10 */
}
void fun1()
{   int x=30;                /* 此x的作用域是函数fun1,其将全局变量x屏蔽 */
    printf("(1)x=%d\n",x);   /* 输出局部变量x的值30 */
}
void fun2()
{
    printf("(2)x=%d\n",x);   /* 输出全局变量x的值40 */
}
```

本程序中定义了 3 个同名的变量 x，其中 2 个局部变量、1 个全局变量，它们在内存中占用不同的存储空间，相互不干扰。

从本程序中可以看出，在同一程序文件中，允许全局变量和局部变量同名。在局部变量的作用域内，全局变量被屏蔽，不起作用。

7.8 变量的存储类别

在前面讨论变量的作用域时，从变量占用空间的角度将变量划分为全局变量和局部变量。从变量值存在的时间(生存期)来分析问题，可以分为两种存储方式：静态存储方式和动态存储方式。

7.8.1 静态存储方式和动态存储方式

静态存储方式是指在程序运行期间分配固定的存储空间的方式。
动态存储方式是指在程序运行期间根据需要进行动态分配存储空间的方式。
通常，C 语言程序占用的内存空间可以分为三个部分(图 7.14)。

程序区
静态存储区
动态存储区

图 7.14 C 语言程序占用的内存空间

(1) 程序区：用于存储程序代码。
(2) 静态存储区：存储的是需要占用固定存储单元的数据，如全局变量、静态变量(稍后介绍)。静态存储区中的变量的生存期从定义开始一直延续到程序运行结束。
(3) 动态存储区：存储的数据在函数调用开始时分配动态存储空间，函数调用结束时释放空间，包括函数的形参、自动变量(稍后介绍)等。

7.8.2 变量的存储类别

在 C 语言中，变量和函数有两个属性，即数据类型和数据的存储类别。在此之前，我们已经掌握了如何定义变量和函数的数据类型。下面着重介绍数据的存储类别。

数据的存储类别分为自动类型(auto)、静态类型(static)、寄存器类型(register)和外部类型(extern)。变量的存储类别不同，其作用域和生存期也不同(生存期是指变量值存在的时间)。

1. 自动变量

C 语言规定，函数内凡未加存储类别说明的变量均视为自动变量，也就是说，自动变量可省去说明符 auto。所以前面各章节程序中所定义的变量凡未加存储类别说明符的都是自动变量。

自动变量属于动态存储方式，被分配在动态存储区。只有在定义该变量的函数被调用时才给它分配存储单元，开始它的生存期。函数调用结束，释放存储单元，结束生存期。因此函数调用结束之后，自动变量的值不能保留。在复合语句中定义的自动变量，在退出复合语句后也不能再使用，否则将引起错误。

在任何函数体内使用下述三种等价的方法均可定义自动变量。

(1) int i;

(2) auto int i;

(3) int auto i;

2. 静态变量

用关键字 static 声明的变量称为静态变量。如果希望函数中局部变量的值在函数调用结束后仍然保留，以便下一次调用该函数时引用，可以将局部变量定义为 static 型。

静态变量属于静态存储方式，但属于静态存储方式的变量不一定就是静态变量。例如，外部变量虽然属于静态存储方式，但如果不用 static 加以说明也不是静态变量，一个变量必须用 static 进行说明才是静态变量。

静态变量示例

【例 7.12】 静态变量示例。程序运行结果如图 7.15 所示。

图 7.15 例 7.12 运行结果

程序代码如下：

```
#include <stdio.h>
void main()
{   int a=4,i;
    int fun(int a);          /* 函数声明 */
    printf("3次调用结果分别是:\n");
```

第 7 章 函 数

```
        for(i=0;i<3;i++)
            printf("%-4d",fun(a));
        printf("\n");
    }
    int fun(int a)       /* a 为动态变量,其值由实参传递过来 */
    {   int b=2;         /* b 为动态变量,每次调用该函数时,其值都被重新初始化为 2 */
        static int c=3;  /* c 为静态变量,只有第一次调用该函数时,其值被初始化为 3 */
                         /* 以后再调用该函数时,其值是上次退出函数时的值 */
        a++;b++;c++;
        return(a+b+c);   /* 函数调用结束,a、b 被释放,c 不释放,值被保留下来 */
    }
```

由于 c 为静态变量,在每次调用 fun 函数后仍然保留其值,并在下一次调用时继续使用,所以输出值为 12   13   14。

对静态变量和自动变量的区别作以下几点说明。

(1) 静态变量属于静态存储类别,在静态存储区内分配存储单元;而自动变量属于动态存储类别。

(2) 首次进行函数调用时,为静态变量分配空间,调用结束后不释放空间;而自动变量在函数调用结束后即释放空间。

(3) 静态变量在编译时赋初值,即只赋初值一次;而对自动变量赋初值是在函数调用时进行,每调用一次函数重新赋一次初值。

(4) 如果在定义静态变量时不赋初值,编译时自动赋初值 0;如果定义自动变量时不赋初值,其值是不确定的。

(5) 函数调用结束后,尽管静态变量的空间未释放,但静态变量的值也不能被其他函数引用。

【例 7.13】 用静态变量实现例 7.7,即求 1!+2!+…+n!。程序运行结果如图 7.16 所示。

图 7.16 例 7.13 运行结果

程序代码如下:

```
    #include "stdio.h"
    int fact(int n)                    /* 函数定义,求阶乘 */
    {   static int p=1;                /* p 为静态变量 */
        p=p*n;
        return p;                      /* 函数调用结束返回,p 未被释放,值保留 */
    }
    void main()
    {   int i,n;
        long s=0;
        printf("请输入 n 的值:");
        scanf("%d",&n);
```

```
    for(i=1;i<=n;i++)
        s+=fact(i);                              /* 调用 fact 函数,计算 i! */
    printf("1!+2!+…+%d!=%-6.0ld\n",n,s);         /* 输出阶乘和 */
}
```

3. 寄存器变量

前面程序中定义的各类变量都存储在内存中,当对一个变量频繁读写时,必须反复访问内存,从而花费大量的存取时间。为此,C 语言提供了寄存器变量,用关键字 register 加以声明。建议编译器将该变量存放在 CPU 的寄存器中,使用时,不需要访问内存,而直接从寄存器中读写,这样可提高程序运行的效率。

【例 7.14】 求 1+2+3+…+100 的和。程序运行结果如图 7.17 所示。

图 7.17　例 7.14 运行结果

程序代码如下:

```
#include <stdio.h>
void main()
{   register int i,s=0;   /* i 和 s 为寄存器变量,无须访问内存,提高程序运行效率*/
    for(i=1;i<=100;s=s+i++);
    printf("1+2+3+……+100=%d\n",s);
}
```

对寄存器变量的几点说明如下。

(1) 只有局部自动变量和形参可以定义为寄存器变量,全局变量不能定义为寄存器变量。

(2) 不能将静态变量定义为寄存器变量。

(3) 计算机系统中的寄存器数目是有限的,不能定义任意多个寄存器变量,2～3 个为宜。

(4) 由于寄存器变量使用的是硬件 CPU 中的寄存器,寄存器变量无地址,因此不能使用取地址运算符 "&" 求寄存器变量的地址。

4. 外部变量

外部变量是在函数的外部定义的变量,也称全局变量。它的作用域是从变量的定义处开始,到本程序文件的末尾,在其作用域内,全局变量可以被程序中各个函数所使用。

如果在定义外部变量位置之前引用该外部变量,应该在引用之前用关键字 "extern" 对该变量作外部变量声明。从外部变量声明的位置起,可以合法地使用在该位置之后定义的外部变量,从而扩展了外部变量的作用域。

【例 7.15】 扩展外部变量的作用域。

程序代码如下:

```
#include "stdio.h"
void main()
```

第7章 函 数

```
{   int sum(int,int);
    extern  a,b;                    /* 声明外部变量a、b, 扩展其作用域为本声明之后*/
    printf("%d\n",sum(a,b));
}
int a=10,b=20;              /* 定义外部变量a、b, 作用域是从定义开始一直到程序运行结束*/
int sum(int x,int y)
{   int z;
    z=x+y;
    return(z);
}
```

本程序中在 main 函数之后定义了外部变量 a、b，若在主函数中使用这两个外部变量的值，则需要在主函数中作外部变量声明，以告知主函数变量 a、b 是在主函数之后定义的外部变量。如果没有提前作外部变量声明，编译时会产生语法错误。

习 题

一、选择题

1. 下面的函数调用语句中，func 函数的实参个数是(　　)。

```
func( f2(v1,v2)), (v3,v4,v5),(v6,max(v7,v8)));
```

  A. 3   B. 4   C. 5   D. 8

2. 下列选项中叙述错误的是(　　)。

  A. 用户定义的函数中可以没有 return 语句

  B. 用户定义的函数中可以有多个 return 语句，以便可以调用一次返回多个函数值

  C. 用户定义的函数中若没有 return 语句，则应当定义函数为 void 类型

  D. 函数的 return 语句中可以没有表达式

3. 有以下程序：

```
#include <stdio.h>
int fun(int a, int b)
{
   if(b==0) return  a;
   else return(fun(--a,--b)) ;
}
void main()
{   printf("%d\n",fun(4,2));  }
```

程序的运行结果是(　　)。

  A. 1   B. 2   C. 3   D. 4

4. 若函数调用时的实参为变量，下列关于函数形参和实参的叙述中正确的是(　　)。

  A. 函数的实参和其对应的形参占用同一存储单元

  B. 形参只是形式上的存在，不占用具体存储单元

C. 同名的实参和形参占用同一存储单元

D. 函数的形参和实参分别占用不同的存储单元

5. 下列叙述中正确的是(　　)。

　　A. 函数的定义可以嵌套，但函数的调用不可以嵌套

　　B. 函数的定义不可以嵌套，但函数的调用可以嵌套

　　C. 函数的定义和调用均不可以嵌套

　　D. 函数的定义和调用均可以嵌套

6. 有以下程序：

```
#include <stdio.h>
#define N  4
void fun(int a[][N],int b[])
{   int i;
    for(i=0;i<N;i++) b[i]=a[i][i];
}
void main()
{   int x[][N]={{1,2,3},{4},{5,6,7,8},{9,10}},y[N],i;
    fun(x,y);
    for(i=0;i<N;i++)   printf("%d,",y[i]);
    printf("\n");
}
```

程序的运行结果是(　　)。

　　A. 1,2,3,4,　　　B. 1,0,7,0,　　　C. 1,4,5,9,　　　D. 3,4,8,10,

7. 在 C 语言中，函数返回值的类型最终取决于(　　)。

　　A. 函数定义时在函数首部所说明的函数类型

　　B. return 语句中表达式值的类型

　　C. 调用函数时主函数所传递的实参类型

　　D. 函数定义时形参的类型

8. 在一个 C 语言源程序文件中所定义的全局变量，其作用域为(　　)。

　　A. 所在文件的全部范围　　　　　B. 所在程序的全部范围

　　C. 所在函数的全部范围　　　　　D. 由具体定义位置和 extern 说明来决定范围

9. 有以下程序：

```
#include <stdio.h>
void fun(int a,int b)
{
   int t;
   t=a;a=b;b=t;
}
void main()
{   int c[10]={1,2,3,4,5,6,7,8,9,0},i;
    for(i=0;i<9;i+=2)
       fun(c[i],c[i+1]);
    for(i=0;i<10;i++)
```

```
        printf("%d,",c[i]);
    printf("\n");
}
```

程序的运行结果是( )。

  A. 1,2,3,4,5,6,7,8,9,0,   B. 2,1,4,3,6,5,8,7,0,9,
  C. 0,9,8,7,6,5,4,3,2,1,   D. 0,1,2,3,4,5,6,7,8,9,

10. 有以下程序：

```
#include <stdio.h>
void fun(int a[],int n)
{   int i,t;
    for(i=0;i<n/2;i++)
    {   t=a[i];a[i]=a[n-1-i];a[n-1-i]=t;}
}
void main()
{   int k[10]={1,2,3,4,5,6,7,8,9,10},i;
    fun(k,5);
    for(i=2;i<8;i++)   printf("%d",k[i]);
    printf("\n");
}
```

程序的运行结果是( )。

  A. 345678 B. 876543 C. 1098765 D. 321678

11. 有以下程序：

```
#include <stdio.h>
int f(int x)
{   int y;
    if(x==0||x==1)   return (3);
    y=x*x-f(x-2);
    return y;
}
void main()
{   int z;
    z=f(3);   printf("%d\n",z);
}
```

程序的运行结果是( )。

  A. 0   B. 9   C. 6   D. 8

12. 在C语言中，只有在使用时才占用内存单元的变量，其存储类型是( )。

  A. auto 和 register   B. extern 和 register
  C. auto 和 static   D. static 和 register

13. 有以下程序：

```
#include <stdio.h>
#include <string.h>
#define N 5
```

```
void f(char p[][10],int n )   /*  字符串从小到大排序  */
{  char t[10]; int i,j;
    for(i=0;i<N-1;i++)
        for(j=i+1;j<N;j++)
            if(strcmp(p[i],p[j])>0)
                {strcpy(t,p[i]); strcpy(p[i],p[j]); strcpy(p[j],t);  }
}
void main()
{  char p[5][10]={"abc","aabdfg","abbd","dcdbe","cd"};
    f(p,5);
    printf("%d\n",strlen(p[0]));
}
```

程序的运行结果是(   )。

    A. 2　　　　　B. 4　　　　　C. 6　　　　　D. 3

14. 以下程序的输出结果是(   )。

```
void fun(int a,int b,int c)
{  a=456;
   b=567;
   c=678;
}
void main()
{  int x=10,y=20,z=30;
    fun(x,y,z);
    printf("%d,%d,%d\n",z,y,x);
}
```

    A. 30,20,10　　　B. 10,20,30　　　C. 456567678　　　D. 678567456

15. C语言中函数调用的方式有(   )。

    A. 函数调用作为语句一种

    B. 函数调用作为函数表达式一种

    C. 函数调用作为语句或函数表达式两种

    D. 函数调用作为语句、函数表达式或函数参数三种

16. 在C语言中，函数值类型的定义可以省略，此时函数值的隐含类型是(   )。

    A. void　　　　B. int　　　　C. float　　　　D. double

17. 在C语言的函数调用过程中，如果函数funA调用了函数funB，函数funB又调用了函数funA，则(   )。

    A. 称为函数的直接递归　　　　B. 称为函数的间接递归

    C. 称为函数的递归定义　　　　D. C语言中不允许出现这样的递归形式

18. 若用数组名作为函数的实参，则传递给形参的是(   )。

    A. 数组的首地址　　　　　　　B. 数组第一个元素的值

    C. 数组中全部元素的值　　　　D. 数组元素的个数

19. C语言函数内定义的局部变量的隐含存储类别是(   )。

    A. static　　　　B. auto　　　　C. register　　　　D. extern

第7章 函　数

二、填空题

1. 下列 isprime 函数的功能是判断形参 a 是否为素数，是素数，函数返回 1，否则返回 0。请填空。

```
int isprime(int a)
{   int i;
    for(i=2;i<=a/2;i++)
        if(a%i==0) _____;
    _____;
}
```

2. 下列程序的输出结果是_____。

```
#include <stdio.h>
#define N 5
int fun(int x)
{   static int t=0;
    return(t+=x);
}
void main()
{   int s,i;
    for(i=1;i<=5;i++)
        s=fun(i);
    printf("%d\n",s);
}
```

3. 下列程序的输出结果是_____。

```
#include <stdio.h>
void fun(int x)
{   if(x/2>0) fun(x/2);
    printf("%d,",x);
}
void main()
{   fun(3); printf("\n");}
```

4. 下列程序的功能是通过函数 func 输入字符并统计输入字符的个数。输入时用字符@作为结束标志。请填空。

```
#include <stdio.h>
long _____;
void main()
{   long n;
    n=func();   printf("n=%ld\n",n);
}
long func()
{   long m;
    for(m=0; getchar()!='@'; _____);
        return m;
}
```

5. 从函数的形式上看，函数分为无参函数和_____两种类型。
6. 函数调用语句 func((e1,e2),(e3,e4,e5))中含有_____个实参。
7. 函数调用时的实参和形参之间的数据是单向的_____传递。
8. 若在程序中用到 strlen()函数时，应在程序开头写上包含命令# include "_____"。
9. 函数的_____调用是一个函数直接或间接地调用它自身。

三、编程题

1. 定义两个函数，分别求出两个整数的最大公约数和最小公倍数。要求用户从主函数中输入两个整数并调用这两个函数。

2. 从键盘为一个3×4整型数组输入数据，找出其中的最大值及其下标，并显示出来。要求在主程序中输入数据并显示结果，在函数中寻找最大值及其下标，并利用全局变量将最大值及其下标传递给主程序。

3. 在主函数中输入两个字符串，定义一个函数将第二个字符串连接到第一个字符串的后面，构成一个新字符串。要求不使用 strcat 函数。

4. 在主函数中输入一个整数，再定义一个函数 f，将一组已经按升序排好的整数读入整型数组中，并将输入的整数插入数组中，使得数组依旧保持升序排列，最后输出插入后的数组。

第 8 章 指 针

指针在 C 语言中占有重要的地位，是 C 语言的精髓，也是比较难掌握的内容。C 语言的高度灵活性及其超强的表达能力，在很大程度上来自巧妙而恰当地使用指针。

C 语言的指针既可以指向各种类型的变量，也可以指向函数。正确地使用指针，能够有效地表示和处理复杂的数据结构，特别有利于动态数据的管理。

指针可以像汇编语言那样访问内存，从而可以编写出简洁、紧凑、高效的程序。

指针的概念比较复杂，而且用法也非常灵活，要想真正掌握它，就必须多思考、多实践。

8.1 指针的基本概念

8.1.1 变量与地址

程序运行时，所有的程序和数据都存放在内存中，内存是以字节为单位的连续的存储空间，每个内存单元都有一个编号，称为内存地址(简称地址)。

编译时，系统会根据程序中定义的变量类型，为每个变量分配相应大小的内存空间(即多少个内存单元)。例如：

```
int i;
char c;
```

i 是整型变量，在内存中占 4 个字节(4 个存储单元)，分别是 2000~2003，i 的地址取起始地址为 2000；c 是字符型变量，在内存中占 1 个字节，地址为 2004，如图 8.1 所示。

注意：在 C 语言中，变量的地址是由编译系统动态分配的，对用户完全透明，用户无须关心和记忆这些地址值。

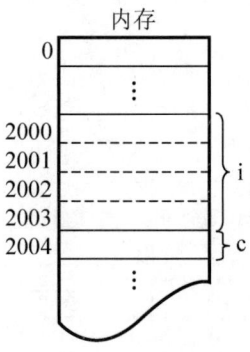

图 8.1　i 与 c 的地址

8.1.2　指针与指针变量

1. 指针

所谓指针就是某个对象(如简单变量、数组和函数等)所占用的存储单元的首地址。例如，如图 8.2 所示，地址 2000 是变量 i 的指针。

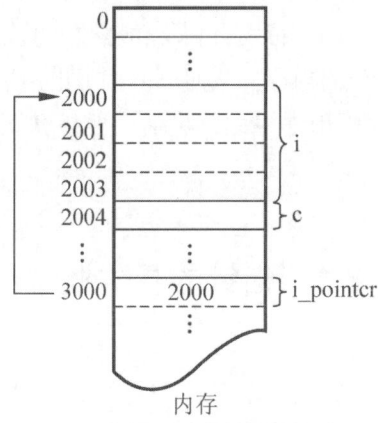

图 8.2　指针和指针变量

2. 指针变量

指针变量是专门存放变量地址的变量。

例如，可以通过语句 i_pointer=&i;将变量 i 的地址(2000)存放到 i_pointer 中，则 i_pointer 就是指针变量，如图 8.2 所示。实际上，在 Microsoft Visual C++2010 Express 平台下，指针变量 i_pointer 在内存中占 4 个字节，即 3000～3003。

8.1.3　直接访问与间接访问

(1) 直接访问：按变量名(地址)存取变量值。例如：

```
printf("%d",i);
```

(2) 间接访问：先找到存放"i 的地址"的变量 i_pointer，从中取出 i 的地址(2000)，然后到 2000、2001、2002、2003 四个存储单元中取出 i 的值。

打个比方，为了打开一个保险柜 A，有两种方法：一是将 A 钥匙带在身上，需要时拿出该钥匙直接打开保险柜 A，取出所需现金，这就是"直接访问"；二是为了安全起见，将 A 钥匙放到另一个保险柜 B 中锁起来，将 B 钥匙带在身上，需要时先拿出 B 钥匙，打开保险柜 B，取出 A 钥匙，再打开保险柜 A，取出现金，这就是"间接访问"。

8.2 指针变量的定义和引用

8.2.1 指针变量的定义

指针变量定义的一般形式如下：

  基类型 *指针变量名;

其中，"*"表示定义指针变量，"基类型"表示该指针变量所指向的变量的类型。例如：

```
int *i_pointer,*p1,*p2;
float *fp1,*fp2;
```

定义后，i_pointer、p1、p2 都是指向整型变量的指针变量；fp1 和 fp2 都是指向浮点型变量的指针变量。

说明：(1) 指针变量名是 p1、p2，不是*p1、*p2。

  (2) 指针变量只能指向定义时所规定类型的变量。

  例如，下面的赋值是错误的：

```
float f1;
int *p1;
p1=&f1;
```

将 float 型变量的地址放到指向整型变量的指针变量中，这是错误的。

  (3) 指针变量中只能存放地址，不能将一个非地址类型的数据(如常数)赋给一个指针变量，但 0(NULL)除外。例如：

```
p1=100;         /* 错误 */
p1=NULL;        /* 正确，表示指针变量 p1 不指向任何有用的存储单元 */
```

  (4) 语句 int *p1,p2;中的 p2 是整型变量，而非指针变量，只能存储整数。

  (5) 初值(表示地址的数据)通常有 3 种形式：&变量名、&数组元素和数组名。

  例如：

```
int i,*p1=&i;
int a[10],*p1=&a[0],*p2=&a[9];
int a[10],*p1=a;                    /* a 与&a[0]等价 */
```

  (6) 指针变量定义后，若未初始化，则变量值不确定，使用前必须先赋值。

8.2.2 指针变量的引用

C 语言中提供了与指针有关的两个运算符：&和*。

&是取地址运算符，它的作用是取得变量所占用的存储单元的首地址(即该变量的地址)。例如：

```
int *p,a=3;
p=&a;        /* &a 是指变量 a 的地址。*/
```

*是间接访问运算符(也叫指针运算符)，它的作用是通过指针变量来访问它所指向的变量的值(存数据或取数据)。

*p 表示指针变量 p 所指向的变量 a 的值，即 3。

说明：(1) &和*都是单目运算符，优先级高于所有的双目运算符。结合性均为自右向左(右结合性)。两者之间是互逆的。

(2) 运算符&只能用于变量，不能用于表达式或常量。

(3) &a 不能出现在赋值号的左边。

(4) p、&a 与*&p 完全等价，即下列 3 个语句等价：

```
scanf("%d",p);
scanf("%d",&a);
scanf("%d",&*p);
```

(5) a、*p 与*&a 完全等价，即下列 3 个语句等价：

```
printf("%d",a);      /* 直接访问 */
printf("%d",*p);     /* 间接访问 */
printf("%d",*&a);
```

(6) 区分：*运算符在不同场合的作用是不一样的，编译系统能够根据上下文环境自动判别*的作用。例如：

```
int a,b,c;
int *p;              /* *表示定义指针变量 */
p=&a;
*p=100;              /* *表示指针运算符 */
c=a*b;               /* *表示乘法运算符 */
```

(7) 指针变量可出现在表达式中，例如：

```
int a,b,*p=&a;
```

指针变量 p 指向整数 a，则*p 可出现在 a 能出现的任何地方。例如：

```
b=*p+5;              /* 表示把 a 的内容加 5 并赋给 b */
b=++*p;              /* *p 的内容加上 1 之后赋给 b，++*p 相当于++(*p) */
b=*p++;              /* 相当于 b=*p;p++; */
```

【例 8.1】 编写一个程序，交换两个变量的值，说明指针变量的使用。

解法一：

```
#include "stdio.h"
```

```
void main()
{
    int a=1,b=2,t;
    int *pa=&a,*pb=&b;
    t=*pa;*pa=*pb;*pb=t;
    printf("a=%d,b=%d\n",a,b);
    printf("*pa=%d,*pb=%d\n",*pa,*pb);
}
```

运行结果如下:

```
a=2,b=1
*pa=2,*pb=1
```

执行过程如图 8.3 至图 8.6 所示。

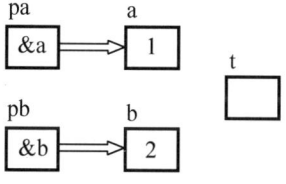

图 8.3 初始态

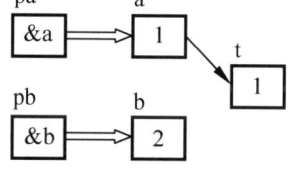

图 8.4 执行 t=*pa

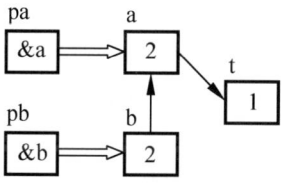

图 8.5 执行*pa=*pb

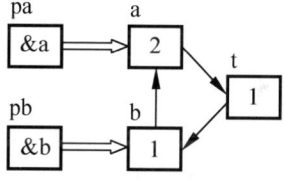

图 8.6 执行*pb=t

解法二:

```
#include "stdio.h"
void main()
{
    int a=1,b=2;
    int *pa=&a,*pb=&b,*t;
    t=pa;pa=pb;pb=t;
    printf("a=%d,b=%d\n",a,b);
    printf("*pa=%d,*pb=%d\n",*pa,*pb);
}
```

运行结果如下:

```
a=1,b=2
*pa=2,*pb=1
```

执行过程如图 8.7 至图 8.10 所示。

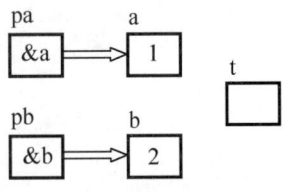
图 8.7　初始态
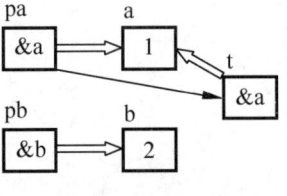
图 8.8　执行 t=pa

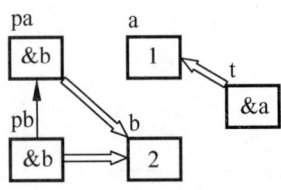
图 8.9　执行 pa=pb
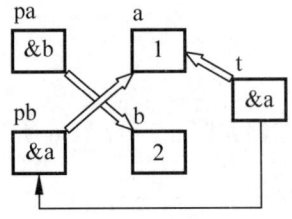
图 8.10　执行 pb=t

8.2.3　指针变量的算术运算

1. 在指针变量上加减一个整数

假如有定义：

```
int n,*p;
```

表达式 p+n(n≥0)指向的是 p 所指的数据存储单元之后的第 n 个数据存储单元。这里的数据存储单元不是内存单元，内存单元的大小是固定的(一般按 1 个字节计算)，而数据存储单元的大小与数据类型有关。

在 Microsoft Visual C++ 2010 Express 中，整型数据占 4 个字节，地址按字节编址，p 是指向整型的指针，p 的值是 9000，则 p+1=9004，p+2=9008，…，p+n=9000+4*n，如图 8.11 所示。

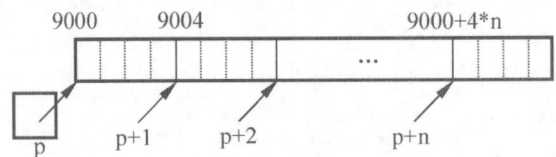

图 8.11　整型数据存储单元

假如有如下的定义：char *pc;short int *pi;float *pf;，且 sizeof(char)的值是 1，sizeof(short int)的值是 2，sizeof(float)的值是 4。

假设 3 个指针的开始值均为 9000。

请问：(1) pc+1 的值是多少？

(2) pi+1 的值是多少？

(3) pf+1 是值是多少？

说明：(1) n 可以为负数。

(2) p++ 表示：p 指向下一个空间时，p 的内容要发生变化，这是最常用的指针操作。

2. 指针变量的比较运算

使用关系运算符<、<=、>、>=、==和!=可以比较指针值的大小。

如果 p 和 q 是指向相同类型的指针变量，并且 p 和 q 指向同一段连续的存储空间，p 的地址值小于 q 的值，则表达式 p<q 的结果为 1；否则，表达式 p<q 的结果为 0。

注意：参与比较的指针变量所指向的空间必须是同一个连续的内存空间(如指向同一个数组)。

3. 指针变量的减法运算

如果 p 和 q 定义为指针变量(q>p)，则表达式 q-p 的结果是从 p 开始到达 q 时所经过的数据存储单元个数。如图 8.12 所示，q-p 的值是 3。

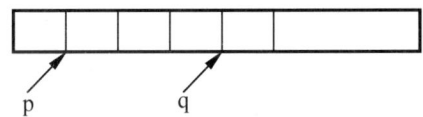

图 8.12　指针变量的减法运算示意图

8.2.4　指针变量作为函数的参数

函数的参数不仅可以是整型、实型、字符型等数据，还可以是指针类型。它的作用是将一个变量的地址传送到另一个函数中。这种参数传递属于双向传递(地址传递)，实参和形参将共享同一块内存区域。

【例 8.2】 题目同例 8.1，交换两个变量的值。现在使用函数处理，而且用指针类型的数据作为函数参数。

程序代码如下：

```
#include "stdio.h"
void main()
{
   void swap(int*pa1,int*pb1);
   int a,b;int *pa,*pb;
   scanf("%d,%d",&a,&b);
   pa=&a;pb=&b;
   swap(pa,pb);
   printf("%d,%d\n",a,b);
}
void swap(int *pa1,int *pb1)
{
   int t;
   t=*pa1;*pa1=*pb1; *pb1=t;
}
```

执行过程如图 8.13 所示。

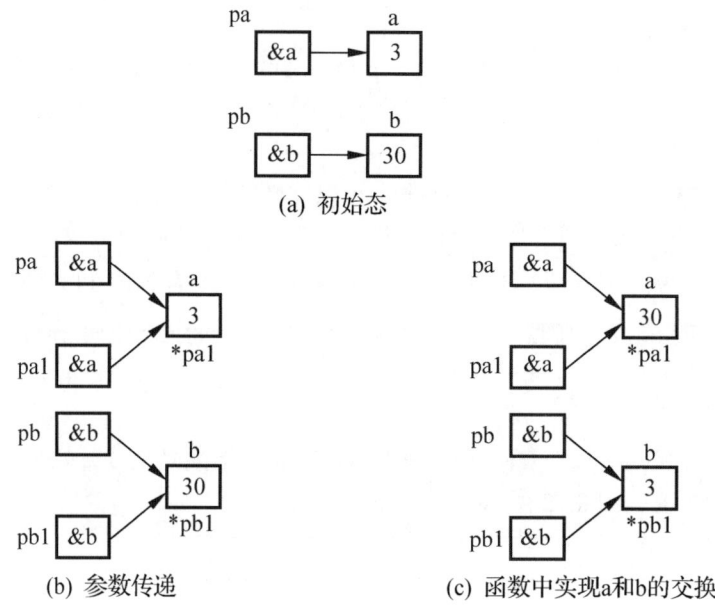

图 8.13 交换两个变量的值

以下程序代码是错误的(请读者自己分析):

```
#include "stdio.h"
void main()
{
   void swap(int *pa1,int *pb1);
   int a,b,*pa,*pb;
   scanf("%d,%d",&a,&b);
   pa=&a;pb=&b;
   swap(pa,pb);
   printf("%d,%d\n",a,b);
}
void swap(int *pa1,int *pb1)
{
   int *p;
   p=pa1;pa1=pb1;pb1=p;
}
```

8.3 指针与一维数组

8.3.1 通过指针变量引用数组元素

指针可以指向数组和数组元素,用指针变量指向数组元素的引用方法与指向普通变量的引用方法是一样的。例如:

```
int a[10]={10,20,30,40,50,60,70,80,90,100},*p;
```

第8章 指 针

```
p=&a[5];
printf("%d",*p);        /* 等价于 printf("%d",a[5]);输出结果为 60 */
```

当一个指针指向数组(首地址)后,对数组元素的访问,既可以使用数组下标,也可以使用指针。使用指针访问数组元素,程序的效率更高(使用下标访问数组元素,程序较清晰)。

(1) 数组名就是指针,是数组的首地址,是地址常量,也叫静态指针。
(2) 指针变量可以存放数组的起始地址,也可以存放数组元素的地址。
(3) 指向数组元素地址的指针变量,等同于指向普通变量的指针变量(即用法相同)。
假设有下列定义:

```
int a[10];            /* 定义一个数组 a */
int *pa;              /* 定义指针变量 pa */
pa=a;                 /* pa 取数组 a 的首地址,等价的语句是 pa=&a[0];*/
```

执行"pa=a;"或"pa=&a[0];"语句都表示使 pa 指向数组 a 的第一个元素 a[0]。a 和 pa 实际上都指向了数组 a 的第一个元素。

根据指针的算术运算规则,pa+1 指向数组元素 a[1],pa+2 指向数组元素 a[2],pa+i 指向数组元素 a[i],如图 8.14 所示。

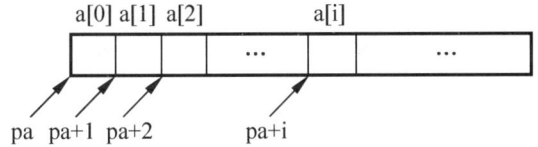

图 8.14 pa+i 与 a[i]的对应

【例 8.3】 编写程序,输入 5 个整数存储在数组中并输出,重点掌握使用指针操作数组。

解法一:指针法。

```
#include "stdio.h"
void main()
{
    int a[5];                          /* 定义一个数组 a */
    int *pa;                           /* 定义指针变量 pa */
    int i;
    pa=a;                              /* pa 取数组 a 的首地址 */
    printf("请输入%d 个整数:",5);
    for(i=0;i<5;i++)                   /* 输入 5 个数到数组中 */
        scanf("%d",pa+i);
    for(i=0;i<5;i++)                   /* 输出这 5 个数 */
        printf("%d ",*(pa+i));
}
```

解法二:指针法,通过数组名计算元素的地址,找出元素的值。

```
for(i=0;i<5;i++)                       /* 输入 5 个数到数组中 */
    scanf("%d",a+i);
for(i=0;i<5;i++)                       /* 输出这 5 个数 */
    printf("%d ",*(a+i));
```

解法三：下标法。

```
for(i=0;i<5;i++)              /* 输入5个数到数组中 */
   scanf("%d",&a[i]);
for(i=0;i<5;i++)              /* 输出这5个数 */
   printf("%d ",a[i]);
```

解法四：下标法。

```
for(i=0;i<5;i++)              /* 输入5个数到数组中 */
   scanf("%d",&pa[i]);
for(i=0;i<5;i++)              /* 输出这5个数 */
   printf("%d ",pa[i]);
```

从上述4个解法可以看出：

① pa+i 和 a+i 都表示数组元素 a[i] 的地址，所以，*(pa+i)和*(a+i)都表示 a[i] 内容。

② 可以将指向数组首地址的指针变量用数组方式操作，即 a[i] 和 pa[i] 等价。请牢记，下列4项是等价的：

a[i]⇔pa[i]⇔*(pa+i)⇔*(a+i)

③ 在4个解法中，指针变量 pa 的值一直保持不变，一直指向数组首地址。

解法五：指针移动法，使指针变量 pa 的值每次自增1，指向下一个数组元素。

```
for(;pa<a+5;pa++)             /* 输入5个数到数组中 */
   scanf("%d",pa);
for(pa=a;pa<a+5;pa++)         /* 输出这5个数 */
   printf("%d ",*pa);
```

指针变量 pa 的值可以变化，如 pa++ 是有意义的，但不能进行 a++ 操作，因为 a 作为数组名是静态指针，其值是不能修改的。

所以，下列解法是错误的。

```
for(;a<pa+5;a++)
   scanf("%d",a);
for(a=pa;a<pa+5;a++)
   printf("%d ",*a);
```

使用指针变量时需要注意的几个细节。

(1) p++（或 p +=1），p 指向下一个元素。

(2) *p++，相当于*(p++)。因为 *和++优先级相同，都属于右结合运算符。

(3) *(p++)与*(++p)的作用不同。

- *(p++)：先取*p，再使 p 加1。
- *(++p)：先使 p 加1，再取*p。

(4) (*p)++表示，p 指向的元素值加1。

8.3.2 用数组名及指针作为函数的参数

用数组名及指针作为函数的参数

前面已经介绍过，如果实参是数组名，形参也应该是数组类型，调用函数与被调函数存取的将是相同的一组空间，原因是实参传给形参的是一组空间的首地址，即双向的"地址"传递。从而在函数调用后，实参数组的元素值会发生变化，而指向一段连续空间的指针变量也可以作为函数参数，其意义与数组名作为函数参数的意义相同。

这样，形参和实参的对应关系可以有 4 种组合，见表 8-1。

表 8-1　形参和实参的对应关系

形参	实参
数组名	数组名
数组名	指针变量
指针变量	数组名
指针变量	指针变量

1. 形参是数组名，实参也是数组名

```
void main()              f(int b[])
{   int a[9];            {
    f(a);
}                        }
```

2. 形参是数组名，实参是指针变量

```
void main()              f(int b[])
{   int a[9],*pa=a;      {
    f(pa);
}                        }
```

3. 形参是指针变量，实参是数组名

```
void main()              f(int *pa)
{   int a[9];            {
    f(a);
}                        }
```

4. 形参是指针变量，实参也是指针变量

```
void main()              f(int *pa2)
{   int a[9],*pa1=a;     {
    f(pa1);
}                        }
```

【例8.4】 将数组 a 中的 n 个整数按逆序(无须排序)存放，如图8.15所示。

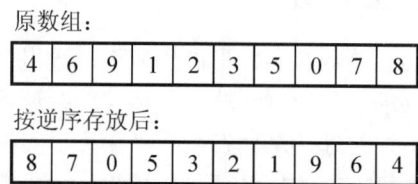

图8.15 原数组和按逆序存放后的数组

算法：a[0]与 a[n-1]交换，a[1]与 a[n-2]交换，……，a[(n-1)/2]与 a[n-((n-1)/2)]交换。

实现：用 i、j 作为元素位置变量，i=0，j=n-1。将 a[i]与 a[j]交换，然后 i 加 1，j 减 1，直到 i=(n-1)/2。

解法一：使用上述的组合 1 解决问题，参见例6.3。

```
#include "stdio.h"
void invert(int b[],int n)            /* 形参b是数组名 */
{
   int t,i,j,m=(n-1)/2;
   for(i=0;i<=m;i++)
   {  j=n-1-i;
      t=b[i];b[i]=b[j];b[j]=t;
   }
   return;
}
void main()
{
   int i,a[10]={4,6,9,1,2,3,5,0,7,8};
   printf("原数组为:\n");
   for(i=0;i<10;i++)
      printf("%d ",a[i]);
   printf("\n");
   invert(a,10);                      /* 实参a是数组名 */
   printf("逆序存放后数组为:\n");
   for(i=0;i<10;i++)
      printf("%d ",a[i]);
   printf("\n");
}
```

如图8.16所示，数组 a 和数组 b 共用同一块内存空间。函数 invert 中将数组 b 逆序存放后，返回到主程序 main 时，数组 a 也随之被逆序存放了。

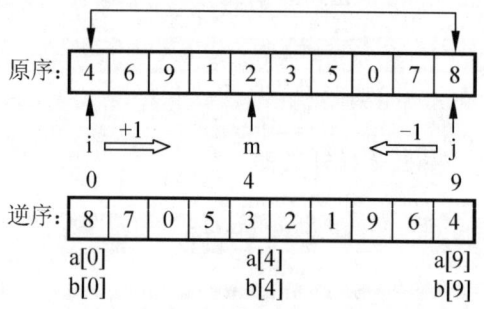

图8.16 解法一数组 a 与数组 b 的关系

解法二：使用表 8-1 中的组合 2 解决问题。

```c
#include "stdio.h"
void invert(int b[],int n)              /* 形参b是数组名 */
{
   int t,i,j,m=(n-1)/2;
   for(i=0;i<=m;i++)
   { j=n-1-i;
      t=b[i];b[j]=b[j];b[j]=t;
   }
   return;
}
void main()
{
   int i,a[10]={4,6,9,1,2,3,5,0,7,8};
   int *pa=a;
   printf("原数组为:\n");
   for(i=0;i<10;i++)
      printf("%d ",a[i]);
   printf("\n");
   invert(pa,10);                        /* 实参pa是指针变量 */
   printf("逆序存放后数组为:\n");
   for(i=0;i<10;i++)
      printf("%d ",a[i]);
   printf("\n");
}
```

如图 8.17 所示，数组 a 仍然和数组 b 共用同一块内存空间，只不过数组 a 的首地址是通过指针变量 pa 传给数组 b 的。

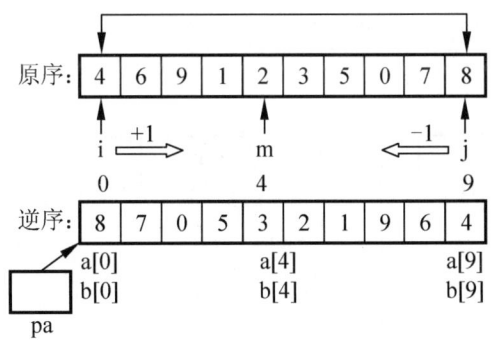

图 8.17　解法二数组 a 与数组 b 的关系

注意：main 函数中的指针变量 pa 是有确定值的，即如果用指针变量作实参，必须先使指针变量有确定值，指向一个已定义的数组，否则会出错。如果将语句"int *pa=a;"改为"int *pa;"，即未给指针变量 pa 赋确定值，则会出错。

表 8-1 中另外两种组合(组合 3 和组合 4)所对应的程序，请读者自行改写。

8.4 指针与二维数组

8.4.1 二维数组的地址

设有短整型二维数组 a[3][4] 如下：

```
1  2  3  4
5  6  7  8
9 10 11 12
```

它的定义为：

```
short int a[3][4]={{1,2,3,4},{5,6,7,8},{9,10,11,12}};
```

二维数组的地址

设数组 a 的首地址为 1000，各下标变量的首地址及其值如图 8.18 所示。

a[0][0] 1000 1	a[0][1] 1002 2	a[0][2] 1004 3	a[0][3] 1006 4
a[1][0] 1008 5	a[1][1] 1010 6	a[1][2] 1012 7	a[1][3] 1014 8
a[2][0] 1016 9	a[2][1] 1018 10	a[2][2] 1020 11	a[2][3] 1022 12

图 8.18 各下标变量的首地址及其值

前面介绍过，C 语言允许把一个二维数组分解为多个一维数组来处理。因此数组 a 可分解为 3 个一维数组，即 a[0]、a[1]、a[2]。每个一维数组又含有 4 个元素，如图 8.19 所示。

a					
a[0]	=	a[0][0] 1000 1	a[0][1] 1002 2	a[0][2] 1004 3	a[0][3] 1006 4
a[1]	=	a[1][0] 1008 5	a[1][1] 1010 6	a[1][2] 1012 7	a[1][3] 1014 8
a[2]	=	a[2][0] 1016 9	a[2][1] 1018 10	a[2][2] 1020 11	a[2][3] 1022 12

图 8.19 数组 a 分解为 3 个一维数组

例如：a[0]数组，含有 a[0][0]、a[0][1]、a[0][2]、a[0][3] 4 个元素。

从二维数组的角度来看，数组及数组元素的地址表示如下。

a 是二维数组名，a 代表整个二维数组的首地址，也是二维数组首行(第 0 行)的首地址，

第 8 章 指 针

等于1000。a+1 代表第 1 行的首地址，因为第 0 行有 4 个短整型数据(每个短整型数据占 2 个字节)，所以 a+1 的地址值的计算方法为 a+4×2=1008。同理，a+2 代表第 2 行的首地址，值为 1016。这种地址称为行地址，如图 8.20 所示。

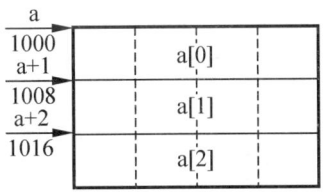

图 8.20　行地址

a[0]是第一个一维数组的数组名，C 语言规定：数组名代表数组首元素的地址。所以 a[0]代表一维数组 a[0]中第 0 列元素的地址，即&a[0][0]，值为 1000。同理，a[1]与&a[1][0]等价，值为 1008；a[2]与&a[2][0]等价，值为 1016。这种地址称为列地址。

注意：虽然 a 和 a[0]的值都是 1000，但含义不一样，如图 8.21 所示。

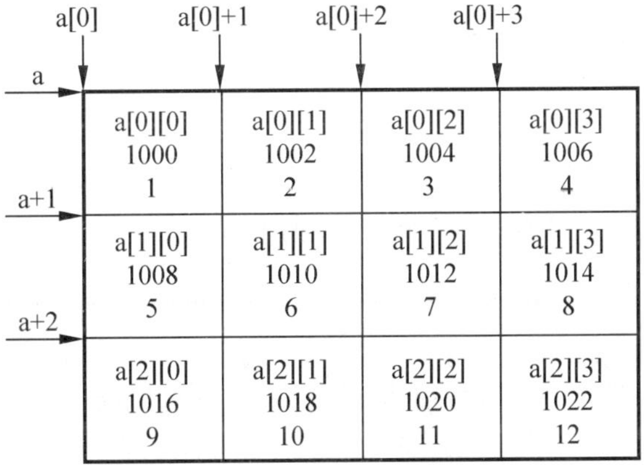

图 8.21　a 和 a[0]的区别

(1) 行地址+1"跳过"一行。所以，a+1 将在 a(值为 1000)的基础上"跳过"一行，即 4 个短整型数据(即第一个一维数组 a[0])，这样 a+1 的值为 1000+4×2=1008。

(2) 列地址+1"跳过"一列。所以，a[0]+1 将在 a[0](值为 1000)基础上"跳过"一列，即 1 个短整型数据(即 a[0][0])，这样 a[0]+1 的值为 1000+1×2=1002。与&a[0][1]是等价的。同理，a[0]+2 与&a[0][2]等价，a[0]+3 与&a[0][3]等价，a[1]+1 与&a[1][1]等价，依此类推，a[i]+j 与&a[i][j]等价。

8.3 节已经讲过，a[0]和*(a+0)等价，a[1]和*(a+1)等价，a[i]和*(a+i)等价。所以 a[0]+1 和*(a+0)+1 等价，都是&a[0][1](即 1002)。a[1]+2 和*(a+1)+2 等价，都是&a[1][2](即 1012)。a[i]+j 和*(a+i)+j 等价，都是&a[i][j]。

这样，如果要访问数组元素 a[i][j]的值，可以有下列几种方法(请牢记)：

① a[i][j]　　　　　　(下标法)；

② *(a[i]+j)　　　　　　(指针法);
③ *(*(a+i)+j)　　　　　(指针法)。

二维数组 a 的性质见表 8-2。

表 8-2　二维数组 a 的性质

表示形式	含义	地址
a	二维数组名,指向一维数组 a[0],即 0 行首地址,属于行地址	1000
a[0] &a[0][0] *(a+0) *a	0 行 0 列元素地址,属于列地址	1000
a+1 &a[1]	第 1 行首地址,属于行地址	1008
*(a+1) a[1]	第 1 行第 0 列元素 a[1][0]的地址,属于列地址	1008
a[1]+2 *(a+1)+2 &a[1][2]	第 1 行第 2 列元素 a[1][2]的地址,属于列地址	1012
*(a[1]+2) *(*(a+1)+2) a[1][2]	第 1 行第 2 列元素 a[1][2]的值	—

结论:

(1) 在行地址前加 "*" 将变为列地址。例如,a 为行地址,*a 就是列地址。

(2) 在列地址前加 "&" 将变为行地址。例如,a[1]为列地址,&a[1]就是行地址。

(3) 只有在列地址前加 "*" 才能访问所指向元素的值。例如,要访问 a[1][2]的值可以使用*(a[1]+2)或*(*(a+1)+2),a[1]+2 和*(a+1)+2 均为列地址。

【例 8.5】 输入一个二维数组并输出,用指针法完成。

```
#include "stdio.h"
void main()
{
    int a[2][3];                    /* 定义二维数组 */
    int i,j;
    for(i=0;i<2;i++)                /* 读入整数到数组的每个元素中 */
        for(j=0;j<3;j++)
            scanf("%d",*(a+i)+j);
    putchar('\n');
    for(i=0;i<2;i++)                /* 输出数组的每个元素 */
    {
        for(j=0;j<3;j++)
```

```
            printf("%d ",*(*(a+i)+j));
        putchar('\n');
    }
}
```

运行情况:

```
4 5 6 7 8 9↵        (输入)
4 5 6               (输出)
7 8 9
```

8.4.2 指向二维数组的指针变量

二维数组指针变量说明的一般形式为:

  基类型(*指针变量名)[n];

其中,"基类型"为所指数组的数据类型;"*"表示其后的变量是指针类型;"n"表示二维数组分解为多个一维数组时,一维数组的长度,也就是二维数组的列数。

指向二维数组的指针变量

应注意"(*指针变量名)"两边的括号不可少,如缺少括号则表示是指针数组(本章后面介绍),意义就完全不同了。例如:

```
int a[2][3];
int(*p)[3]=a;        /* 等价于:int(*p)[3];p=a;*/
```

此语句表示 p 是一个指针变量。它指向包含 3 个元素的一维数组,而且是指向第一个一维数组 a[0],其与 a 是等价的,也属于行指针。而 p+i 则指向一维数组 a[i]。

从前面的分析可得出: *(a+i)+j 是二维数组第 i 行第 j 列的元素 a[i][j]的地址,所以*(p+i)+j 也是 a[i][j]的地址。从而可以使用*(*(p+i)+j)来访问 a[i][j]的值。

【例 8.6】 题目同例 8.5,即输入一个二维数组并输出,要求用指向二维数组的指针变量操作二维数组。

```
#include "stdio.h"
void main()
{
    int a[2][3];                /* 定义二维数组 */
    int(*p)[3];                 /* 定义指向二维数组的指针变量p */
    int i,j;
    p=a;                        /* p取a的首地址 */
    for(i=0;i<2;i++)            /* 读入整数到数组中 */
        for(j=0;j<3;j++)
            scanf("%d",*(p+i)+j);
    putchar('\n');
    for(i=0;i<2;i++)            /* 输出数组的每个元素 */
    {
        for(j=0;j<3;j++)
            printf("%d ",*(*(p+i)+j));
        putchar('\n');
    }
}
```

运行情况：

```
4 5 6 7 8 9↙           (输入)
4 5 6                   (输出)
7 8 9
```

8.5　指针与字符串

8.5.1　字符串的表现形式及访问方式

在 C 语言中，有 4 种方式可以访问字符串：字符数组、字符指针、字符数组与字符指针结合和参数传递。

1. 字符数组方式

【例 8.7】用字符数组存放一个字符串，如图 8.22 所示，然后输出该字符串。

H	str[0]
e	str[1]
l	str[2]
l	str[3]
o	str[4]
!	str[5]
\0	str[6]
⋮	

图 8.22　用字符数组存放一个字符串

解法一：使用格式说明符"%s"输出字符串。

```
#include "stdio.h"
void main()
{
   char str[]="Hello!";
   printf("%s\n",str);            /*使用格式说明符%s输出字符串*/
}
```

解法二：使用格式说明符"%c"输出字符串。

```
#include "stdio.h"
#include "string.h"
void main()
{
   char str[]="Hello!";
   int i;
```

```
    for(i=0;i<=strlen(str);i++)
        printf("%c",*(str+i));        /*使用格式说明符%c输出字符串*/
}
```

说明：str 是数组名，它代表字符数组的首地址。

2. 字符指针方式

【例 8.8】 用字符指针变量指向一个字符串，如图 8.23 所示，然后输出该字符串。

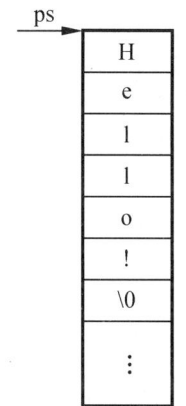

用字符指针变量指向一个字符串

图 8.23 用字符指针变量指向一个字符串

解法一：使用格式说明符%s 输出字符串。

```
#include "stdio.h"
void main()
{
    char *ps="Hello!";
    printf("%s\n",ps);          /* 使用格式说明符%s 输出字符串 */
}
```

解法二：使用格式说明符%c 输出字符串。

```
#include "stdio.h"
void main()
{
    char *ps="Hello!";
    for(;*ps!='\0';ps++)
        printf("%c",*ps);       /* 使用格式说明符%c 输出字符串 */
    printf("\n");
}
```

说明：(1) 字符指针变量 ps 存储的是字符串 Hello 的首地址(即字符 H 的地址)。

(2) 语句 char *ps="Hello!";等价于：

```
char *ps;
ps="Hello!";                    /*注:*ps="Hello!";是错误的*/
```

3. 字符数组与字符指针结合方式

【例8.9】 使用字符指针变量指向一个字符数组，如图8.24所示，然后输出该字符串。

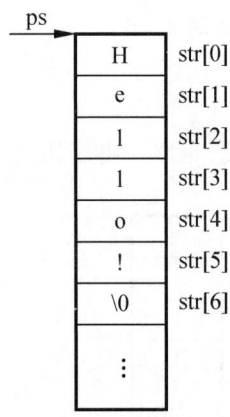

图8.24 字符指针指向字符数组

```
#include "stdio.h"
void main()
{
    char *ps;
    char str[]="Hello!";
    ps=str;
    printf("%s\n",ps);
}
```

4. 参数传递方式

【例8.10】 自定义一个字符串复制函数，并在主函数中调用。参数传递示意图如图8.25所示。

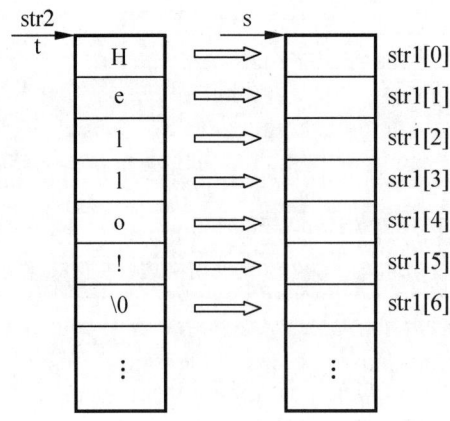

图8.25 参数传递示意图

解法一：

```
#include "stdio.h"
```

第8章 指 针

```
void str_copy(char *s,char *t)      /*自定义字符串复制函数*/
{
    while(*t!='\0')                 /*当t所指内容是'\0'时,结束循环*/
    { *s=*t;s++;t++;}               /*复制*/
    *s='\0';                        /*最后一个单元置为字符串结束符*/
}
void main()
{
    char str1[80];                  /*定义一个数组*/
    char *str2;                     /*定义一个指针变量*/
    str2="Hello!";                  /*为指针变量str2赋值*/
    str_copy(str1,str2);            /*调用自定义的字符串复制函数*/
    puts(str2);
    /* puts 输出字符串后自动换行,与printf("%s\n",str2);等价。注意有'\n' */
}
```

说明：字符串结束符 '\0'的ASCII码值是0,所以语句 while(*t! ='\0')也可以换成while(*t! =0)。

解法二：主函数同解法一。

```
void str_copy(char *s,char *t)      /*自定义字符串复制函数*/
{
    while((*s=*t)!='\0')            /*复制并判断结束条件*/
    { s++;t++;}                     /*指针各指向下一个元素 */
}
```

说明：while 循环结束后,不需要执行语句 "*s='\0';",因为当t所指向的字符是'\0'(循环将结束)时,该值先被复制到s所指向的空间中。

解法三：主函数同解法一。

```
void str_copy(char *s,char *t)      /*自定义字符串复制函数*/
{
    while(*s++=*t++);               /*复制,指针各指向下一个元素,判断结束条件 */
}
```

说明：(1) while 语句后的";"不能省略,表示空循环语句。

(2) 当t指向的字符是'\0'时,赋值表达式 "*s++=*t++"的值为0,在C语言中0表示假值,所以循环结束。

8.5.2 使用字符数组和字符型指针变量处理字符串的区别

使用字符数组和字符型指针变量处理字符串的区别

应该注意的是,尽管字符数组和字符型指针都能处理字符串(包括存储和运算等),有时甚至可以混用,但它们还是有区别的。

(1) 在赋值方面,字符数组只能一个元素一个元素地赋值,而不能一次为整个数组赋值。下面的赋值方式是错误的:

```
char a[16];
a="Happy birthday!";    /* a 是数组名,代表数组首地址,是常量,不能被赋值 */
```

而对于字符型指针变量，则可以采用以下方式赋值：

```
char *p;
p="Happy birthday!";    /* 注意：赋给p的不是字符串，而是字符串首地址 */
```

当然，以下语句是正确的：

```
char a[16]="Happy birthday!";         /* 给a数组的各个元素赋初值 */
```

或

```
char a[16]={"Happy birthday!"};       /* 给a数组的各个元素赋初值 */
```

(2) 字符数组定义后，编译系统为它分配了一段连续的内存单元，这段内存单元的首地址可由数组名来表示，以后就可以利用这段内存单元来存取字符数组中的每个元素；而指针变量定义后，编译系统仅为它分配了一个用于存放指针值(地址)的内存单元(Microsoft Visual C++2010 Express 平台下是4个字节)，而它具体指向的内存单元并未确定，想要利用它来间接访问某个字符，就必须首先将该字符变量的地址赋给它。例如，下面的输入语句是允许的：

```
char a[100];
scanf("%s",a);
```

而下面的输入语句是不允许的：

```
char *p;
scanf("%s",p);
```

这是因为尽管p被定义为字符型指针变量，但它具体指向的单元并未确定，也就是说，p单元中的内容是不定的。如果硬性将数据存入p所指向的单元中，将有可能破坏程序的其他部分。

可以采用下列方式来使用字符型指针变量：

```
char a[100];
char *p;
p=a;
scanf("%s",p)
```

(3) 指针变量的值是可以改变的，它可以指向字符串中的任意位置，是可以作为赋值对象出现的，而数组名尽管代表数组的首地址，但它的值只能利用而不能被改变，不能出现在赋值号的左边。

```
char a[16]="Happy birthday!";
char *p=a;
p=a+6;              /* 语句正确，p指向字符串中的第7个字符'b' */
printf("%c",*p);    /* 输出字符'b' */
printf("%s",p);     /* 输出字符串"birthday!" */
```

(4) 注意体会下列语句：

```
char a[16],*p=a;
```

```
*a='c';             /* 语句正确,将字符'c'赋给元素a[0]*/
*p='c';             /* 语句正确,将字符'c'赋给元素a[0]*/
*(a+1)='#';         /* 语句正确,将字符'#'赋给元素a[1]*/
*(p+1)='#';         /* 语句正确,将字符'#'赋给元素a[1]*/
*(a++)='#';         /* 语句错误,a是地址常量,不能自身累加1 */
*(p++)='#';         /* 语句正确,将字符'#'赋给元素a[0],然后p指向下一个元素a[1] */
p="Good!";          /* 语句正确,将p指向字符串"Good!"的首地址,与数组a脱离关系*/
```

从以上几点可以看出字符串指针变量与字符数组在使用时的区别,也可以看出使用指针变量更加方便。

8.6 指针与函数

8.6.1 返回指针值的函数

函数的返回值可以是各种基本数据类型,如整型、字符型和浮点型等,也可以是指针类型,这样的函数称为返回指针值的函数。

定义返回指针值的函数的一般形式为:

数据类型 *函数名(参数表);

例如:

```
int *f(int x,int y);
```

f是函数名,调用后可返回一个指向整型数据的指针(地址)。x、y是函数f的形参,均为整型。最前面的int表示返回的指针指向整型变量。

注意:函数f的两边分别为运算符*和运算符()。因为()的优先级高于*,所以函数f先和()结合,这显然是函数形式。*表示此函数是指针型函数(函数值是指针)。

【例8.11】 求10个学生成绩的最高分,要求用指针函数实现。

程序代码如下:

```
#include "stdio.h"
void main()
{
    int *p;
    int *max(int n);              /* 声明函数*/
    p=max(10);                    /* max(10)返回最高分的地址 */
    printf("最高分为:%d\n",*p);   /* 输出最高分 */
}
int *max(int n)
{
    static int data[]={62,87,51,93,76,90,80,77,85,81};
                                  /*一定要设为静态数组,以便函数返回时,数组不被释放 */
    int i,k=0;
    for(i=1;i<n;i++)              /* 循环查找最高分 */
        if(data[k]<data[i])
            k=i;                  /* k记录的是最高分所在元素的下标 */
```

```
        return &data[k];              /* 返回最高分所在元素的地址 */
}
```

思考：如果将数组 data 定义在主函数中，应如何改写程序？

8.6.2 指向函数的指针

C 语言中的指针，不仅可以指向整型、字符型和结构体类型等变量，还可以指向函数。程序中的每个函数经过编译后，其目标代码在内存中是连续存放的，该代码的首地址就是函数执行的入口地址。

在 C 语言中，函数名本身就代表着该函数的入口地址。

函数指针的定义方式如下：

  数据类型(*指针变量名)(参数表);

"数据类型"是指函数返回值的类型，"参数表"是该函数指针所指向函数的所有形参。例如：

```
int(*fp)(int);
```

它说明了 fp 是一个函数指针，此函数的返回值类型是整型，也就是说，fp 所指向的函数只能是返回值为整型的函数。

必须先将一个函数名(代表该函数的入口地址，即函数的指针)赋给函数指针，然后才能通过函数指针间接调用这个函数。例如：

```
int(*fp)(int);          /* 声明函数指针 */
int f(int n);           /* 声明函数 */
fp=f;
```

通过使用函数指针对函数的调用格式如下：

  (*指针变量名)(实参);

例如：

```
(*fp)(10);              /* 等价于使用函数名直接调用语句:f(10); */
```

【例 8.12】 题目同例 8.11，求 10 个学生成绩的最高分，要求用函数指针实现。

程序代码如下：

```
#include "stdio.h"
void main()
{
    int(*p)(int data[],int n);/*声明函数指针,可简写成:int(*p)(int[],int);*/
    int max(int data[],int n);  /*声明函数,可简写成:int max(int[],int);*/
    int a[10]={62,87,51,93,76,90,80,77,85,81};
    int m;
    p=max;                          /* 将函数指针指向函数 max */
    m=(*p)(a,10);                   /* 使用函数指针 p 调用函数 max */
    printf("最高分为:%d\n",m);      /* 输出最高分 */
}
int max(int data[],int n)
{
    int i,k=0;
```

```
        for(i=1;i<n;i++)                /* 循环查找最高分 */
            if(data[k]<data[i])
                k=i;                    /* k 记录的是最高分所在元素的下标 */
        return data[k];                 /* 返回最高分 */
    }
```

8.7 二级指针和指针数组

8.7.1 二级指针

如果一个指针变量存放的是另一个指针变量的地址，则称这个指针变量为二级指针变量(即指向指针的指针变量)。

【例 8.13】 分析下列程序。

```
#include "stdio.h"
void main()
{
    int i;                          /* 定义整型变量 i */
    int *p;                         /* 定义一级指针变量 p */
    int **pp;                       /* 定义二级指针变量 pp */
    p=&i;                           /* p 指向 i */
    pp=&p;                          /* pp 指向 p */
    *p=68;                          /* 以下 3 条语句是等价的 */
    printf("%d\n",i);               /* 直接寻址 */
    printf("%d\n",*p);              /* 一级间接寻址 */
    printf("%d\n",**pp);            /* 二级间接寻址，相当于 *(*pp)*/
}
```

分析： (1) 一级指针：用于存放目标变量的地址，前面各节用的都是一级指针。如本例中的 p(其地址为 4000)，p 中存放的是整型变量 i 的地址(1000)，如图 8.26 所示。

(2) 二级指针：用于存放一级指针变量的地址。如本例中的 pp(其地址为 5000)，pp 中存放的是一级指针 p 的地址(4000)。

(3) 语句 pp=&i;是错误的，因为 pp 是二级指针，不能用变量地址为其赋值，所以只能存放一级指针的地址。

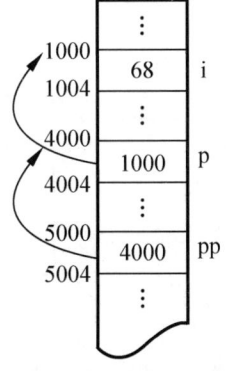

图 8.26 例 8.13 示意图

8.7.2 指针数组

如果数组的每个元素都是指针类型的数据,则称这种数组为指针数组。

指针数组的定义方式如下:

数据类型 *数组名[常量表达式];

例如:

```
int *p[4];
```

功能:定义一个指针数组,数组名为 p,有 4 个元素,每个元素都是指向整型变量的指针。

区分:int(*p)[4] 定义一个指针变量,它指向有 4 个元素的一维数组。

【例 8.14】 利用指针数组来显示下列菜单信息:

```
Input
Copy
Move
Delete
Exit
```

程序代码如下:

```
#include "stdio.h"
void main()
{
    static char *menu[5]={"Input","Copy","Move","Delete","Exit"};
    int i;
    putchar('\n');
    for(i=0;i<5;i++)
        printf("%s\n",menu[i]);
}
```

说明:(1) char *menu[5]表示 menu 是一个数组,共包含 5 个元素,每个元素都是字符型指针。

(2) menu[0]指向字符串"Input",menu[1]指向字符串"Copy",menu[2]指向字符串"Move",menu[3]指向字符串"Delete",menu[4]指向字符串"Exit"。数组 menu 示意图如图 8.27 所示。

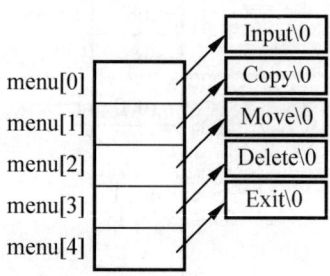

图 8.27 数组 menu 示意图

第 8 章 指 针

【例 8.15】 分析下面程序的运行结果。

```c
#include "stdio.h"
void main()
{
    int i;
    int a[]={1,2,3,4};
    int b[]={3,4,5,6};
    int c[]={6,7,8,9};
    int *data[3];
    data[0]=a;
    data[1]=b+1;
    data[2]=c+2;
    for(i=0;i<3;i++)
        printf("%2d\n",**(data+i));
}
```

运行结果如下:

```
 1
 4
 8
```

说明：(1) data 是指针数组，每个数组元素指向一维数组的一个整型元素。a、b+1、c+2 都是一级指针。data 可以看作二级指针。*(data+i)是 data 数组的第 i 个元素值，是指向整数的指针，则**(data+i)是整数的内容。

(2) **(data+i)等价于 *data[i]。

data 存储示意图如图 8.28 所示。

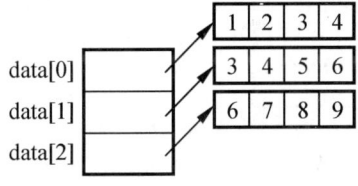

图 8.28　data 存储示意图

【例 8.16】 将 5 个英文国名按字母升序排列后输出。排序前存储示意图如图 8.29 所示，排序后存储示意图如图 8.30 所示。

程序代码如下：

```c
#include "stdio.h"
#include "string.h"
void main()
{
    void sort(char *name[],int n);
    void print(char *name[],int n);
    static char *name[]={"CHINA","AMERICA","PHILIPPINES","FRANCE","GERMAN"};
    int n=5;
```

```
        sort(name,n);
        print(name,n);
}
void sort(char *name[],int n)
{
    char *pt;
    int i,j,k;
    for(i=0;i<n-1;i++)
    {
        k=i;
        for(j=i+1;j<n;j++)
            if(strcmp(name[k],name[j])>0)k=j;
        if(k!=i)
        {
            pt=name[i];
            name[i]=name[k];
            name[k]=pt;
        }
    }
}
void print(char *name[],int n)
{
    int i;
    for(i=0;i<n;i++)printf("%s\n",name[i]);
}
```

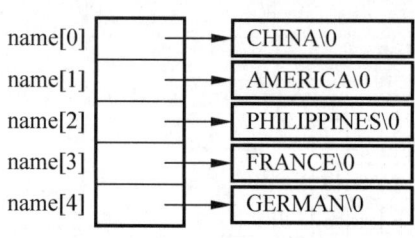
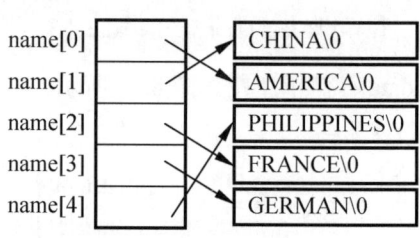

图 8.29 排序前存储示意图　　　图 8.30 排序后存储示意图

说明:(1) 普通的字符串排序方法是逐个比较之后交换字符串的物理位置, 是通过字符串复制函数完成的交换。反复地交换字符串将使程序执行的速度很慢, 用指针数组能很好地解决这个问题。把所有要排序的字符串的首地址存放在一个指针数组中, 当需要交换两个字符串时, 只需交换指针数组相应两个元素的内容(地址)即可, 而不必交换字符串本身。

(2) 本程序定义了两个函数。一个函数名为 sort, 用于完成排序, 其形参为指针数组 name, 即为待排序的各字符串数组的指针, 形参 n 为字符串的个数。另一个函数名为 print, 用于排序后字符串的输出, 其形参与 sort 的形参相同。主函数 main 中, 定义了指针数组 name, 并做了初始化赋值, 然后分别调用 sort 函数和 print 函数完成排序和输出。值得说明的是, 在 sort 函数中, 对两个字符串比较采用了 strcmp 函数,

第 8 章 指 针

strcmp 函数允许参与比较的字符串以指针方式出现。name[k]和 name[j]均为指针，因此是合法的。字符串比较后需要交换时，只交换指针数组元素的值，而不交换具体的字符串，这样将大大减少时间的开销，提高了程序的运行效率。

(3) 处理多个字符串的问题也可以用二维数组来完成，但会浪费许多内存空间。用指针数组处理多个字符串，不会浪费内存空间。例如，char name[][12]={"CHINA", "AMERICA", "PHILIPPINES", "FRANCE", "GERMAN"};，二维数组存储示意图如图 8.31 所示，每行后面的空白处就是浪费掉的内存空间。

C	H	I	N	A	\0						
A	M	E	R	I	C	A	\0				
P	H	I	L	I	P	P	I	N	E	S	\0
F	R	A	N	C	E	\0					
G	E	R	M	A	N	\0					

图 8.31 二维数组存储示意图

8.7.3 main 函数的参数

到目前为止，本书中所用到的 main 函数都是无参的，由这种无参主函数所生成的可执行文件，在执行时只需输入文件名(从操作系统的角度来看，该文件名就是命令名)，而不能输入参数。而在实际应用执行程序(或称命令)时，希望能够向其提供所需要的信息(或称参数)。

带参数的命令一般具有如下形式：

　　命令名　参数 1　参数 2 … 参数 n

其中，命令名和参数以及参数和参数之间都是由空格符隔开的。

例如，"命令名"是可执行文件 file1.exe，执行该命令时包含两个字符串参数：

```
file1 China Changchun
```

在源程序 file1.c 中，用 main 函数的参数来表示命令的参数，例如：

```
main(int argc,char *argv[])
```

其中，argc 表示命令行参数的个数(包括命令名)，指针数组 argv 用于存放参数(包括命令名)，上例中：argc=3，argv[0]="file1.exe"，argv[1]="China"，argv[2]="Changchun"。

【例 8.17】 编写程序显示命令行上的所有参数(不包括命令名)，参见图 8.32。

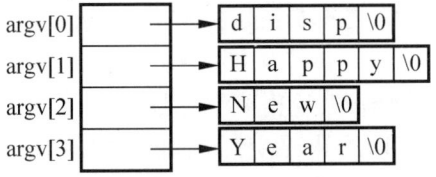

图 8.32 例 8.17 示意图

解法一：

```c
#include "stdio.h"
void main(int argc,char *argv[])
{
    int i;
    i=0;
    while(argc>1)
    {
        ++i;
        printf("%s\n",argv[i]);
        --argc;
    }
}
```

解法二：

```c
#include "stdio.h"
void main(int argc,char *argv[])
{
    while(argc-->1)
        printf("%s\n",*++argv);
}
```

假如此程序的可执行文件名为 disp.cpp，并输入以下命令行：

```
disp Happy New Year
```

则在 disp 程序中，main 函数中的参数 argc 和 argv 的值如下所示：

```
argc=4
argv[0] 指向字符串 "disp"
argv[1] 指向字符串 "Happy"
argv[2] 指向字符串 "New"
argv[3] 指向字符串 "Year"
```

执行上述命令行，将显示如下信息：

```
Happy
New
Year
```

上述程序在 Microsoft Visual C++ 2010 Express 环境下先创建新工程，然后设置项目并进行调试，在程序变量中输入：Happy New Year;，执行程序即可。

解法二说明：命令行共有 4 个参数，执行 main 函数时，argc 的初值为 4。argv 的 4 个元素分别为 4 个字符串的首地址。执行 while 语句，每循环一次 argv 值减 1，当 argv 等于 1 时停止循环，共循环 3 次，因此共输出 3 个参数。在 printf 函数中，由于打印项*++argv 是先加 1 再打印，故第一次打印的是 argv[1]所指的字符串 Happy。第二、三次循环分别打印后两个字符串。而参数 disp 是文件名，没有输出，符合题意。

第 8 章 指 针

习 题

一、选择题

1. 若有定义语句：float x;，则下列对指针变量 p 进行定义且赋初值的语句中正确的是（ ）。

    A. float *p=1024;　　　　　　　　B. int　*p=(float x);
    C. float p=&x;　　　　　　　　　　D. float *P=&x;

2. 若有定义语句：double x[5]={1.0, 2.0, 3.0, 4.0, 5.0},*p=x;，则引用 x 数组元素错误的是（ ）。

    A. *p　　　　B. x[5]　　　　C. *(p+1)　　　　D. *x

3. 有以下程序：

```
#include <stdio.h>
void main()
{   int a[ ]={1,2,3,4},y,*p=&a[3];
    --p; y=*p; printf("y=%d\n",y);
}
```

程序的运行结果是（ ）。

    A. y=0　　　　B. y=1　　　　C. y=2　　　　D. y=3

4. 有以下函数：

```
int aaa(char *s )
{   char *t=s ;
    while(*t++) ;
       t--;
    return(t-s) ;
}
```

以下关于 aaa 函数功能的叙述中正确的是（ ）。

    A. 求字符串 s 的长度　　　　　　B. 比较两个字符串的大小
    C. 将字符串 s 复制到字符串 t　　　D. 求字符串 s 所占字节数

5. 有以下程序段：

```
char s[20]= "Beijing",*p;
p=s;
```

则执行 p=s;语句后，以下叙述中正确的是（ ）。

    A. 可以用*p 表示 s[0]
    B. s 数组中元素的个数和 p 所指字符串的长度相等
    C. s 和 p 都是指针变量
    D. 数组 s 中的内容和指针变量 p 中的内容相等

6. 有以下程序：

```
#include <stdio.h>
void fun(int *s,int n1,int n2)
{   int i,j,t;
    i=n1; j=n2;
    while(i<j)   {t=s[i];s[i]=s[j];s[j]=t;i++;j--;}
}
void main()
{   int a[10]={1,2,3,4,5,6,7,8,9,0},k;
    fun(a,0,3); fun(a,4,9); fun(a,0,9);
    for(k=0;k<10;k++)
        printf("%d",a[k]);
    printf("\n");
}
```

程序的运行结果是(　　)。
　A. 0987654321　　B. 4321098765　　C. 5678901234　　D. 0987651234

7. 有以下程序：

```
#include <stdio.h>
void main()
{   char ch[]="uvwxyz",*pc;
    pc=ch; printf("%c\n",*(pc+5));
}
```

程序的运行结果是(　　)。
　A. z　　　　　　　　　　　　　　B. 0
　C. 元素 ch[5]的地址　　　　　　　D. 字符 y 的地址

8. 有以下程序：

```
#include <stdio.h>
#include <stdlib.h>
int fun(int n)
{   int *p;
    p=(int *)malloc(sizeof(int));
    *p=n; return *p;
}
void main()
{
    int a;
    a=fun(10);
    printf("%d\n",a+fun(10));
}
```

程序的运行结果是(　　)。
　A. 0　　　　　B. 10　　　　　C. 20　　　　　D. 出错

第8章 指 针

9. 有以下程序：

```
#include <stdio.h>
int fun(int (*s)[4],int n,int k)
{
    int m,i;
    m=s[0][k];
    for(i=0;i<n;i++)
        if(s[i][k]>m)
            m=s[i][k];
    return m;
}
void main()
{ int a[4][4]={{1,2,3,4},{11,12,13,14},{21,22,23,24},{31,32,33,34}};
    printf("%d\n",fun(a,4,0));
}
```

程序的运行结果是(   )。

    A. 4   B. 34   C. 31   D. 32

10. 有以下程序：

```
#include <stdio.h>
void fun(int * a, int n)  /* fun 函数的功能是将 a 所指的数组元素从大到小排序 */
{ int t,i,j;
    for(i=0;i<n-1;i++)
        for(j=i+1;j<n;j++)
            if(a[i]<a[j])    {   t=a[i];a[i]=a[j];a[j]=t;    }
}
void main()
{ int c[10]={1,2,3,4,5,6,7,8,9,0},i;
    fun(c+4,6);
    for(i=0;i<10;i++)
        printf("%d,",c[i]);
    printf("\n");
}
```

程序的运行结果是(   )。

    A. 1,2,3,4,5,6,7,8,9,0,   B. 0,9,8,7,6,5, 1,2,3,4,

    C. 0,9,8,7,6,5,4,3,2,1,   D. 1,2,3,4,9,8,7,6,5,0,

11. 有以下程序：

```
#include <stdio.h>
void fun(char *a,char *b)
{ while(*a=='*') a++;
    while(*b=*a)  {b++;a++;}
}
void main()
{ char *s="****a*b****",t[80];
```

```
        fun(s,t); puts(t);
}
```

程序的运行结果是(   )。

　　A. *****a*b　　　B. a*b　　　　　C. a*b****　　　D. ab

12. 若有定义语句：int(*f)(int);，则下列叙述中正确的是(   )。

　　A. f 是基本类型为 int 的指针变量

　　B. f 是指向函数的指针变量，该函数具有一个 int 类型的形参

　　C. f 是指向 int 类型一维数组的指针变量

　　D. f 是函数名，该函数的返回值是基本类型为 int 的地址

13. 有以下程序：

```
#include <stdio.h>
void fun(char **p)
{  ++p;
   printf("%s\n",*p);
}
void main()
{  char *a[]={"Morning", "Afternoon", "Evening","Night"};
   fun( a );
}
```

程序的运行结果是(   )。

　　A. Afternoon　　B. fternoon　　　C. Morning　　　D. orning

14. 有以下程序：

```
#include <stdio.h>
void f(int *q)
{  int i=0;
   for( ;i<5;i++)
       (*q)++;
}
void main()
{  int a[5]={1,2,3,4,5},i;
   f(a);
   for(i=0;i<5;i++)
       printf("%d,",a[i]);
}
```

程序的运行结果是(   )。

　　A. 2,2,3,4,5,　　B. 6,2,3,4,5,　　C. 1,2,3,4,5,　　D. 2,3,4,5,6,

15. 有以下程序：

```
#include <stdio.h>
void f(int n, int *r)
{  int r1=0;
   if(n%3==0)
       r1=n/3;
```

```
    else if(n%5==0)
       r1=n/5;
    else
       f(--n,&r1);
    *r=r1;
}
void main()
{   int m=7,r;
    f(m,&r);   printf("%d\n",r);
}
```

程序的运行结果是(   )。

　　A. 2　　　　　　B. 1　　　　　　C. 3　　　　　　D. 0

16. 若有定义：char *s1="hello",*s2;s2=s1;，则(   )。

　　A. s2 指向不确定的内存单元　　　B. 不能访问"hello"

　　C. puts(s1);与 puts(s2);的结果相同　D. s1 不能再指向其他单元

17. 变量的指针，其含义是指该变量的(   )。

　　A. 值　　　　B. 地址　　　　C. 名　　　　D. 一个标志

18. 若有定义：int a[10],*p=a;，则 p+5 表示(   )。

　　A. 元素 a[5]的地址　　　　B. 元素 a[5]的值

　　C. 元素 a[6]的地址　　　　D. 元素 a[6]的值

19. 若有定义：char h,*s=&h;，可将字符 H 通过指针存入变量 h 中的语句是(   )。

　　A. *s=H;　　　B. *s='H';　　　C. s=H;　　　D. s='H';

二、填空题

1. 下列程序的输出结果是_____。

```
#include <stdio.h>
void main()
{   int a[5]={2,4,6,8,10}, *p;
    p=a; p++;
    printf("%d",*p);
}
```

2. 下列程序的功能是利用指针指向 3 个整型变量，并通过指针运算找出 3 个数中的最大值，并输出到屏幕上。请填空。

```
#include <stdio.h>
void main()
{   int x,y,z,max,*px,*py,*pz,*pmax;
    scanf("%d%d%d",&x,&y,&z);
    px=&x;
    py=&y;
    pz=&z;
    pmax=&max;
    _____
```

```
        if(*pmax<*py)*pmax=*py;
        if(*pmax<*pz)*pmax=*pz;
        printf("max=%d\n",max);
}
```

3. 下列程序中，x[1]的初值是_____，程序的运行结果是_____。

```
#include <stdio.h>
void main()
{   int x[]={1,2,3,4,5,6,7,8,9,10,11,12,13,14,15,16},*p[4],i;
    for(i=0;i<4;i++)
    {   p[i]=&x[2*i+1];
        printf("%d, ",p[i][0]);
    }
    printf("\n");
}
```

4. 下列程序的输出结果是_____。

```
#include <stdio.h>
#define N 5
int fun(int *s,int a,int n)
{   int j;
    *s=a;j=n;
    while(a!=s[j]) j--;
    return j;
}
void main()
{   int s[N+1]; int k;
    for(k=1;k<=N;k++)
        s[k]=k+1;
    printf("%d\n",fun(s,4,N));
}
```

5. 下列程序的输出结果是_____。

```
#include <stdio.h>
void swap(int *a,int *b)
{   int *t;
    t=a; a=b; b=t;
}
void main()
{   int i=3,j=5,*p=&i,*q=&j;
    swap(p,q); printf("%d %d\n",*p,*q);
}
```

6. 若有定义和语句：int a[5]={1,3,5,7,9},*p;p=&a[2];，则++(*p)的值是_____。

7. 将数组 a 的首地址赋给指针变量 p 的语句是_____。

三、编程题

1. 从键盘输入 10 名学生的成绩，显示其中的最高分、最低分及平均成绩。要求利用指针编写程序。

2. 有一个字符串 s1，包含 m 个字符。自定义一个函数，将此字符串中前 n 个字符连接到另一个字符串 s2 的尾端。要求利用指针编写程序。

3. 输入一个包含数字和非数字字符的字符串，如 a123x456 7960？302tb5876，将其中连续的数字作为一个整数，依次存放到一个数组 b 中。例如，123 放入 a[0]，456 放入 a[1]，依此类推，统计共有多少个整数，并输出这些数。要求利用指针编写程序。

第9章 结构体与链表

前面已经介绍了C语言中有关数组的概念。数组中的每个元素都属于同一种数据类型，当处理大量的同类型数据时，利用数组是很方便的。

在实际应用中，常常有许多不同类型的数据也是作为一个有机整体存在的，如与日期有关的年、月、日，一名学生的信息等。如果能够把这些有关联的数据有机地结合起来并能利用一个量来管理的话，将大大提高对这些数据的处理效率。

C语言中提供的名为结构体的数据类型，就是用来描述这类数据的。

9.1 结构体类型变量的定义

结构体类型变量的定义有以下几种方法。

1. 先定义结构体类型，然后定义结构体变量

结构体类型定义的一般方式如下：

  struct 结构体名

  {

    成员表

  };

其中，struct是定义结构体类型的关键字；结构体名是此结构体类型的名字，此后可利用此结构体类型来定义相应的结构体变量；成员(也称域或分量)表部分是由一系列的变量定义组成的。

例如，有关日期的结构体类型可进行如下定义：

```
struct data
{
    int year;
    int month;
    int day;
}
```

struct data 型结构体中包含 3 个成员,它们分别为 year、month 和 day,都是整型变量。在上述结构体类型定义的基础上,可按照下列形式来定义这种类型的结构体变量:

  struct 结构体名 变量表;

例如:

```
struct data birthday;
```

它定义的 birthday 是 struct data 型结构体变量。

同其他类型的变量定义一样,在同一个结构体类型说明符下,可以同时定义多个同类型的结构体变量,变量之间用逗号隔开,例如:

```
struct data x,y,z;
```

它定义的 x、y、z 都是 struct data 型结构体变量。

需要注意的是,结构体类型的定义只说明了结构体的组织形式,它本身并不占用存储空间,只有当定义了结构体变量时,才占用存储空间。

2. 在定义结构体类型的同时定义结构体变量

这种形式的定义方式如下:

  struct 结构体名

  {

   成员表

  }变量表;

例如:

```
struct data
{
   int year;
   int month;
   int day;
}birthday,workday;
```

它定义了 struct data 结构体类型,又同时定义了 struct data 类型的结构体变量 birthday 和 workday,并且两个变量的长度就是各个成员长度的和,所以 birthday 和 workday 的长度都是 12 个字节。

3. 直接定义结构体变量

这种形式的定义方式如下:

  struct

  {

   成员表

  }变量表;

这种定义方式没有结构体名,例如:

```
struct
```

```
    {
        int year;
        int month;
        int day;
    }birthday;
```

其中，birthday 是结构体变量，该结构体中共有 3 个成员：year、month 和 day。

为了处理上的方便，可以利用 typedef 定义新的结构体名来代替上述定义的结构体名，例如：

```
    typedef struct data
    {
        int year;
        int month;
        int day;
    }DATE;
```

其中，DATE 可以用来代替 struct data 型的结构体名(应注意的是，DATE 不是变量名)，以后就可以利用 DATE 来定义 struct data 型的结构体变量，例如：

```
    DATE birthday,workday;
```

它等价于如下形式的定义：

```
    struct data birthday,workday;
```

说明：typedef 将在本章后面介绍。

4. 成员也可以又是一个结构体，即构成了嵌套的结构体

例如：

```
    struct date
    {
        int year;
        int month;
        int day;
    };
    struct st
    {
        int num;
        char name[20];
        char sex;
        struct date birthday;
        float score;
    }student1,student2;
```

首先定义一个结构体类型 date，由 year、month、day3 个成员组成。在定义并说明变量 student1 和 student2 时，其中的成员 birthday 为 data 结构体类型。成员名可与程序中其他变量同名，互不干扰。student1 和 student2 的长度都是 4+20+1+12+4=41 个字节。

9.2 结构体类型变量的引用

对结构体变量的使用是通过对其每个成员的引用来实现的。
一般形式如下:

  结构体变量名.成员名

其中,"."是结构体成员运算符,它在所有运算符中优先级最高,因此可以将上述引用结构体成员的写法看作一个整体。

例如,结构体变量 birthday 中的 3 个成员可分别表示为:

```
birthday.year=2004;
birthday.month=7;
birthday.day=1;
birthday.year++;
student1.num=2025001;        /* 第一个学生的学号为 2025001*/
student2.score=95;           /* 第二个学生的成绩为 95 分*/
```

如果成员本身又是一个结构体,则必须逐级找到最低级的成员才能使用,例如:

```
student1.birthday.month=12;  /* 第一个学生的出生月份为 12*/
```

即第一个学生出生的月份成员可以在程序中单独使用,与普通变量完全相同。

【例 9.1】 建立一个学生简单信息表,其中包括学号、姓名、性别、出生日期及一门课的成绩。要求从键盘为此学生信息表输入数据,并显示出来,参见图 9.1。

程序代码如下:

```
#include "stdio.h"
void main()
{
   struct date
     {
         int year;
         int month;
         int day;
     };
   struct st
     {
         int num;
         char name[20];
         char sex;
         struct date birthday;
         float score;
     };
   struct st student1;
   printf("输入学号:");scanf("%d",&student1.num);
   printf("输入姓名:");scanf("%s",student1.name);
   while (getchar() != '\n');/* 清除缓冲区中的换行符*/
```

```
        printf("输入性别:");scanf("%c",&student1.sex);   /* M表示男,F表示女 */
        printf("输入出生日期:");
        scanf("%d",&student1.birthday.year);
        scanf("%d",&student1.birthday.month);
        scanf("%d",&student1.birthday.day);
        printf("输入成绩:");
        scanf("%f",&student1.score);
        printf("输出该学生的信息如下:\n");
        printf("学号:%d\n",student1.num);
        printf("姓名:%s\n",student1.name);
        printf("性别:%c\n",student1.sex);
        printf("出生日期:%d 年%d 月%d 日 \n",student1.birthday.year,student1.
birthday. month, student1. birthday.day);
        printf("成绩:%4.1f\n",student1.score);
    }
```

运行结果如下:

```
输入学号:9001↙                       (输入)
输入姓名:zhangsan↙
输入性别:M↙
输入出生日期:2002 10 22↙
输入成绩:89.5↙
输出该学生的信息如下:                 (输出)
学号:9001
姓名:zhangsan
性别:M
出生日期:2002 年10 月22 日
成绩:89.5
```

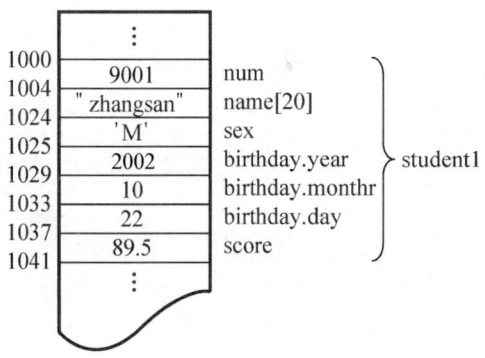

图 9.1　例 9.1 示意图

9.3　结构体的初始化

和其他类型变量一样，对结构体变量可以在定义时进行初始化赋值。对结构体变量初始化的方法是将结构体变量中各成员的初始值按顺序列在一对花括号中，各初始值之间用逗号隔开。例如：

```
struct student
{
    long int num;                    /* 学号 */
    char  name[20];                  /* 姓名 */
    char  sex;                       /* 性别 */
    char  addr[20];                  /* 地址 */
}a={89031,"Li Lin",'M',"123 Beijing Road"};
```

注意： 不能在结构体内赋初值，即不能对结构体类型初始化。例如：

```
struct student
{
    long int num=89031;
    char name[20]="Li Lin";
    char sex='M';
    char addr[30]="123 Beijing Road";
}a;
```

【**例 9.2**】 题目同例 9.1。即建立一个学生简单信息表，其中包括学号、姓名、性别、出生日期及一门课的成绩。但数据是在定义结构体变量时初始化获得的，参见图 9.1。

程序代码如下：

```
#include "stdio.h"
void main()
{
    struct date
    {
        int year;
        int month;
        int day;
    };
    struct st
    {
        int num;
        char name[20];
        char sex;
        struct date birthday;
        float score;
    };
    struct st student1={9001,"zhangsan",'M',{2002,10,22},89.5};
                            /* {2002,10,22}中的一对花括号去掉也可以 */
    printf("输出该学生的信息如下:\n");
    printf("学号:%d\n",student1.num);
    printf("姓名:%s\n",student1.name);
    printf("性别:%c\n",student1.sex);
    printf("出生日期:%d 年%d 月%d 日 \n",student1.birthday.year,student1.birthday.month,student1.birthday.day);
    printf("成绩:%4.1f\n",student1.score);
}
```

运行结果：

```
输出该学生的信息如下：        (输出)
学号:9001
姓名:zhangsan
性别:M
出生日期:2002年10月22日
成绩:89.5
```

9.4 结构体与数组

在 C 语言中，结构体可以和数组结合起来使用，这主要包括两方面内容：一是结构体中的成员可以是数组(如例 9.2 中的姓名 name)；二是数组可以说明为某种结构体类型。

9.4.1 结构体中包含数组

结构体中的成员可以是数组，既可以是一维数组，也可以是二维数组。例如，在例 9.2 的 st 结构体的基础上修改并增加一些信息，以便更详细地描述有关学生的信息，这些信息可以包括学号、姓名、年龄、性别和 3 门课的成绩，用于描述这些信息的结构体类型可进行如下定义：

```c
struct student
{   int num;
    char name[20];
    int age;
    char sex;
    float score[3];
};
```

利用 struct student 结构体类型可以定义相应的结构体变量。例如：

```c
struct student x,y;
```

其中，x、y 都是 struct student 型结构体变量。

对结构体中数组成员的引用可以通过逐个引用数组元素来实现。例如：

```c
x.score[0]=80.5;
x.score[1]=81.0;
x.score[2]=82.0;
```

分别将 80.5、81.0 和 82.0 存入 score 数组成员中的 3 个元素中。

对包含数组的结构体变量也可以进行初始化。例如：

```c
struct student x={9601,"Li Si",20,'M',90.0,91.5,92.0};
```

它为 x 结构体变量中的每个成员赋以如下初值：

```
x.num=9601,x.name="Li Si",x.age=20,x.sex='M'
x.score[0]=90.0,x.score[1]=91.5,x.score[2]=92.0
```

9.4.2 结构体数组

C 语言中的数组可以被定义为某种结构体类型。例如：

```c
struct student
{   int num;
    char name[20];
    int age;
    char sex;
    float score[3];
};
struct student s[4];
```

它定义了具有 4 个元素的结构体数组 s，其中的每个元素都是 struct student 型结构体变量，它们分别包含结构体中的各个成员。

访问数组元素中的某个结构体成员的方法与单个结构体变量相似，如利用下面的语句，可以将 s[2] 的 num 成员设置为 2021、sex 成员设置为 F：

```c
s[2].num=2021;
s[2].sex='F';
```

【例 9.3】 建立 3 名学生的信息表，每名学生的数据包括学号、姓名及一门课的成绩。要求从键盘输入这 3 名学生的信息，并按照每行显示一名学生信息的形式显示 3 名学生的信息。

程序代码如下：

```c
#include "stdio.h"
struct stud
{   int num;
    char name[20];
    float score;
};
struct stud s[3];
void main()
{
    int i;
    for(i=0;i<3;i++)
    {
        printf("输入学号:");
        scanf("%d",&s[i].num);
        printf("输入姓名:");
        scanf("%s",s[i].name);
        printf("输入成绩:");
        scanf("%f",&s[i].score);
    }
    printf("输出 3 名学生的信息如下:\n");
    for(i=0;i<3;i++)
    {   printf("学号:%-5d",s[i].num);
```

```
            printf("姓名:%-10s",s[i].name);
            printf("成绩:%-4.1f\n",s[i].score);
    }
}
```

运行结果:

```
输入学号:9001✓                    (输入)
输入姓名:zhangsan✓
输入成绩:78.5✓
输入学号:9002✓
输入姓名:lisi✓
输入成绩:88.0✓
输入学号:9003✓
输入姓名:wangwu✓
输入成绩:91.5✓
输出3名学生的信息如下:              (输出)
学号:9001   姓名:zhangsan          成绩:78.5
学号:9002   姓名:lisi               成绩:88.0
学号:9003   姓名:wangwu            成绩:91.5
```

【例9.4】 计算5名学生的平均成绩和不及格的人数，参见图9.2。

程序代码如下:

```
#include "stdio.h"
struct student
{
    int num;
    char name[20];
    char sex;
    float score;
}stu[5]={
        {1001,"杨磊",'M',55.0},
        {1002,"李军",'M',76.5},
        {1003,"刘芳",'F',94.5},
        {1004,"田惠",'F',79.0},
        {1005,"张德",'M',49.5},
        };/*对结构体数组stu进行初始化*/
void main()
{
    int i,c=0;
    float ave,s=0;
    for(i=0;i<5;i++)
    {
        s+=stu[i].score;
        if(stu[i].score<60)c+=1;
    }
    ave=s/5;
    printf("平均成绩:%f\n不及格人数:%d\n",ave,c);
}
```

运行结果：

平均成绩:70.900002　　　　　　　　　　(输出)
不及格人数:2

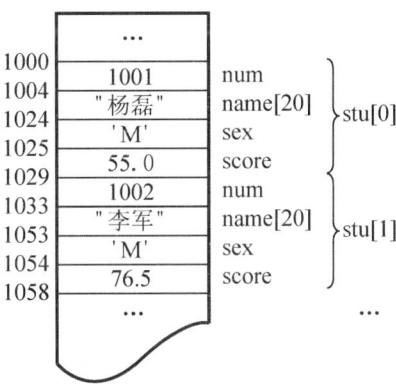

图 9.2　例 9.4 示意图

本例程序中定义了一个结构体数组 stu，共 5 个元素，并做了初始化赋值。在 main 函数中用 for 语句逐个累加各元素的 score 成员值并存储于 s 中，如 score 的值小于 60(不及格)，则计数器 c 加 1，循环完毕后计算平均成绩，并输出平均分及不及格人数。

9.5　结构体和指针

在 C 语言中，结构和指针体可以结合起来使用，这主要包含两方面的内容：一是结构体的成员可以是指针；二是指针可以指向某种结构体类型的变量。

9.5.1　结构体中包含指针

在 C 语言中，结构体的成员可以是指针类型。例如：

```
struct test
{
   int data;
   int *p;
};
```

在此结构体类型的定义中，其第一个成员是整型变量 data，第二个成员是指向整型变量的指针 p。对于这种结构体中包含的指针，在利用其进行间接访问之前，必须使其首先指向确定的变量，即把某整型变量的地址赋给 p，然后才能通过 p 来间接存取其所指向的变量。

【例 9.5】 编写程序，用于处理包含指针的结构体变量。
程序代码如下：

```
#include "stdio.h"
```

```
struct test
{
    int data;
    int *p;
};
void main()
{
    int i;
    struct test v;
    v.p=&i;
    v.data=120;
    *v.p=88;
    printf("v.data=%d\n",v.data);
    printf("*v.p=%d\n",*v.p);
    printf("i=%d\n",i);
}
```

运行结果如下：

```
v.data=120              (输出)
*v.p=88
i=88
```

说明：前已述及，当需要使用指针来间接访问某一变量时，首先必须使此指针指向该变量，这是不可缺少的。v 变量和 i 变量之间的关系如图 9.3 所示。

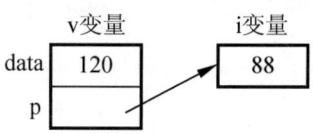

图 9.3 v 变量和 i 变量之间的关系

9.5.2 指向结构体的指针

1. 指向结构体变量的指针

一个结构体变量所占用的内存单元的起始地址(即首地址)就是该结构体变量的指针。要想获得一个结构体变量的指针，也必须使用取地址运算符&。

例如，有关日期的结构体类型可定义如下：

```
struct date
{
    int year;
    int month;
    int day;
};
```

这种结构体类型的变量可定义如下：

```
struct date birthday;
```

指向该结构体类型变量的指针定义如下：

```
struct date *p;
```

为了使指针变量 p 指向结构体变量 birthday，应将 birthday 变量的地址赋给 p，即

```
p=&birthday;
```

在上述操作的基础上，就可以利用指针 p 来间接访问 birthday 结构体变量中的每个成员。

例如，为了将 2002 赋给 birthday 变量中的 year 成员，可以使用如下语句：

```
(*p).year=2002;
```

它表示将 2002 赋给由 p 指针变量所指向的结构体变量中的 year 成员。

由于运算符"."的优先级高于运算符"*"，所以上述语句中的圆括号不能省略。

为了使用的方便和直观，通常使用指向结构体成员运算符"->"来访问结构体的成员，这样可以把(*p).year 用 p->year 来代替，例如：

```
p->year=2002;
```

是将 2002 存入由 p 所指向的结构体变量中的 year 成员中。即下列 3 条语句是等价的：

```
birthday.year=2002;
(*p).year=2002;
p->year=2002;
```

同样，语句：

```
p->month=10;
p->day=20;
```

是将 10 和 20 分别存入由 p 所指向的结构体变量中的 month 成员和 day 成员中。

【例 9.6】 编写程序，输出学生信息，利用结构体变量指针来处理结构体中的成员。

程序代码如下：

```
#include "stdio.h"
void main()
{
    struct st
    {
        int num;
        char name[20];
        char sex;
        float score;
    };
    struct st student1={9001,"zhangsan",'M',89.5};
    struct st *p=&student1;
    printf("输出该学生的信息如下:\n");
    printf("学号:%d\n",p->num);
    printf("姓名:%s\n",p->name);
```

```
        printf("性别:%c\n",p->sex);
        printf("成绩:%4.1f\n",p->score);
}
```

运行结果:

```
输出该学生的信息如下:            (输出)
学号:9001
姓名:zhangsan
性别:M
成绩:89.5
```

2. 指向结构体数组的指针变量

结构体指针变量可以指向一个结构体数组,这时结构体指针变量的值是整个结构体数组的首地址。

结构体指针变量也可指向结构体数组的一个元素,这时结构体指针变量的值是整个结构体数组元素的地址。

【例 9.7】 题目同例 9.4,计算 5 名学生的平均成绩和不及格的人数,参见图 9.4。

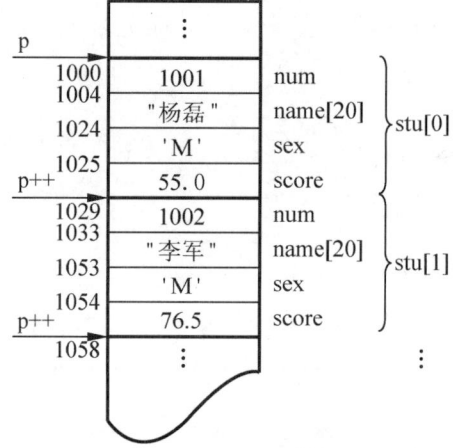

图 9.4 例 9.7 示意图

程序代码如下:

```
#include "stdio.h"
struct student
{
    int num;
    char name[20];
    char sex;
    float score;
}stu[5]={
    {1001,"杨磊",'M',55.0},
    {1002,"李军",'M',76.5},
    {1003,"刘芳",'F',94.5},
```

```
            {1004,"田惠",'F',79.0},
            {1005,"张德",'M',49.5},
        };                          /* 对结构体数组 stu 进行初始化 */
    struct student *p=stu;          /* 指针变量 p 指向结构体数组 stu 的首地址 */
    void main()
    {
        int c=0;
        float ave,s=0;
        for(;p<stu+5;p++)
        {
            s+=p->score;            /* 用指向结构体数组 stu 的指针变量 p 访问成员 */
            if(p->score<60)c+=1;
        }
        ave=s/5;
        printf("平均成绩:%f\n不及格人数:%d\n",ave,c);
    }
```

运行结果:

```
平均成绩:70.900002              (输出)
不及格人数:2
```

3. 用结构体指针变量作函数的参数

将结构体的地址传递给函数，效率高，可以修改实参的值。

【例 9.8】 题目同例 9.7，计算 5 名学生的平均成绩和不及格的人数，用结构体指针变量作函数参数，参见图 9.5。

程序代码如下：

```
#include "stdio.h"
struct student
{
    int num;
    char name[20];
    char sex;
    float score;
}stu[5]={
        {1001,"杨磊",'M',55.0},
        {1002,"李军",'M',76.5},
        {1003,"刘芳",'F',94.5},
        {1004,"田惠",'F',79.0},
        {1005,"张德",'M',49.5},
        };                          /* 对结构体数组 stu 进行初始化 */
void main()
{
    struct student *p=stu;          /* 指针变量 p 指向结构体数组 stu 的首地址 */
    void average(struct student *ps);
    average(p);
}
void average(struct student *ps)
```

```
{
    int c=0;
    float ave,s=0;
    for(;ps<stu+5;ps++)
    {
        s+=ps->score;            /* 用指向结构体数组 stu 的指针变量 ps 访问成员 */
        if(ps->score<60)c+=1;
    }
    ave=s/5;
    printf("平均成绩:%f\n 不及格人数:%d\n",ave,c);
}
```

运行结果如下：

平均成绩:70.900002　　　　　　(输出)
不及格人数:2

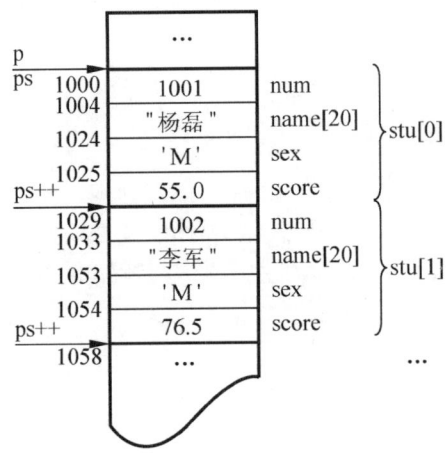

图 9.5　例 9.8 示意图

9.6　用结构体指针处理链表

9.6.1　链表介绍

C 语言允许结构体的成员可以是指向本结构体类型的指针，可以利用这一特点来构造比较复杂的数据结构体，如链表和树等。

在实际的程序设计过程中，链表是一种常用的数据结构体，它动态地进行存储分配。链表有单向链表、双向链表、环形链表等形式。本节只介绍单向链表。

链表是由被称为节点的元素组成的，节点的多少是根据需要而定的。每个节点都应该包括以下两部分的内容。

(1) 数据部分，该部分可以根据需要由多个成员组成，它存放的是需要处理的数据。

(2) 指针部分，该部分存放的是下一个节点的地址，链表中的每个节点是通过指针链接在一起的。

链表的一般结构如图 9.6 所示。其中，head 是链表的首指针，它指向链表的第一个节点；最后一个节点称为"表尾"，表尾节点的指针为空(NULL)，NULL 是链表结束标志。

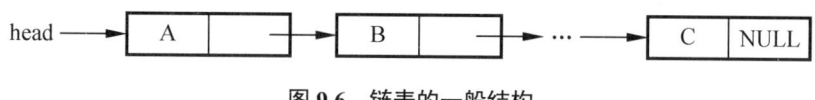

图 9.6　链表的一般结构

一般来讲，一个链表是在程序执行过程中动态建立起来的，当一个链表建立起来之后，程序中仅保留了链表首指针 head，以后对链表的所有操作，如节点的插入和删除等，都是通过首指针来进行的。

为了叙述上的方便，下面将要设计的链表中的每个节点的结构体类型定义如下：

```
struct node
{
    int data;
    struct node *next;
};
```

该结构体类型中的两个成员：一个是整型变量 data，它属于链表节点的数据部分，用户可根据自己的需要来定义(数据部分可以由多个成员组成)；另一个是指针变量 next，它是指向 struct node 型结构体变量的指针，通过它把每个节点链接起来，任何一个链表都必须有指向下一个节点的指针这一成员。

链表的基本操作有以下几种。

(1) 链表的建立。

(2) 链表的输出(遍历)。

(3) 插入节点(首先查找位置)。

(4) 删除节点(首先查找位置)。

9.6.2　动态存储分配

动态链表中的每个节点的空间是动态分配的。C 语言提供了一些内存管理函数，这些内存管理函数可以按需要动态地分配内存空间，也可把不再使用的内存空间回收待用，为有效利用内存资源提供了手段。

这些内存管理函数均在 stdlib.h 头文件中定义。

常用的内存管理函数有以下两个。

1. 申请内存空间函数 malloc

malloc 函数的调用方式为：

　　(指针所指对象的数据类型 *)malloc(sizeof(指针所指对象的数据类型)*个数)

功能：从内存中申请一块指定字节大小的连续空间，返回该存储块的首地址作为函数的返回值。如果申请空间失败，说明没有足够的空间可供分配，返回空指针 NULL。

例如：

```
int *pi;
pi=(int *)malloc(sizeof(int));       /*申请一个动态的整型存储单元*/
*pi=25;                              /*向刚申请的空间存入一个整数*/
int *pj;
pj=(int *)malloc(sizeof(int)*10);    /*申请10个动态的整型存储单元*/
```

说明：(1) 要使用函数 malloc 必须在程序中加入#include "stdlib.h"。

(2) 由于 malloc 函数返回的是 void 类型的指针，因此需要进行强制类型转换，转换为指针变量所应该指向的数据类型。

(3) 在申请空间时，应该检测 malloc 函数是否成功分配。方法是判断该函数的返回值。常用的方法如下：

```
int *p;
p=(int*)malloc(sizeof(int)*size);        /* size 是一个整型数据 */
if(p==NULL)
{
    printf("申请空间失败!");
    exit(1);
}
```

其中，exit()是系统标准函数，作用是关闭所有打开的文件，并终止程序的执行。参数 0 表示程序正常结束，非 0 表示不正常的程序结束。该函数包含在头文件 process.h 中。

2. 释放内存空间函数 free

free 函数的调用方式是：

free(指针变量名)

功能：释放以指针变量名所指的位置开始的存储块，以分配时的存储块为基准。

说明：(1) free 函数与 malloc 函数必须配对使用，使用 malloc 函数申请的空间必须用 free 函数释放。

(2) 语句"free(p);"不改变 p 的内容。该语句执行以后，就不能用任何的指针再访问这个存储区。例如，p 和 q 指向同一地址，语句"free(p);"执行以后，q 所指的空间将不能再使用，因为这部分空间已经被系统回收了。

【例 9.9】 分配一块区域，存入一个学生数据，然后显示输出。

程序代码如下：

```
#include "stdio.h"
#include "stdlib.h"
void main()
{
```

```c
    struct stu
        {
          int num;
          char *name;
          char sex;
          float score;
        } *ps;
    ps=(struct stu*)malloc(sizeof(struct stu));
    if(ps==NULL)
    {
        printf("申请空间失败!");
        exit(1);
    }
    ps->num=102;
    ps->name="李磊";
    ps->sex='M';
    ps->score=62.5;
    printf("学号:%d\n姓名:%s\n",ps->num,ps->name);
    printf("性别:%c\n成绩:%4.1f\n",ps->sex,ps->score);
    free(ps);
}
```

运行结果：

学号:102   (输出)
姓名:李磊
性别:M
成绩:62.5

本例中，首先定义了结构体类型 struct stu，以及 struct stu 类型指针变量 ps。其次分配一块 struct stu 大小的内存空间，并把首地址赋予 ps，使 ps 指向该区域。再次用 ps 对各成员赋值，并用 printf 函数输出各成员值。最后用 free 函数释放 ps 指向的内存空间。

整个程序包含了申请内存空间、使用内存空间、释放内存空间 3 个步骤，实现存储空间的动态分配。

9.6.3 链表的基本操作

下面将以一个具体的例子讲述链表的基本操作。

【例 9.10】 建立一个学生成绩信息(包括学号、姓名、成绩)的单向链表，学生记录按学号由小到大的顺序排列，要求实现对成绩信息的建立、输出(遍历)、插入和删除操作。

本例是一个有关链表的综合操作程序，采用了模块化的程序结构，程序中每个功能的实现都是通过函数来完成的，而这些函数则是在 main 函数中被统一调用的，如图 9.7 所示。

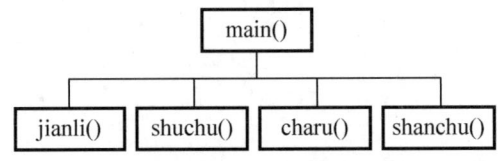

图 9.7　学生信息管理程序的功能模块结构图

　　下面程序是主控菜单程序，包括主函数、结构体定义、4 个功能函数的声明和菜单等，函数声明是 4 个功能函数调用时必备的程序段，它们需要放在其他 4 个功能函数的前面。方法是：把 4 个功能函数依次放在本程序段的后面，然后整体编译、运行即可。

　　主控菜单程序的源代码如下：

```c
/* 主控菜单程序*/
#include "stdio.h"
#include "stdlib.h"
#include "string.h"
struct student                                    /*定义结构体类型*/
{
   int num;
   char name[20];
   float score;
   struct student *next;
};
struct student *jianli();                         /*声明建立链表函数*/
void shuchu(struct student *head);                /*声明输出链表函数*/
struct student *charu(struct student *head);     /*声明插入节点函数*/
struct student *shanchu(struct student *head);   /*声明删除节点函数*/
struct student *head=NULL;
void main()                                       /*主函数*/
{
   int select;
   do{
   printf("1:建立链表\n");                        /*主控菜单*/
   printf("2:输出链表\n");
   printf("3:插入节点\n");
   printf("4:删除节点\n");
   printf("0:退出系统\n");
   printf("请选择(0～4):");
   scanf("%d",&select);
   printf("\n\n");
   switch(select)
      {
      case 1:
        head=jianli();break;
      case 2:
        shuchu(head);break;
```

```
            case 3:
              head=charu(head);break;
            case 4:
              head=shanchu(head);break;
            case 0:
              break;
            default:
              printf("只能选择 0～4,重新输入!\n");
        }
    }while(select!=0);
}
```

1. 建立动态链表

函数 jianli 的功能是完成链表的建立操作。注意：输入学生信息时，要按照学号的升序输入。参见流程图 9.8 和示意图 9.9、图 9.10。

```
/*建立链表函数*/
struct student *jianli()               /* 创建链表，并返回表头指针 */
{
    struct student *head;              /* 表头 */
    struct student *p1;                /* 新建节点 */
    struct student *p2;                /* 表尾节点 */
    int num1;
    char name1[20];
    float score1;
    head=NULL;                         /* 还没有任何节点,表头指向空 */
    printf("请输入第一个学生的学号、姓名、成绩,用空格分隔:\n");
    scanf("%d %s %f",&num1,name1,&score1);  /* 读入第一个学生数据 */
    while(num1!=-1)                    /* 假设 num=-1 表示输入结束 */
    {
        p1=(struct student *)malloc(sizeof(struct student));
/* 新建一个节点 */
        p1->num=num1;                  /* 将学号存入 num 域 */
        strcpy(p1->name,name1);        /* 将姓名存入 name 域 */
        p1->score=score1;              /* 将成绩存入 score 域 */
        p1->next=NULL;                 /* 将 next 域置为空,表示尾节点 */
        if(head==NULL)
            head=p1;                   /* 第一个新建节点是表头 */
        else
            p2->next=p1;               /* 原表尾的下一个节点是新建节点 */
        p2=p1;                         /* 新建节点成为表尾 */
        printf("请输入学生的学号、姓名、成绩,用空格分隔:\n");
        scanf("%d %s %f",&num1,name1,&score1);/* 读入下一个学生数据 */
    }
    return head;                       /* 返回表头指针 */
}
```

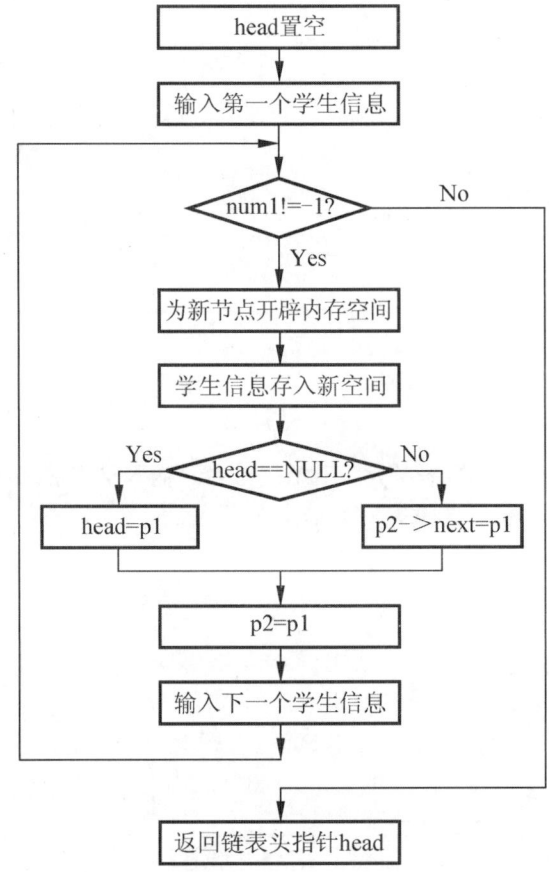

图 9.8　建立链表模块程序流程图

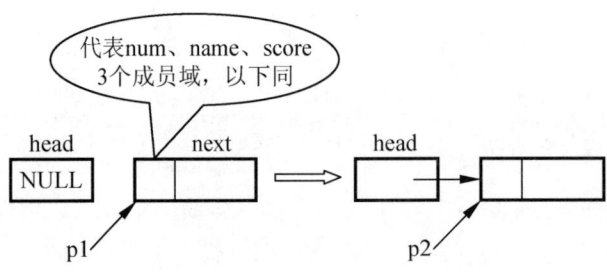

图 9.9　第一个节点加入示意图

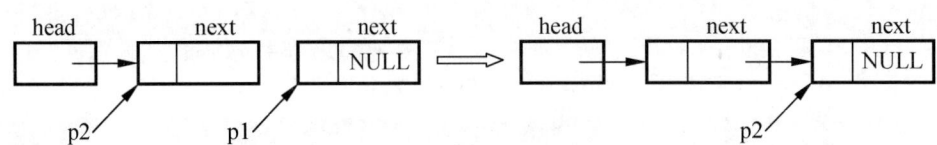

图 9.10　其他节点加入示意图

算法提示如下。

(1) 指针 head 或空或指向首节点,指针 p2 指向链表的尾节点,指针 p1 指向新开辟的节点。

(2) 由于 p1 指向的新增加的节点总是连接在链表的末尾,因此该节点的 next 域应置为空(NULL):

```
p1->next=NULL;
```

并把原来链表的尾节点的 next 域指向该新增节点,这样新增节点就连接到了链表的末尾,执行的语句为:

```
p2->next=p1;
p2=p1;
```

(3) 建立链表的第一个节点时,整个链表是空的(head 值为 NULL),这时 p1 应直接赋给 head,而不是赋给 p2->next,因为此时 p2 未指向任何节点。即执行的语句为:

```
head=p1;
```

2. 链表的输出(遍历)

函数 shuchu 的功能是完成链表的输出操作。此函数不但遍历输出了所有学生信息,还统计输出了学生人数。参见流程图 9.11 和示意图 9.12。

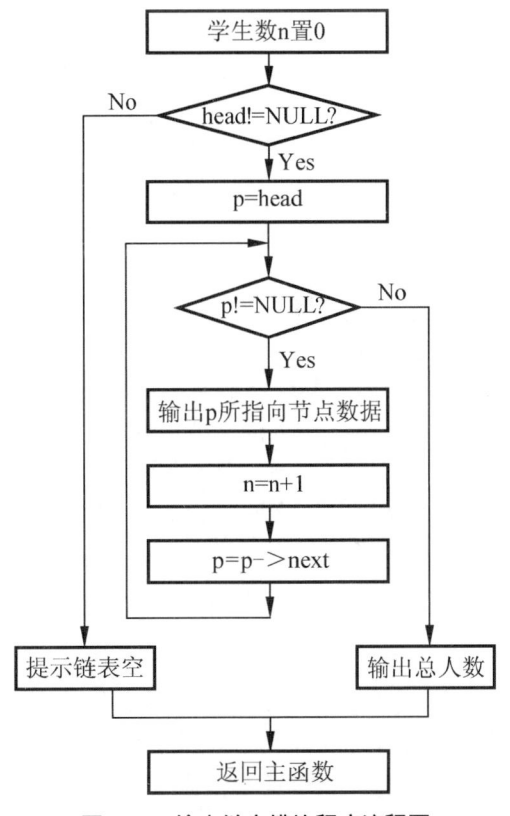

图 9.11 输出链表模块程序流程图

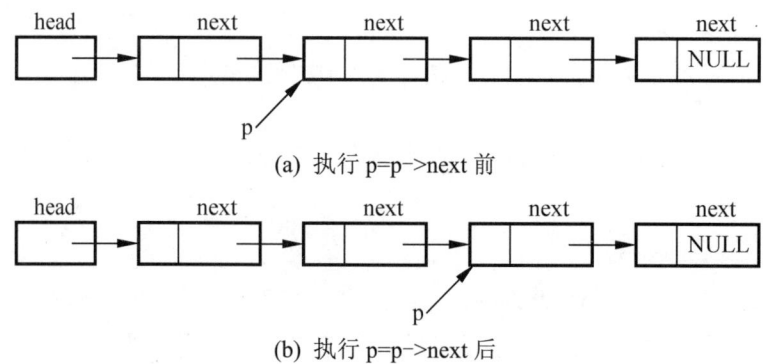

图9.12 指针 p 移动示意图

```
/*输出链表函数*/
void shuchu(struct student *head)
{
    struct student *p;
    int n=0;                                 /*统计节点数,即学生数*/
    if(head!=NULL)
    {
        printf("\n 链表中学生信息如下:\n");
        for(p=head;p!=NULL;p=p->next)
                                             /*如果到达尾节点退出循环,否则继续*/
        {
            printf("学号:%-6d 姓名:%-20s 成绩:%-6.1f\n",p->num,p->name,p->score);
            n++;
        }
        printf("学生总数:%d \n\n",n);
    }
    else
        printf("空链表!\n\n");
}
```

算法提示如下。

(1) 为了逐个输出链表中每个节点的学生信息,就要不断地从链表中取节点内容,这就需要用循环来解决问题。显然需要从链表的首节点开始,所以 for 语句中表达式 1 将 p 的初值置为表头 head,当 p!=NULL(表达式 2)时(未到尾节点),循环继续,否则循环结束。

每次循环后,p 的值将变为下一个节点的起始地址,即执行表达式 3:p=p->next。

(2) 由于各个节点在内存中不是连续存放的,不能用 p++ 来指向下一个节点(而数组可以)。

3. 插入节点

charu 函数的执行前提是:假设建立的链表各个节点已经按照学号 num 升序排列好,而且插入新节点后,链表仍然按学号 num 升序排列。

```
/*插入节点函数*/
struct student *charu(struct student *head)
```

```c
{
    struct student *p;                      /* 待插入节点 */
    struct student *p1;                     /* p 插入 p1 之后、p2 之前 */
    struct student *p2;
    p2=head;
    p=(struct student *)malloc(sizeof(struct student));
                                            /* 新建一个节点 p */
    printf("请输入学生的学号、姓名、成绩,用空格分隔:\n");
    scanf("%d %s %f",&p->num,p->name,&p->score);
                                            /* 读入要插入的学生数据*/
    if(head==NULL)                          /* 原链表是空表 */
    {
        head=p;
        p->next=NULL;
    }
    else
    {
        while((p->num > p2->num)&&(p2->next!=NULL))
                                            /*查找待插入位置*/
        {
            p1=p2;
            p2=p2->next;
        }
        if(p->num <=p2->num)
                                            /* num 从小到大排列,p 应插入表内(不是表尾) */
        {
            if(p2==head)                    /* p2 是表头节点,p 插入首节点之前 */
            {
                head=p;
                p->next=p2;
            }
            else
            {
                p1->next=p;
                p->next=p2;
            }
        }
        else                                /* p 插入表尾节点之后 */
        {
            p2->next=p;
            p->next=NULL;
        }
    }
    return(head);
}
```

算法提示如下。

(1) 为了按升序插入新的学生数据，首先要找到正确位置，然后插入新的节点。

(2) 寻找正确插入位置是一个循环过程：从链表的首节点 head 开始，把待插入的新节点(p 指向该节点)的 num 域值和链表中节点的 num 域值逐一比较，直到出现要插入节点的值比第 i 个节点 num 域值大，但比第 i+1 个节点 num 域值小。显然，p 指向的新节点应该插在第 i 个与第 i+1 个节点之间。

(3) 引入 3 个指针 p、p1、p2，p 指向待插入的新节点，p1 指向第 i 个节点，p2 指向第 i+1 个节点。p1 和 p2 的关系总是：p2 等于 p1->next。

(4) 插入原则：先连后断。先将 p 指向的新节点与第 i+1 个节点相连接，即执行 p->next=p2；再将第 i 个节点与第 i+1 个节点断开，并使其与 p 指向的新节点相连接，即执行 p1->next=p。图 9.13 给出了在第 i 个节点和第 i+1 个节点之间插入新节点 p 的过程。

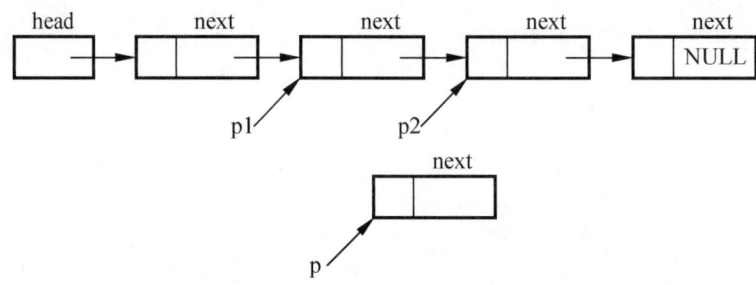

(a) 将在第 i 个节点与第 i+1 个节点之间插入节点 p

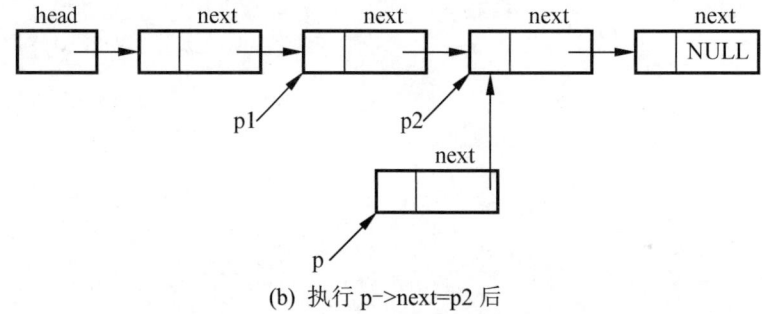

(b) 执行 p->next=p2 后

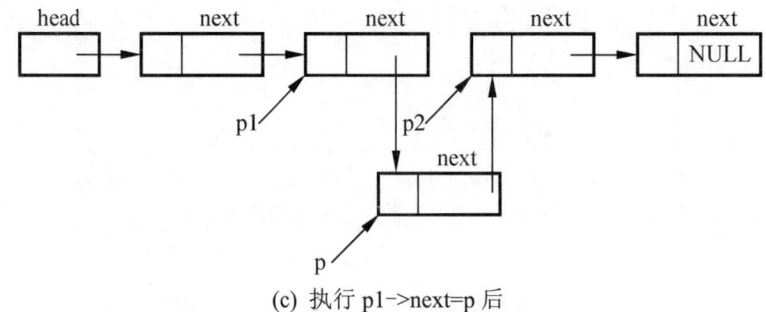

(c) 执行 p1->next=p 后

图 9.13　指针 p 移动示意图

(5) 上述插入过程只是一般化过程。在实际应用时，还要考虑以下 3 种情况。

① 原链表为空链表插入示意图如图 9.14 所示。只需将 head 指向 p，将 p->next 置为 NULL，即执行：

```
head=p;
p->next=NULL;
```

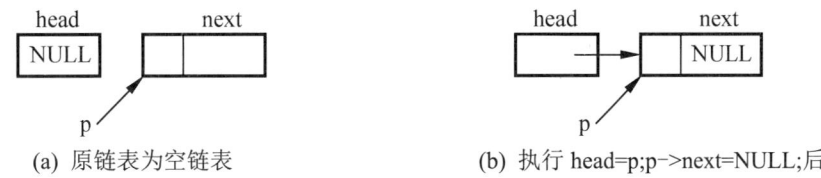

(a) 原链表为空链表　　　　　　(b) 执行 head=p;p->next=NULL;后

图 9.14　原链表为空链表时插入示意图

② 插入位置在首节点之前(即 p2 等于 head 时)时插入示意图如图 9.15 所示。将 head 指向 p，将 p2 赋值给 p->next，即执行：

```
head=p;
p->next=p2;
```

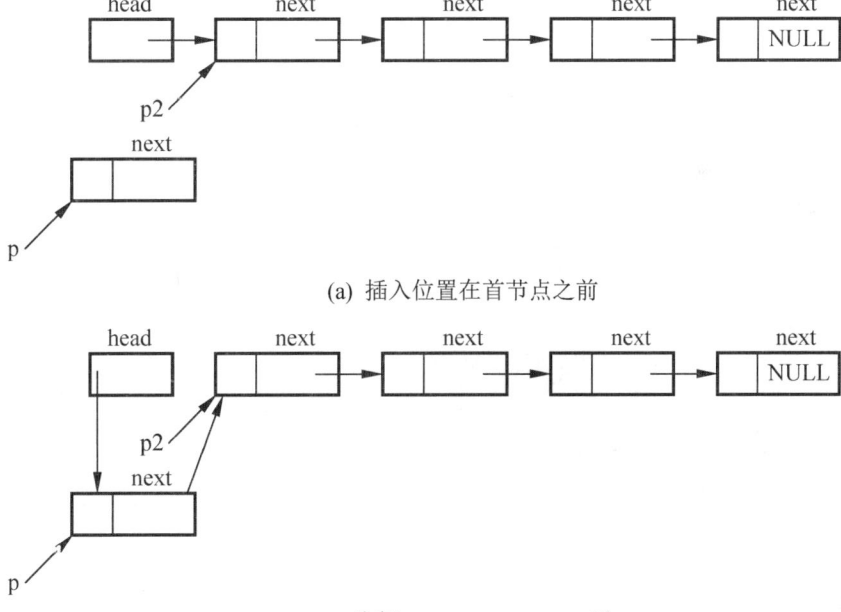

(a) 插入位置在首节点之前

(b) 执行 head=p;p->next=p2;后

图 9.15　插入位置在首节点之前时插入示意图

③ 插入位置在表尾之后时插入示意图如图 9.16 所示。将 p 赋值给 p2->next，将 p->next 置为 NULL，即执行：

```
p2->next=p;
p->next=NULL;
```

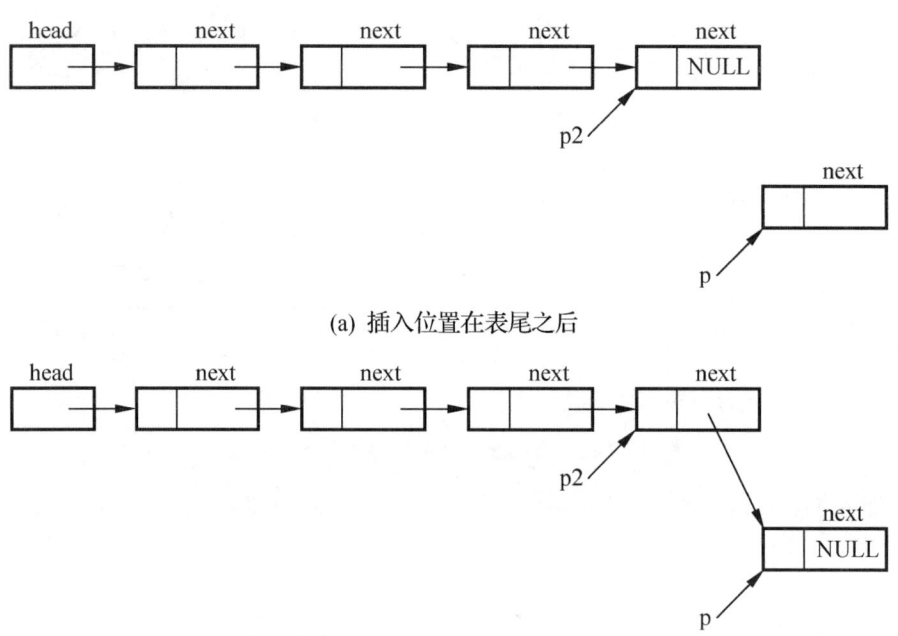

(a) 插入位置在表尾之后

(b) 执行p2->next=p;p->next=NULL;后

图 9.16　插入位置在表尾之后时插入示意图

4. 删除节点

shanchu 函数完成的功能是：从链表中删除指定学号(在变量 num1 中)的学生节点。

```
/*删除节点函数*/
struct student *shanchu(struct student *head)
{
   struct student *p2;              /* 指向要删除的节点 */
   struct student *p1;              /* 指向 p2 的前一个节点 */
   int num1;
   printf("请输入要删除的学生学号:");
   scanf("%d",&num1);
   if(head==NULL)                    /*空表*/
   {
       printf("\n 链表为空!\n\n");
       return(head);
   }
   p2=head;
   while(num1!=p2->num && p2->next!=NULL)
                                     /* 查找要删除的节点 */
   {
       p1=p2;
       p2=p2->next;
   }
   if(num1==p2->num)                 /* 找到删除的节点 */
   {
       if(p2==head)                  /* 要删除的是头节点 */
           head=p2->next;
```

```
        else                              /* 要删除的不是头节点 */
            p1->next=p2->next;
        free(p2);                         /* 释放被删除节点所占的内存空间*/
        printf("删除了学号为%ld的学生!\n\n",num1);
    }
    else                                  /* 在表中未找到要删除的节点 */
        printf("\n该学生不存在!\n\n");
    return(head);                         /* 返回新的表头 */
}
```

算法提示如下。

(1) 寻找要删除的节点位置也是一个循环过程：从头节点 head 开始逐一比较，若节点的 num 域值与要删除的学生学号(num1)相等，则把该节点删除。

(2) 引入两个指针 p1、p2，指针 p2 指向要删除的节点，指针 p1 指向 p2 的前一个节点。

(3) 删除原则：先接后删。即先将 p1 指向的节点与 p2 指向的节点(要删除的节点)的下一个节点(p2->next)连接上，然后将 p2 指向的节点(要删除的节点)的存储空间释放，删除非头节点，其示意图如图 9.17 所示。即执行：

```
p1->next=p2->next;
free(p2);
```

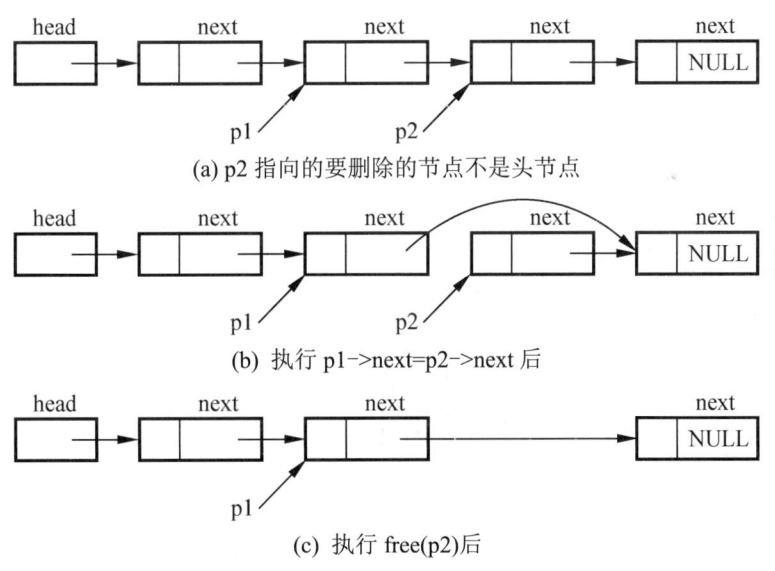

(a) p2 指向的要删除的节点不是头节点

(b) 执行 p1->next=p2->next 后

(c) 执行 free(p2)后

图 9.17 删除非头节点示意图

(4) 上述操作过程只是一般化过程。在实际应用时，还要考虑以下 3 种情况。
① 原链表为空链表，输出提示信息，返回主函数。
② 要删除的学生学号不存在，输出提示信息，返回主函数。
③ 要删除的节点是头节点，其示意图如图 9.18 所示。即执行：

```
head=p2->next;
free(p2);
```

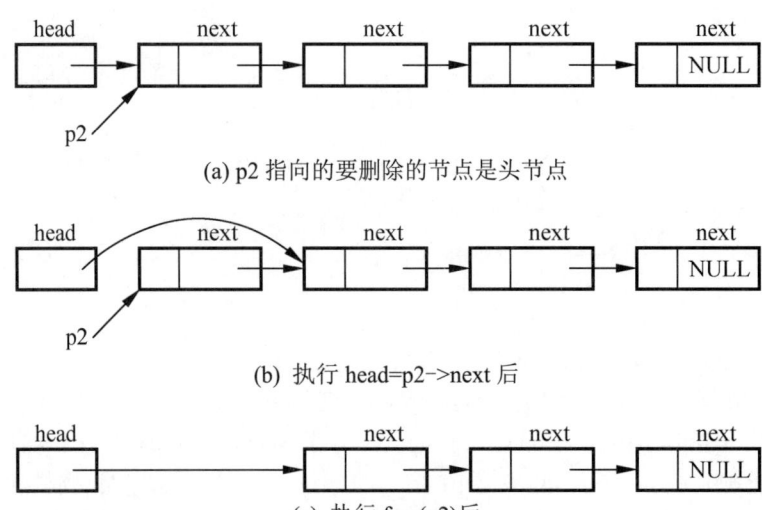

图 9.18　删除头节点示意图

9.7　共用体

在实际程序的设计过程中，有时希望在不同的时刻能够把不同类型的数据存储到同一内存单元中，C 语言中的共用体(又译为联合体)数据类型就可以满足这一要求。

共用体变量的定义方式与结构体类似，其一般形式为：

  union　共用体名

  {

   成员表

  }变量表;

在定义共用体变量时，也可以将类型定义和变量定义分开，或者直接定义共用体变量，这些与结构体变量的定义完全相似，仅仅是将关键字 struct 换成 union。

共用体变量的定义有 3 种形式(与结构体类似)。

1. 与共用体类型的定义一起定义

```
union un
{  float f;
   int i;
   char c;
}u;
```

其中，u 是共用体变量。浮点型成员 f、整型成员 i 和字符型成员 c 共用一个地址开始的内存单元(参见图 9.19)。

第 9 章 结构体与链表

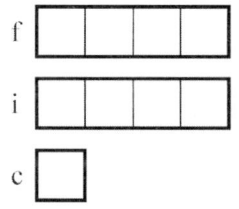

图 9.19 共用体示意图

2. 与共用体类型的定义分开定义

```
union un
{   float f;
    int i;
    char c;
};
union un u;
```

3. 不指定共用体名，直接定义共用体变量

```
union
{   float f;
    int i;
    char c;
}u;
```

尽管共用体与结构体在定义形式上类似，但它们在内存分配上是有本质区别的。

(1) 共用体：各成员占用相同的起始地址，所占内存等于最长的成员所占内存。如上述定义中的 u 占 4 个字节。

(2) 结构体：各成员占用不同的起始地址，所占内存等于全部成员所占内存之和。如将上述定义中的关键字 union 换成 struct，则 u 占 9 个字节。

对共用体变量的使用与结构体变量相似，不能直接引用共用体变量本身，而只能引用共用体变量中的成员，其引用方法也与结构体类似。例如：

```
u.f=1.5;
```

是将 1.5 赋给 u 的 f 成员。又如：

```
u.c='A';
```

是将字符常量 A 赋给 u 的 c 成员。

使用共用体变量需要注意如下几个问题。

(1) 由于共用体变量中的各个分量都共用一段存储空间，所以在任一时刻，只能有一种类型的数据存放在共用体变量中，也就是说任一时刻，只有一个分量有意义，其他分量无意义。

(2) 在引用共用体变量时，必须保证对其存储类型的一致性，如果最近一次存入共用体变量 u 中的是一个整数，那么下一次取 u 变量中的内容也应该是一个整数，否则将无法保证程序的正常工作。

(3) 共用体变量不能作函数参数,在定义共用体变量时也不能分别对其成员进行初始化。

例如,下面的初始化过程是错误的:

```
union un
{   float f;
    int i;
    char c;
}u={1.5,20,'A'};
```

共用体变量可以出现在结构体类型中,结构体变量也可以出现在共用体类型中。

【例 9.11】 假设一个学生的信息表中包括学号、姓名、性别和一门课的成绩。成绩通常可采用两种表示方法:一种是五分制,采用的是整数形式;另一种是百分制,采用的是浮点形式。现要求编写程序,输入一个学生的信息并显示出来。

程序代码如下:

```
#include "stdio.h"
union mixed
{
    int iscore;
    float fscore;
};
struct st
{
    int snum;
    char name[20];
    char sex;
    int type;
    union mixed score;
};
struct st pupil;
void main()
{
    int i;
    printf("请输入学号 姓名 性别 类型:");
    scanf("%d%s%c%c%d",&pupil.snum,pupil.name,&pupil.sex,&pupil.type);
                            /* 第一个%c 是读取姓名后的空格或回车符 */
    if(pupil.type==0)            /*采用五分制*/
    {
        printf("请输入五分制成绩:");
        scanf("%d",&pupil.score.iscore);
    }
    else if(pupil.type==1)       /*采用百分制*/
    {
        printf("请输入百分制成绩:");
        scanf("%f",&pupil.score.fscore);
    }
```

```
        printf("学号:%d 姓名:%s 性别:%c",pupil.snum,pupil.name,pupil.sex);
        if(pupil.type==0)
            printf("五分制成绩:%d\n",pupil.score.iscore);
        else if(pupil.type==1)
            printf("百分制成绩:%5.1f\n",pupil.score.fscore);
}
```

运行结果:

请输入学号 姓名 性别 类型:9001 zhangsan M 0↙	(输入)
请输入五分制成绩:4↙	
学号:9001 姓名:zhangsan 性别:M 五分制 成绩:4	(输出)

重新运行的结果:

请输入学号 姓名 性别 类型:9001 zhangsan M 1↙	(输入)
请输入百分制成绩:88.5↙	
学号:9001 姓名:zhangsan 性别:M 百分制 成绩:88.5	(输出)

说明:st 结构体中的 type 成员用于保存从键盘上输入的成绩的类型:当 type=0 时,采用五分制;当 type=1 时,采用百分制。无论成绩的输入还是输出都与 type 成员有关,type 的值是由键盘输入的。

9.8 枚举

在程序设计过程中,如果一个变量仅在很小的范围内取值,则可以把它定义为枚举类型。使用枚举类型的变量能够提高程序的可读性。

所谓"枚举"就是把所有可能的取值情况列举出来。例如,真和假表示逻辑值的两种情况,男和女是性别的两种取值情况,选修课成绩有"优""良""中""及格"和"不及格"5 种取值情况。

9.8.1 枚举类型的定义和枚举变量的定义

定义枚举类型的一般格式为:

  enum 枚举名

  {

    枚举元素表(逗号分隔)

  };

例如:

```
enum bool
{
    False,True
};
```

枚举变量的定义有 3 种形式(与结构体类似)。

1. 与枚举类型的定义一起定义

```
enum color
{
    red,green,blue,yellow,white
} select,change;
```

其中，select 和 change 是枚举变量。

2. 与枚举类型的定义分开定义

```
enum color
{
    red,green,blue,yellow,white
};
enum color select,change;
```

3. 不指定枚举名，直接定义枚举变量

```
enum
{
    red,green,blue,yellow,white
} select,change;
```

注意：(1) 枚举元素是常量，有固定的数值，按枚举的顺序分别是整数 0，1，2，…，不能将其当作变量使用，也就是说，不能在赋值号的左边使用枚举元素。
(2) 由于 red 是枚举元素，在同一个函数中语句"red=1;"就是错误的。
(3) 不能有两个相同名字的枚举元素，枚举元素也不能与其他的变量同名。

9.8.2 枚举变量的使用

枚举变量的使用与结构体变量完全不同。
如果有定义：

```
enum
{
  red,green,blue,yellow,white
} select,change;
```

正确的语句：

```
select=red;
change=white;
```

错误的语句：

```
select=red_white;
```

枚举元素作为常整数处理，编译程序把其中第 1 个枚举元素赋值为 0，第 2 个枚举元素赋值为 1，依此类推。

第 9 章 结构体与链表

```
select=red;
change=white;
```

赋值语句执行以后，select 的值为 0，change 的值为 4。

C 语言允许对某些枚举元素强制赋值，指定为整型常量，被强制赋值的枚举元素后面的值按顺序逐个增 1。例如：

```
enum color
{
    red,green,blue=5,yellow,white   /*实际值为 0，1，5，6，7*/
}c1,c2;
```

枚举变量的值和枚举元素的值可以按照整型数打印。例如：

```
c1=yellow;
printf("%d",c1);                /*值为 6*/
printf("%d",green);             /*值为 1*/
printf("%d",c1.green);          /*c1.green 是错误的引用*/
```

下面的程序段就是一个利用枚举类型增强程序可读性的例子。

```
enum bool
{
   False,True
} flag;
if(flag==False)
{…}
```

【例 9.12】 从键盘输入一个整数，显示与该整数对应的枚举常量的英文名。

程序代码如下：

```
#include "stdio.h"
void main()
{
    enum week{sun,mon,tue,wed,thu,fri,sat};
    enum week weekday;
    int i;
    printf("请输入一个整数:");
    scanf("%d",&i);
    weekday=(enum week)i;    /*强制类型转换成枚举型*/
    switch(weekday)
        {
            case sun:  printf("Sunday\n");
                       break;
            case mon:  printf("Monday\n");
                       break;
            case tue:  printf("Tuesday\n");
                       break;
            case wed:  printf("Wednesday\n");
                       break;
            case thu:  printf("Thursday\n");
```

```
                    break;
        case fri: printf("Friday\n");
                    break;
        case sat: printf("Saturday\n");
                    break;
        default: printf("Input error!\n");
                    break;
    }
}
```

运行结果如下：

```
请输入一个整数:1✓           (输入)
Monday                      (输出)
```

9.9　类型定义

C 语言不仅提供了丰富的数据类型，而且还允许用户自己定义类型说明符，也就是说，允许用户为数据类型取"别名"。类型定义符 typedef 可以完成此功能。

typedef 定义的一般形式为：

　　typedef 原类型名 新类型名;

功能：将原类型名表示的数据类型用新类型名替代，新类型名一般用大写表示，以示区别。

几种典型用法如下。

1. 用 typedef 定义整型变量

有整型变量 a、b，其说明如下：

```
int a,b;
```

其中，int 是整型变量的类型说明符。int 的完整写法为 integer，为了增加程序的可读性，可把整型说明符用 typedef 定义为：

```
typedef int INTEGER
```

以后就可用 INTEGER 来代替 int 作为整型变量的类型说明符。例如：

```
INTEGER a,b;
```

等价于：

```
int a,b;
```

用 typedef 定义数组、指针、结构等类型将带来很大的方便，不仅使程序书写简单而且使意义更为明确，因而增强了程序的可读性。

2. 用 typedef 定义数组

```
typedef char NAME[20];
```

表示 NAME 是字符数组类型，数组长度为 20。然后可用 NAME 说明变量，例如：

```
NAME a1,a2,s1,s2;
```

等价于：

```
char a1[20],a2[20],s1[20],s2[20];
```

3. 用 typedef 定义结构体类型

```
typedef struct stu
{
    char name[20];
    int age;
    char sex;
} STU;
```

定义 STU 表示 struct stu 的结构体类型，然后可用 STU 来说明结构体变量：

```
STU body1,body2;
```

等价于：

```
struct stu body1,body2;
```

4. 用 typedef 定义指针类型

```
typedef char * STRING;          /* STRING是字符指针类型 */
STRING p,s[10];                 /* p是字符指针变量，s[10]是字符指针数组 */
```

等价于：

```
char *p,*s[10];
```

9.10 应用举例

【例 9.13】 建立 100 名学生的信息登记表，每名学生的数据包括学号、姓名、性别及 5 门课程的成绩。要求：

(1) 从键盘输入 100 名学生的数据。
(2) 显示每名学生的信息及 5 门课程的平均分。
(3) 显示每门课程的全班平均分。
(4) 显示学生姓名为"zhangsan"的 5 门课程的成绩。

程序代码如下:

```c
#include "stdio.h"
#include "string.h"
#define N 100
struct student
{
   int snum;
   char name[20];
   char sex;
   float score[5];
};
struct student st[N];
main()
{
   int i,j;
   float average;
   printf("请输入学生数据:\n");
   for(i=0;i<N;i++)              /*输入所有学生的数据*/
   {  scanf("%d",&st[i].snum);
      scanf("%s",st[i].name);
      scanf("%c%c",&st[i].sex,&st[i].sex);
                                 /*第1个%c作为读入上一个数据后的空格或回车符*/
      for(j=0;j<5;j++)
         scanf("%f",&st[i].score[j]);
   }
   for(i=0;i<N;i++)              /*显示每名学生5门课的平均分*/
   {  average=0;
      for(j=0;j<5;j++)
         average+=st[i].score[j];
      average/=5;
      printf("学号:%4d 姓名:%-10s",st[i].snum,st[i].name);
      printf("性别:%c 平均分:%5.1f\n",st[i].sex,average);
   }
   for(i=0;i<5;i++)              /*显示每门课程的全班平均分*/
   {    average=0;
      for(j=0;j<N;j++)
         average+=st[j].score[i];
      average/=N;
      printf("课程%d 平均分:%5.1f\n",i+1,average);
   }
   for(i=0;i<N;i++)              /*显示"zhangsan"的成绩*/
   {
      if(strcmp(st[i].name,"zhangsan")==0)
      {
         printf("学号:%4d 姓名:%-10s",st[i].snum,st[i].name);
         printf("5门课程的成绩:");
         for(j=0;j<5;j++)
            printf("%5.1f",st[i].score[j]);
```

```
            printf("\n");
        }
    }
}
```

运行结果：(假设将 100 改为 3)

```
请输入学生数据：
9001 zhangsan M 50 60 70 80 90↵                    (输入)
9002 zhaoling F 51 61 71 81 91↵                    (输入)
9003 yanghong M 52 62 72 82 92↵                    (输入)
学号:9001 姓名:zhangsan  性别:M 平均分:70.0          (输出)
学号:9002 姓名:zhaoling  性别:F 平均分:71.0
学号:9003 姓名:yanghong  性别:M 平均分:72.0
课程 1 平均分:51.0
课程 2 平均分:61.0
课程 3 平均分:71.0
课程 4 平均分:81.0
课程 5 平均分:91.0
学号:9001 姓名:zhangsan  5 门课程的成绩:50.0 60.0 70.0 80.0 90.0
```

说明：(1) 由于有可能重名，因此在以人名为关键字查找时，把所有重名的数据全部检索出来，同时将学号也显示出来，并把每个人的信息显示在一行上。

(2) 上机调试时，可以把 100 改成 3，这样就减少了输入工作量。调试成功后再改回来。

习　　题

一、选择题

1. 下列关于结构体类型说明和变量定义中正确的是(　　)。

   A. typedef struct
      {int n; char c;}REC;
      REC t1,t2;
   B. struct REC;
      {int n; char c;};
      REC t1,t2;
   C. typedef struct REC ;
      {int n=0; char c='A';}t1,t2;
   D. struct
      {int n;char c;}REC t1,t2;

2. 有以下程序：

```
#include <stdio.h>
struct st
```

```
{   int x,y;
} data[2]={1,10,2,20};
void main()
{   struct st *p=data;
    printf("%d,",p->y);
    printf("%d\n",(++p)->x);
}
```

程序的运行结果是(   )。

    A. 10,1   B. 20,1   C. 10,2   D. 20,2

3. 有以下程序：

```
#include <stdio.h>
void main()
{   struct STU
    {   char name[9]; char sex; double score[2];
    };
    struct STU a={"Zhao",'m',85.0,90.0}, b={"Qian",'f',95.0,92.0};
    b=a;
    printf("%s,%c,%2.0f,%2.0f\n",b.name,b.sex,b.score[0],b.score[1]);
}
```

程序的运行结果是(   )。

    A. Qian,f,95,92   B. Qian,m,85,90

    C. Zhao,f,95,92   D. Zhao,m,85,90

4. 有以下程序：

```
#include <stdio.h>
#include <string.h>
typedef struct
{   char name[9];
    char sex;
    float score[2];
} STU;
void f( STU a)
{   STU b={"Zhao",'m',85.0,90.0} ; int i;
    strcpy(a.name,b.name);
    a.sex=b.sex;
    for(i=0;i<2;i++) a.score[i]=b.score[i];
}
void main()
{   STU c={"Qian",'f',95.0,92.0};
    f(c);
    printf("%s,%c,%2.0f,%2.0f\n",c.name,c.sex,c.score[0],c.score[1]);
}
```

程序的运行结果是(   )。

    A. Qian,f,95,92   B. Qian,m,85,90

    C. Zhao,f,95,92   D. Zhao,m,85,90

5. 下列关于 typedef 的叙述中错误的是(   )。
   A. 用 typedef 可以增加新类型
   B. typedef 只是将已存在的类型用一个新的名字来代表
   C. 用 typedef 可以为各种类型说明一个新名，但不能用来为变量说明一个新名
   D. 用 typedef 为类型说明一个新名，通常可以增加程序的可读性
6. 有以下程序：

```
#include <stdio.h>
struct tt
{  int x;
   struct tt *y;
} *p;
struct tt a[4]={20,a+1,15,a +2 ,30,a+3,17,a};
void main()
{  int i;
   p=a;
   for(i=1;i<=2;i++)
   { printf("%d,",p->x );p=p->y;}
}
```

程序的运行结果是(   )。
   A. 20,30,   B. 30,17,   C. 15,30,   D. 20,15,
7. 设有以下定义：

```
union data
{  int d1;
   float d2;
} demo;
```

则下列叙述中错误的是(   )。
   A. 变量 demo 与成员 d2 所占的内存字节数相同
   B. 变量 demo 中各成员的地址相同
   C. 变量 demo 和各成员的地址相同
   D. 若给 demo.d1 赋 99 后，demo.d2 中的值是 99.0
8. 有以下程序：

```
#include <stdio.h>
typedef struct
{  int b,p;
}A;
void f(A c)    /*注意：c 是结构变量名 */
{  c.b+=1; c.p+=2;
}
void main()
{  A a={1,2};
   f(a);
   printf("%d,%d\n",a.b,a.p);
```

}

程序的运行结果是( )。

  A. 2，3   B. 2，4   C. 1，4   D. 1，2

9. 有以下程序：

```
#include <stdio.h>
struct S
{ int n,a[20];
};
void f(struct S *p)
{ int i,j,t;
   for(i=0;i<p->n-1;i++)
      for(j=i+1;j<p->n;j++)
         if(p->a[i]>p->a[j])
            { t=p->a[i];p->a[i]=p->a[j];p->a[j]=t; }
}
void main()
{ int i; struct S s={10,{2,3,1,6,8,7,5,4,10,9}};
   f(&s);
   for(i=0;i<s.n;i++)
      printf("%d,",s.a[i]);
}
```

程序的运行结果是 ( )。

  A. 1,2,3,4,5,6,7,8,9,10,   B. 10,9,8,7,6,5,4,3,2,1,
  C. 2,3,1,6,8,7,5,4,10,9,   D. 10,9,8,7,6,1,2,3,4,5,

10. 有以下程序：

```
#include <stdio.h>
struct S
{ int n,a[20];
};
void f(int *a,int n)
{ int i;
   for(i=0;i<n-1;i++)   a[i]+=i;
}
void main()
{ int i;
   struct S s={10,{2,3,1,6,8,7,5,4,10,9}};
   f(s.a, s.n);
   for(i=0;i<s.n;i++)
      printf("%d,",s.a[i]);
}
```

程序的运行结果是 ( )。

  A. 2,4,3,9,12,12,11,11,18,9,   B. 3,4,2,7,9,8,6,5,11,10,
  C. 2,3,1,6,8,7,5,4,10,9,   D. 1,2,3,6,8,7,5,4,10,9,

第 9 章 结构体与链表

11. 有以下程序段：

```
typedef struct node
{  int  data;
   struct  node  *next;
} *NODE;
   NODE  p;
```

以下叙述中正确的是(   )。

   A. p 是指向 struct node 结构变量的指针的指针

   B. NODE p;语句错误

   C. p 是指向 struct node 结构变量的指针

   D. p 是 struct node 结构变量

12. 假定已建立以下链表结构，且指针 p 和 q 已指向图 9.20 所示的节点。

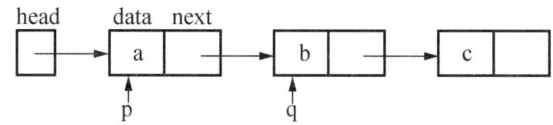

图 9.20 指针 p 和 q 指向的节点

则下列选项中可将 q 所指的节点从链表中删除，并释放该节点的语句组是(   )。

   A. (*p).next=(*q).next;free(p);   B. p=q.>next; free(q);

   C. p=q;free(q);   D. p->next =q->next; free(q);

二、填空题

1. 设有说明：struct DATE{int year;int month; int day;};，请写出一条定义语句，该语句定义 d 为上述结构体变量，并同时为其成员 year、month、day 依次赋初值 2006、10、1。该条定义语句为_____。

2. 下列程序中函数 fun 的功能是：统计 person 所指结构数组中所有性别(sex)为 M 的记录个数，存入变量 n 中，并作为函数值返回。请填空。

```
#include <stdio.h>
#define N 3
typedef struct
{  int num;
   char nam[10];
   char sex;
}SS;
int fun(SS person[])
{ int i,n=0;
  for(i=0;i<N;i++)
     if(_____=='M' ) n++;
  return n;
}
void main()
```

```
{  SS W[N]={{1,"AA",'F'},{2,"BB",'M'},{3,"CC",'M'}}; int n;
   n=fun(W); printf("n=%d\n",n);
}
```

3. 已知有以下定义：

```
union
{  int x;
   struct
   { char c1, c2;
   }b;
}a;
```

执行语句 a.x=0x1234 之后，a.b.c1 的值为_____(用十六进制表示)，a.b.c2 的值为_____(用十六进制表示)。

4. 函数 min 的功能是：在带头节点的单链表中查找数据域中值最小的节点。请填空。

```
#include <stdio.h>
struct node
{  int data;
   struct node *next;
};
int min(struct node *first)  /* 指针 first 为链表头指针 */
{  struct node *p; int m;
   p=first->next; m=p->data; p=p->next ;
   for(  ;p!= NULL;p=_____)
      if( p->data<m )   m=p->data;
   return m;
}
```

5. 函数 fun 的功能是构建一个如图 9.21 所示的带头节点的单向链表，在节点数据域中放入具有 2 个字符的字符串。函数 disp 的功能是显示输出该单向链表中所有节点中的字符串。请填空完成函数 disp。

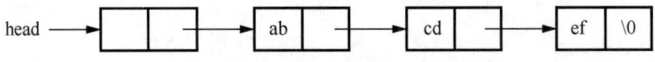

图 9.21 带头节点的单向链表

```
#include <stdio.h>
typedef struct  node   /*链表节点结构*/
{  char sub[3];
   struct node *next;
}Node;
Node fun(char s)   /*建立链表*/
{…}
void disp(Node *h)
{  Node *p;
   p=h->next;
   while (_____)
```

```
    {  printf("%s\n",p->sub);   p=_____;}
}
void main()
{   Node   *hd;
    hd=fun();disp(hd);printf("\n");
}
```

三、编程题

1. 定义一个保存一个学生数据的结构体变量，其中包括学号、姓名、性别、家庭住址及 3 门课的成绩，从键盘输入这些数据并显示出来。

2. 输入 10 本书的名称和单价，按照单价由低到高进行排序后输出。

3. 读入一行字符(如 a、b、……、y、z)，按输入时的逆序建立一个链接式的节点序列，即先输入的字符位于链表尾(图 9.22)，再按输入的相反顺序输出字符，并释放全部节点。

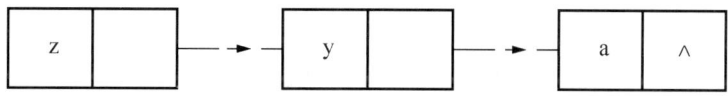

图 9.22　逆序建立链接式节点序列示意图

第 10 章 文 件

在前面章节程序中，数据的输入和输出都是以终端为对象的，即从终端键盘输入数据，程序的运行结果输出到终端显示器上。实际上，为了提高数据输入和输出的处理效率，C语言程序中的数据也可以由文件输入，或者输出到文件中。

10.1 文件概述

所谓"文件"是指一组相关数据的有序集合。这个数据集有一个名称，叫作文件名。实际上在前面的各章中已经多次使用了文件。例如，源程序文件、目标文件、可执行文件、库文件(头文件)等。本章所讲述的是数据文件。

数据文件是一组数据的有序集合，通常是驻留在外部介质(如磁盘等)上的，在使用时才调入内存中来。如果文件存储在磁盘等外部介质上，文件中的数据就可以永久(理论上)地保存。

读操作：从外部介质中将文件中的读取数据到内存的过程，也称输入。

写操作：从内存中将数据存储到文件中的过程，也称输出。

从不同的角度可对文件进行不同的分类。从文件编码的方式来看，文件可分为 ASCII 文件和二进制文件两种。

1. ASCII 文件

ASCII 文件也称文本文件，这种文件在磁盘中存放时每个字符对应一个字节，用于存放对应的 ASCII 码。

例如，数 5678 的存储形式如下。

ASCII 码:	00110101	00110110	00110111	00111000
	↓	↓	↓	↓
十进制码:	5	6	7	8

5678 共占用 4 个字节。ASCII 文件可在显示器上按字符显示。例如,源程序文件就是 ASCII 文件,用 Windows 中的记事本可显示文件的内容。由于是按字符显示,因此能读懂文件内容。

2. 二进制文件

二进制文件是按二进制的编码方式来存放文件的。

例如,数 5678 的存储形式为(假设以短整型存储):

00010110　　00101110

只占两个字节。二进制文件虽然也可在显示器上显示,但其内容无法读懂。

C 语言在处理这些文件时,并不区分类型,都看作字符流,按字节进行处理。

输入/输出字符流的开始和结束只由程序控制而不受物理符号(如回车符)的控制。因此,也把这种文件称为"流式文件"。

3. 二者优缺点

(1) ASCII 文件的优点是容易看懂,直接用文本编辑软件(如记事本)就可以编辑显示文件的内容,且可移植性强,因为 ASCII 字符集是国际标准;缺点是其占用空间大。

(2) 二进制文件的优点是占用空间小,在文件和内存之间进行数据传输时不必进行转换;缺点是用一般的文字处理软件来显示二进制文件,其内容是看不懂的,即会出现所谓的"乱码"现象。

多数 C 语言编译系统都提供两种文件处理方式:缓冲文件系统和非缓冲文件系统。

(1) 缓冲文件系统又称高级文件系统,它是通过自动开辟一个内存缓冲区来输入和输出数据的,当向外存储器中的文件输出数据时,首先将数据送到内存储器的缓冲区中,当缓冲区充满之后,再输出到磁盘文件中;当从磁盘文件读取数据时,它首先读入一批数据存入内存储器的缓冲区中,然后逐个传递到程序数据区中,这个处理过程对用户来讲是完全透明的,如图 10.1 所示。

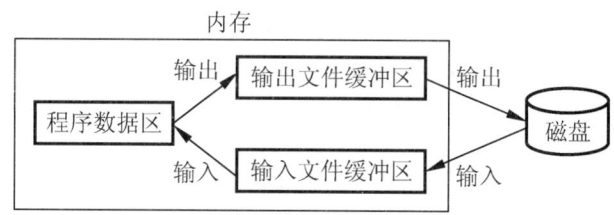

图 10.1　缓冲文件系统工作原理图

(2) 非缓冲文件系统又称低级文件系统,它所提供的文件输入、输出函数更接近于操作系统,在输入/输出数据时,它并不自动开辟一个内存缓冲区,而是由用户根据所处理数据的大小在程序中设置数据缓冲区。

C 语言没有提供对文件进行操作的语句,所有的文件操作都是利用 C 语言编译系统所提供的库函数来实现的。

本章只讲述与缓冲文件系统相关的函数。

10.2　文件类型指针

无论使用什么文件系统，在对文件进行操作时，都必须遵循以下3个步骤。
(1) 打开文件。
(2) 处理文件(包括读文件、写文件等)。
(3) 关闭文件。

每个文件在使用之前都必须先打开，只有在文件打开之后才能进行读、写等操作，当文件操作结束时，就要关闭它。

每个文件被打开或创建之后，都存在一个唯一确定该文件的文件标识，以后对文件的处理(包括读、写等操作)就可以通过该文件标识来进行。

对于缓冲文件系统来讲，其文件标识被称为文件类型指针，它的定义形式如下：

```
FILE *fp;        /* fp是变量名，只要符合标识符命名规则即可 */
```

其中，FILE是由编译系统定义的一种结构体类型(在stdio.h头文件中已经定义好)，其中存放着有关文件的一些信息，这些信息对用户来讲是不需要了解的。fp是指向FILE结构体类型的指针变量，它是在打开或创建文件时获得的。

通过打开或创建文件而获得文件类型指针fp之后，就可以通过fp来对文件进行操作了。

10.3　文件的打开与关闭

从这一节开始，将介绍几个常用的由缓冲文件系统所提供的函数。在使用这些函数的源文件时，需要使用#include命令来包含stdio.h文件。

10.3.1　文件打开函数fopen

文件在读写操作前，都要进行"打开"操作。打开文件功能用于建立系统与要操作的某个文件之间的关联，将返回值赋值给文件指针。在以后的读写操作中就可以通过文件指针来访问打开的文件。成功打开文件后，系统会自动为该文件建立一个读写位置指针，指向相应的位置。随着读写操作的进行，位置指针会自动移动。

当文件刚打开或创建时，该指针指向文件的开始位置(文件首)。

fopen函数的调用方式如下：

　　FILE *fp;
　　fp=fopen(文件名,打开方式);

说明：(1) 该函数有返回值。如果执行成功，函数将返回FILE结构体地址，赋给文件指针fp。否则，返回NULL(空值)。

(2) "文件名"是指要打开的文件的名字，它是一个字符串；"打开方式"是指对打开文件的访问形式，也是字符串形式。例如：

```
fp=fopen("c:\\data.txt","r");
```

它表示要打开 c 盘根目录下名为 data.txt 的文本文件,其中'\\'是转义字符,表示'\';打开方式为"只读"。

(3) 文件的打开方式共有 12 种,见表 10-1(6 种)及该表下方的说明(6 种)。

表 10-1　文件的打开方式及含义

文件的打开方式	含义
r	(只读)以只读方式打开一个文本文件,只允许读数据。 　　若文件已经存在,打开成功后,位置指针指向文件首部的第一个字节; 　　若文件不存在,则打开失败,返回空指针 NULL
w	(只写)以只写方式打开一个文本文件,只允许写数据。 　　若文件已经存在,则删除旧文件,建立新文件; 　　若文件不存在,则建立一个新的文件
a	(追加)以追加方式打开一个文本文件,只能在文件末尾写数据。 　　若文件已经存在,打开成功后,位置指针自动指向文件末尾; 　　若文件不存在,则建立一个新的文件
r+	(读写)以读写方式打开一个文本文件,允许读和写。 　　若文件已经存在,先从文件读取数据,处理后再写回文件; 　　若文件不存在,则打开失败,返回空指针 NULL
w+	(读写)以读写方式打开一个文本文件,允许读和写。 　　若文件已经存在,将覆盖原有数据,还可以再读取数据; 　　若文件不存在,则建立一个新的文件
a+	(读/追加)以读和追加方式打开一个文本文件,允许读或追加。 　　若文件已经存在,可在末尾追加数据,还可以读取数据; 　　若文件不存在,则建立一个新的文件

说明:如果在上述文件打开方式上附加字母"b",则是以同样的方式打开二进制文件,即打开二进制文件也有类似的 6 种方式: rb、wb、ab、rb+、wb+、ab+。

正确打开文件的程序段一般是:

```
if((fp=fopen("data.txt","r"))==NULL)
{
   printf("不能打开该文件!\n");
   exit(0);
}
else
{
   .../* 文件处理 */
}
```

10.3.2 文件关闭函数 fclose

文件在使用完之后就要执行"关闭"操作，即使文件指针与文件"脱钩"。

fclose 函数的调用形式如下：

  fclose(fp);

其中，fp 为文件类型指针，它是在文件打开时获得的。

对文件执行了关闭操作之后，要想再一次执行读写操作，就必须再一次执行"打开"操作。

如果文件使用完之后不关闭，就有可能出现如下两个问题。

(1) 使用 fopen 函数打开一个文件之后，系统自动为其在内存中分配一个文件缓冲区，以后对文件的输入、输出操作都是通过文件缓冲区来进行的。也就是说，并不是每执行一次向文件写的操作(函数)，都将数据写到磁盘上，而是先把数据存入文件缓冲区中，只有当文件缓冲区满时才把文件缓冲区中的数据真正写到磁盘上。这样，在文件操作结束后，如果不执行 fclose 函数的话，将有可能丢失暂存在文件缓冲区中的数据。因此，在文件操作完成后，需要执行 fclose 函数，以便由 fclose 函数将文件缓冲区的数据写入磁盘，并释放文件缓冲区。

(2) 由于每个系统允许打开的文件数是有限制的，如果不关闭已处理完的文件，将有可能影响对其他文件的打开操作(因打开的文件太多)。所以，当一个文件使用完之后，应立即关闭它。

10.4 文件的读写操作

C 语言提供了下面几组常用函数用于文件的读写操作。
(1) 字符读写函数：fgetc 和 fputc。
(2) 格式化读写函数：fscanf 和 fprintf。
(3) 数据块读写函数：fread 和 fwrite。
(4) 字符串读写函数：fgets 和 fputs。

10.4.1 字符读写函数：fputc 和 fgetc

1. fputc 函数

文件写操作是指将程序中的数据输出到磁盘文件中。每调用完相应的写函数，文件的读写指针都将自动地移到下一次读写的位置上。

fputc 函数调用形式如下：

  fputc(字符变量,文件指针)

功能：将一个字符输出到指定的磁盘文件中。

例如：

```
fputc(c,fp);
```

其中，c 是要输出的字符；fp 是文件类型指针。

当函数调用成功时，fputc 函数将返回已输出的字符，否则将返回 EOF(End Of File)，EOF 是符号常量，值为-1。其值在 stdio.h 头文件中定义。

【例 10.1】 编写程序，接收键盘输入的一行字符，并将其写入一个文件。

程序代码如下：

```
#include "stdio.h"
#include "process.h"
void main()
{
   FILE *fp;                                      /*定义文件指针*/
   char c;
   if((fp=fopen("c:\\data1.dat","w"))==NULL)      /*打开文件*/
   {  printf("不能打开文件!\n");                    /*打开失败,程序退出运行*/
      exit(1);
   }
   else
      for(c=getchar();c!='\n';c=getchar())        /*循环从键盘接收字符*/
         fputc(c,fp);                             /*写字符到文件中*/
   fclose(fp);                                    /*关闭文件*/
}
```

【例 10.2】 编写程序，在文件 data1.dat 中追加内容 "hello"。

程序代码如下：

```
#include "stdio.h"
#include "process.h"
void main()
{
    FILE *fp;                                     /*定义文件指针*/
    char *p;
    char s[]="hello";                             /*准备加入文件的字符串*/
    if((fp=fopen("c:\\data1.dat","a"))==NULL)     /*打开文件*/
    {
        printf("不能打开文件!\n");
        exit(1);                                  /*打开失败,程序退出运行*/
    }
    else
    {
        for(p=s;*p!='\0';p++)
            fputc(*p,fp);                         /*循环将字符串中的字符写入文件*/
        fclose(fp);                               /*关闭文件*/
    }
}
```

2. fgetc 函数

文件读操作是指从磁盘文件向程序输入数据的过程。每调用一次相应的读函数，文件的读写位置指针都将自动地移到下一次读写的位置上。

fgetc 函数调用形式如下：

字符变量=fgetc(文件指针)

功能：从指定的文件读入一个字符，赋给指定的字符变量。

例如：

```
char c;
...
c=fgetc(fp);
```

其中，fp 是文件类型指针；c 中存放着读入的一个字符。

如果遇到文件结束符，即文件位置指针指向了文件末尾，fgetc 函数将返回文件结束标志 EOF，feof 函数返回 1；否则 feof 函数返回 0(NULL)。feof 函数用于判断文件位置指针是否处于文件末尾，是非常实用的一个函数，请牢记。

【例 10.3】 编写程序：将例 10.1 和例 10.2 中建立的文件 data1.dat 的内容显示在显示器上。

程序代码如下：

```
#include "stdio.h"
#include "process.h"
void main()
{
    FILE *fp;                        /*定义文件指针*/
    char c;
    if((fp=fopen("c:\\data1.dat","r"))==NULL)    /*打开文件*/
    {
        printf("不能打开文件!\n");
        exit(1);                    /*打开失败，程序退出运行*/
    }
    else
    {
        c=fgetc(fp);
        while(c!=EOF) /*可用 while(feof(fp)==NULL)或 while(!feof(fp))代替*/
        {
            putchar(c);   /*循环从文件中读入字符，在显示器上显示*/
            c=fgetc(fp);
        }
        putchar('\n');
        fclose(fp);                 /*关闭文件*/
    }
}
```

10.4.2 格式化读写函数：fprintf 和 fscanf

1. fprintf 函数

fprintf 函数与 printf 函数相似，都是格式化写函数，其差别为 printf 函数的输出对象是终端显示器，而 fprintf 函数的输出对象是磁盘中的数据文件。

fprintf 函数的调用形式如下：

fprintf(文件类型指针,格式控制字符串,输出表列)

功能：将"输出表列"中相应变量的数据经过相应的格式转换后，输出到由"文件类型指针"所标识的文件中。

例如，下面的语句把变量 a 和 b 的值分别按%d 和%f 的格式输出到由 fp 所标识的文件中。

```
int a;
float f;
…
a=10;
f=5.2;
fprintf(fp,"%d%f",a,b);
```

一般来讲，由 fprintf 函数写入磁盘文件中的数据，应由 fscanf 函数以相同格式从磁盘文件读出来使用。

2. fscanf 函数

fscanf 函数与 scanf 函数相似，都是格式化读函数，其差别为 scanf 函数是从终端键盘输入，而 fscanf 函数是从磁盘中的数据文件读入。

fscanf 函数的调用形式如下：

fscanf(文件类型指针,格式控制字符串,地址表列)

功能：从文件类型指针所标识的文件读入一字符流，经过相应的格式转换后存入"地址表列"的对应变量中，其中格式控制部分的内容和 scanf 函数完全一样。

例如，磁盘文件上有如下字符串：

```
10,9.8,100
```

则下面语句的调用结果是将 10 存入变量 a 中，9.8 存入变量 f 中，100 存入变量 b 中。

```
int a,b;
float f;
fscanf(fp,"%d,%f,%d",&a,&f,&b);
```

需要注意的是，在利用 fscanf 函数从文件中进行格式化输入时，一定要保证格式说明符与所对应的输入数据的一致性，否则将会出现错误。

通常的做法是：用什么格式写入的数据，就应该用什么格式来读出。

【例 10.4】 从键盘输入 3 名学生的数据，写入文件 data2.dat 中，再读出这 3 名学生的数据，显示在显示器上。

程序代码如下：

```
#include "stdio.h"
#include "process.h"
struct stu
{
```

```
        int num;
        char name[20];
        float score;
    }sa[3],sb[3],*pa,*pb;
    void main()
    {
        FILE *fp;
        int i;
        pa=sa;
        pb=sb;
        if((fp=fopen("c:\\data2.dat","wb+"))==NULL)
        {
            printf("不能打开文件!");
            exit(1);
        }
        printf("\n 请输入数据:\n");
        for(i=0;i<3;i++,pa++)        /*循环 3 次,每次从键盘输入一名学生的数据*/
            scanf("%d %s %f",&pa->num,pa->name,&pa->score);
        pa=sa;                       /*使 pa 重新指向数组 sa 的首地址*/
        for(i=0;i<3;i++,pa++)        /*循环 3 次,每次向文件中写入一名学生的数据*/
            fprintf(fp,"%d %s %f \n",pa->num,pa->name,pa->score);
        rewind(fp);                  /*把文件内部的位置指针移到文件的开头,本章后面介绍*/
        for(i=0;i<3;i++,pb++)        /*循环 3 次,每次从文件中读出一名学生的数据*/
            fscanf(fp,"%d %s %f",&pb->num,pb->name,&pb->score);
        printf("\n\n 学号\t 姓名    成绩\n");
        pb=sb;                       /*使 pb 重新指向数组 sb 的首地址*/
        for(i=0;i<3;i++,pb++)        /*循环 3 次,每次在显示器上显示一名学生的数据*/
            printf("%5d\t%s %f\n",pb->num,pb->name,pb->score);
        fclose(fp);
    }
```

本程序定义了一个结构体类型 struct stu,说明了两个结构体数组 sa 和 sb,以及两个结构体指针变量 pa 和 pb。pa 指向 sa,pb 指向 sb。程序以读写方式打开二进制文件 data2.dat,输入 3 名学生的数据之后,写入该文件,然后把文件内部位置指针移到文件首,读出 3 名学生的数据后,在显示器上显示。

本程序中 fscanf 和 fprintf 函数每次只能读写一个结构体数组元素,因此采用了循环语句来读写全部数组元素。还要注意指针变量 pa、pb,由于循环改变了它们的值,因此在程序的第 23 行和第 30 行分别对它们重新赋予了数组的首地址。

10.4.3 数据块读写函数:fwrite 和 fread

1. fwrite 函数

fwrite 函数的调用形式如下:

fwrite(buffer,size,count,fp)

功能:将一组数据输出到指定的磁盘文件中。

说明:(1) buffer:用于存放每个数据项的缓冲区首地址。

(2) size：输出的每个数据项的字节数。

(3) count：要输出多少个 size 字节的数据项。

(4) fp：文件类型指针。

例如，要利用 fwrite 函数将 x 数组中的 5 个浮点型数据输出到磁盘文件中，则 fwrite 函数的参数可设置如下：

```
static float x[5]={1.1,2.2,3.3,4.4,5.5};
…
fwrite(x,4,5,fp);
```

其中，第 2 个参数 4 是指每个浮点型数据占 4 个字节。

2. fread 函数

fread 函数的调用形式如下：

fread(buffer,size,count,fp)

功能：从指定的文件中读入一组数据。

说明：(1) buffer：用于存放每个数据项的缓冲区首地址。

(2) size：读入的每个数据项的字节数。

(3) count：要读入多少个 size 字节的数据项。

(4) fp：文件类型指针。

例如，要利用 fread 函数从 fp 所指定的文件读入 3 个整型数据，则 fread 函数中的参数可设置如下：

```
int x[3];
…
fread(x,4,3,fp);
```

其中，第 2 个参数 4 是指每个整型数据占 4 个字节，所读入的数据将存放到 x 数组中。

【例 10.5】 同例 10.4，即从键盘输入 3 名学生的数据，写入文件 data2.dat 中，再读出这 3 名学生的数据，显示在显示器上。

程序代码如下：

```
#include "stdio.h"
#include "process.h"
struct stu
{
    int num;
    char name[20];
    float score;
}sa[3],sb[3],*pa,*pb;
void main()
{
    FILE *fp;
    int i;
    pa=sa;
    pb=sb;
```

```
        if((fp=fopen("c:\\data2.dat","wb+"))==NULL)
        {
            printf("不能打开文件!");
            exit(1);
        }
        printf("\n 请输入数据:\n");
        for(i=0;i<3;i++,pa++)              /* 循环 3 次,每次从键盘输入一名学生的数据*/
            scanf("%d %s %f",&pa->num,pa->name,&pa->score);
        pa=sa;
        fwrite(pa,sizeof(struct stu),3,fp);
                        /* 将 pa 指向的 3 名学生的数据存入 fp 指向的文件 data2.dat 中 */
        rewind(fp);       /* 把文件内部的位置指针移到文件的开头*/
        fread(pb,sizeof(struct stu),3,fp);
                        /* 从文件中读入 3 名学生的数据,将首地址赋给 pb*/
        printf("\n\n 学号\t 姓名    成绩\n");
        for(i=0;i<3;i++,pb++)
                        /* 循环 3 次,每次在显示器上显示一名学生的数据*/
            printf("%5d\t%s %f\n",pb->num,pb->name,pb->score);
        fclose(fp);
    }
```

与例 10.4 不同,本程序因为采用了数据块读写函数 fwrite 和 fread,所以不需要采用循环语句,只需要一个语句就可以把 3 名学生的数据一次性写入或读出。

10.4.4　字符串读写函数:fputs 和 fgets

1. fputs 函数

fputs 函数的调用方式如下:

  fputs(字符串,文件指针 fp)

功能:将字符串写入与文件指针建立联系的文件。

说明:字符串可以是字符串常量,也可以是字符数组名,或者是字符型指针变量。

例如,将字符串 "welcome" 写入与文件指针 fp 建立联系的文件中。

```
fputs("welcome",fp);
```

2. fgets 函数

fgets 函数的调用方式如下:

  fgets(str,n,文件指针 fp)

功能:从指定文件读入一个字符串。

说明:(1) str 是字符数组名或指针变量名。

(2) n 指明读入的字符个数,但只从 fp 指向的文件读入 n-1 个字符,然后在最后加一个'\0'字符,因此得到的字符串共有 n 个字符,把它们存放到字符数组 str 中。如果在读完 n-1 个字符之前遇到换行符或 EOF,读入即结束。

(3) fgets 函数返回值是字符数组 str 的首地址。若文件为空或文件位置指针已经指向文件末尾，则返回 NULL。

【例 10.6】将字符串 red、green 和 blue 写入磁盘文件 data3.dat，然后从该文件中读出，显示到显示器上。

程序代码如下：

```
#include "stdio.h"
#include "process.h"
#include "string.h"
void main()
{
    FILE *fp;
    int i;
    char a[3][20]={"red","green","blue"},b[20],*p=b;
    if((fp=fopen("c:\\data3.dat","w"))==NULL)
    {
        printf("不能打开文件!");
        exit(1);
    }
    for(i=0;i<3;i++)              /* 循环 3 次，每次向文件中写入一个字符串 */
        fputs(a[i],fp);
    fclose(fp);
    if((fp=fopen("c:\\data3.dat","r"))==NULL)
    {
        printf("不能打开文件!");
        exit(1);
    }
    i=0;
    while(fgets(p,strlen(a[i++])+1,fp)!=NULL)
    {                             /* 循环 3 次，每次从文件中读入一个字符串，并显示出来 */
        puts(p);
    }
    fclose(fp);
}
```

10.5 文件定位函数

10.5.1 rewind 函数

前已述及，文件的读写操作是从文件的读写位置开始的，每进行一次读写操作，文件的读写位置都自动地发生变化。与此同时，程序设计者也可以通过调用 C 语言的库函数来改变文件的读写位置，这种函数被称为文件定位函数。

rewind 函数的调用形式如下：

rewind(文件指针)

功能：将文件的位置指针移动到文件的开头(首部)。

说明：执行完 rewind 函数后，以后的文件读写操作都是从文件首部开始的。

参见例 10.4 和例 10.5。

【例 10.7】把一个文件的内容显示在显示器上，并同时复制到另一个文件中。

程序代码如下：

```c
#include "stdio.h"
void main()
{
    FILE *fp1,*fp2;
    fp1=fopen("c:\\data1.dat","r");    /* 源文件 data1.dat */
    fp2=fopen("c:\\data4.dat","w");    /* 目标文件 data4.dat */
    while(!feof(fp1))
        putchar(fgetc(fp1));           /* 显示在显示器上 */
    rewind(fp1);                       /* fp 回到开始位置 */
    while(!feof(fp1))
        fputc(fgetc(fp1),fp2);         /* 复制到 data4.dat 中 */
    fclose(fp1);
    fclose(fp2);
}
```

注意：本例只是为了说明 rewind 函数的用法，其实该程序完全可以将两个循环合二为一，并省略语句"rewind(fp1);"。

10.5.2 fseek 函数

fseek 函数的调用形式如下：

fseek(文件指针,偏移量,起始位置)

功能：将文件的读写位置指针移动到指定的位置上。

说明：(1)"文件指针"指向被移动的文件。

(2)"偏移量"表示移动的字节数，是 long 型数据。当用常量表示偏移量时，要求加后缀小写"l"或大写"L"。

(3)"起始位置"表示从何处开始计算偏移量，规定的起始位置有 3 种：文件首部、当前位置和文件末尾。其表示方法见表 10-2。

表 10-2　fseek 函数的"起始位置"参数

起始点	符号常量	数字表示
文件首部	SEEK_SET	0
当前位置	SEEK_CUR	1
文件末尾	SEEK_END	2

第 10 章 文 件

这些符号常量已经在 stdio.h 头文件中完成定义。

(1) 当"起始位置"是 SEEK_SET 时,它表示将文件读写指针从文件首部开始向后(文件末尾部)移动,移动的字节数由"偏移量"决定。

(2) 当"起始位置"是 SEEK_CUR 时,可以向两个方向移动。若偏移量小于 0,表示将文件读写指针从当前位置开始向前(文件首部)移动;若偏移量大于 0,表示将文件读写指针从当前位置开始向后(文件末尾)移动。

(3) 当"起始位置"是 SEEK_END 时,它表示将文件读写指针从文件末尾开始向前(文件首部)移动。

例如:

```
fseek(fp,10,SEEK_SET);
```

表示将文件读写指针从文件首部向后移动到离文件首部 10 个字节的位置处。

```
fseek(fp,10,SEEK_CUR);
```

表示将文件读写指针从当前位置开始向文件末尾移动 10 个字节。

```
fseek(fp,-10,SEEK_CUR);
```

表示将文件读写指针从当前位置开始向文件首部移动 10 个字节。

```
fseek(fp,10,SEEK_END);
```

表示将文件读写指针从文件末尾向前移动到离文件末尾 10 个字节的位置处。

【例 10.8】 在例 10.4 或例 10.5 生成的磁盘文件 data2.dat 中,存有 3 名学生的数据,读出第 1 名和第 3 名学生的数据,并在显示器上显示出来。

程序代码如下:

```
#include "stdio.h"
#include "process.h"
struct stu
{
   int num;
   char name[20];
   float score;
}s[3];
void main()
{
   FILE *fp;
   int i;
   if((fp=fopen("c:\\data2.dat","rb"))==NULL)
   {
       printf("不能打开文件!");
       exit(1);
   }
   printf("\n\n 学号\t 姓名    成绩\n");
   for(i=0;i<3;i+=2)                              /*注意:i 的值每次加 2*/
   {
```

245

```
        fseek(fp,i*sizeof(struct stu),SEEK_SET);   /*移动文件位置指针*/
        fread(&s[i],sizeof(struct stu),1,fp);            /*读入数据*/
        printf("%5d\t%s %f\n",s[i].num,s[i].name,s[i].score);/*显示数据*/
    }
    fclose(fp);
}
```

习　　题

一、选择题

1. 在进行文件操作时，"写文件"的一般含义是(　　)。
   A. 将计算机内存中的信息存入磁盘
   B. 将磁盘中的信息存入计算机内存
   C. 将计算机 CPU 中的信息存入磁盘
   D. 将磁盘中的信息存入计算机 CPU

2. 在高级语言中，对文件操作的一般步骤是(　　)。
   A. 打开文件→读写文件→关闭文件
   B. 操作文件→修改文件→关闭文件
   C. 读写文件→打开文件→关闭文件
   D. 读文件→写文件→关闭文件

3. 要打开一个已存在的非空文件 file 用于修改，正确的语句是(　　)。
   A. fp=fopen("file", "r")   B. fp=fopen("file", "a+")
   C. fp=fopen("file", "w")   D. fp=fopen("file", "r+")

4. 当顺利执行了文件关闭操作时，fclose 函数的返回值是(　　)。
   A. -1   B. TRUE   C. 0   D. 1

5. 下列叙述中错误的是(　　)。
   A. gets 函数用于从键盘读入字符串
   B. getchar 函数用于从磁盘文件读入字符
   C. fputs 函数用于把字符串输出到文件
   D. fwrite 函数用于以二进制形式输出数据到文件

6. 读取二进制文件的函数调用形式为：fread(buffer,size,count,fp);，其中 buffer 代表的是(　　)。
   A. 一个文件指针，指向待读取的文件
   B. 一个整型变量，代表待读取的数据的字节数
   C. 一个内存块的首地址，代表读入数据存放的地址
   D. 一个内存块的字节数

7. 函数 fseek 用来移动文件的位置指针，其调用形式是(　　)。
   A. fseek(位移方向,位移量,文件号);

B. fseek(文件号,位移量,起始点);
C. fseek(文件号,起始点,位移量);
D. fseek(文件号,位移方向,位移量);

8. 若调用 fputc 函数输出字符成功,则其返回值是( )。
   A. EOF   B. 1   C. 0   D. 输出的字符

9. 有以下程序:

```
#include <stdio.h>
void main()
{   FILE *fp;
    int a[10]={1,2,3,0,0 }, i;
    fp=fopen("d2.dat", "wb");
    fwrite(a,sizeof(int),5,fp);
    fwrite(a,sizeof(int),5,fp);
    fclose(fp);
    fp=fopen("d2.dat","rb");
    fread(a,sizeof(int),10,fp);
    fclose(fp);
    for(i=0;i<10;i++)
        printf("%d,", a[i]);
}
```

程序的运行结果是( )。

A. 1,2,3,0,0, 0 , 0 , 0,0,   B. 1,2,3,1,2,3,0,0, 0,0,
C. 123, 0,0, 0,0,123,0, 0,0, 0,   D. 1,2,3,0,0,1,2,3,0,0,

10. 阅读以下程序及对程序功能的描述,其中描述正确的是( )。

```
#include <stdio.h>
#include <stdlib.h>
void main()
{   FILE *in,*out;
    char ch,infile[10],outfile[10];
    printf("Enter the infile name:\n");
    scanf("%s",outfile);
    if((in=fopen(infile,"r"))==NULL)
    {   printf("cannot open infile.\n");
        exit(0);
    }
    if((out=fopen(outfile,"w"))==NULL)
    {   printf("cannot open outfile.\n");
        exit(0);
    }
    while(!feof(in))
        fputc(fgetc(in),out);
    fclose(in);
    fclose(out);
}
```

A. 程序完成将磁盘文件的信息在屏幕上显示的功能
B. 程序完成将两个磁盘文件合二为一的功能
C. 程序完成将一个磁盘文件复制到另一个磁盘文件中的功能
D. 程序完成将两个磁盘文件合并且在屏幕上显示的功能

二、填空题

1. 设有定义：FILE *fw;，补充以下语句，以便可以在文本文件 readme.txt 的最后续写内容。

```
fw=fopen("readme.txt", _____)
```

2. 以下程序是从 filea.dat 文本文件中逐个读出字符并显示在屏幕上。请填空。

```
#include <stdio.h>
void main()
{   FILE *fp; char ch;
    fp=fopen(_____);
    ch=fgetc(fp);
    whlie(!feof(fp)) { putchar(ch); ch=fgetc(fp);}
    putchar('\n'); fclose(fp); }
```

3. 以下程序将键盘输入的 10 个整数以二进制方式写入一个名为 bi.dat 的新文件中。

```
#include <stdio.h>
#include <stdlib.h>
FILE *fp;
void main()
{   int i,j;
    if((fp=fopen(_____,"wb"))==NULL)
        exit(0);
    for(i=0;i<10;i++)
    {   scanf("%d",&j);
        fwrite(_____,sizeof(int),1, _____);
    }
    fclose(fp);
}
```

三、编程题

1. 编程实现将 3 名学生的数据存入名为 student.dat 的文件。
2. 分别统计文件 test.txt 中字母、数字和其他字符的个数，并输出统计结果。

第 11 章 编译预处理

编译预处理是 C 语言区别于其他高级语言的一个重要标志。所有的预处理命令都是以符号"#"开始的。它们不是 C 语言的可执行语句。在 C 语言编译系统编译源程序之前，先对源程序中的预处理命令进行处理，处理完毕后才对源程序进行编译。预处理是在编译之前由系统预处理程序自动完成的。

最常用的预处理命令是#include 和#define，这些命令应该在函数之外书写，一般在源文件的最前面书写，称为预处理部分。

预处理命令与 C 语言可执行语句的主要区别如下。

(1) 所有的预处理命令都是以符号"#"开始的。
(2) 一条预处理命令独占一行。
(3) 不以";"作为结束标志。

正确地使用编译预处理命令，能够编写出易于调试、易于移植的程序，并能为模块化程序设计提供帮助。

C 语言提供的预处理语句主要包括以下 3 种。

(1) 宏定义：#define。
(2) 文件包括：#include。
(3) 条件编译：#if … #else … #endif 等。

11.1 宏定义

在 C 语言源程序中允许用一个标识符来表示一个字符串，称为"宏"。被定义为"宏"的标识符称为"宏名"。在编译预处理时，对程序中所有出现的"宏名"，都用宏定义中的字符串去代换，这称为"宏代换""宏替换"或"宏展开"。

宏定义是由源程序中的宏定义命令#define 完成的。宏代换是由预处理程序自动完成的。

宏定义是 C 语言中的一种预处理命令。其可以分为两种形式：一种是无参数的宏定义，另一种是带参数的宏定义。下面分别讨论这两种"宏"的定义和调用。

11.1.1 无参数的宏定义

无参数宏定义的一般形式为：
  #define 标识符 字符串
例如：

```
#define PAI 3.1415926
```

功能：用标识符(称为宏名)PAI 代替字符串"3.1415926"。在预处理时，将源程序中出现的所有宏名 PAI 替换为字符串"3.1415926"。

说明： (1) 使用宏可以提高程序的可读性和可移植性。如果上述程序中，多处需要使用 π 值，用宏名既便于修改又意义明确。

  (2) 如果字符串是一个常量，此时的宏名就是前面第 2 章学过的符号常量。

【例 11.1】 求圆周长、圆面积、球体积。要求圆周率使用宏定义。
程序代码如下：

```
#include "stdio.h"
#define PAI 3.1415926      /* 此时的宏名 PAI 也叫作符号常量*/
void main()
{
   float l,s,r,v;
   printf("请输入圆半径:");
   scanf("%f",&r);          /* 输入圆的半径 */
   l=2.0*PAI*r;             /* 圆周长 */
   s=PAI*r*r;               /* 圆面积 */
   v=4.0/3.0*PAI*r*r*r;     /* 球体积 */
   printf("圆周长:%-10.4f\n圆面积:%-10.4f\n球体积:%-10.4f\n",l,s,v);
}
```

运行结果：

```
请输入圆半径:10↙          (输入)
圆周长:62.8319            (输出)
圆面积:314.1593
球体积:4188.7901
```

(3) 一般宏名用大写字母表示(变量名一般用小写字母表示)。

(4) 宏定义是用宏名代替字符串，宏展开时仅作简单替换，不检查语法。语法检查在编译时进行。

(5) 宏定义不是 C 语言可执行语句，如果不是特殊需要，后面不能有分号。如果加入分号，则连分号一起替换。

例如：

```
#define PAI 3.1415926;
area=PAI*r*r;
```

第 11 章 编译预处理

宏展开后为:

```
area=3.1415926;*r*r;
```

这在语法上是错误的。

(6) 宏定义的作用域是从宏定义命令下面的语句到该源程序的结束。可以使用宏定义终止命令 #undef 终止已经定义过的宏的作用域。

```
#define G 9.8
void main()
{
   ...
}
#undef G                 /* 取消 G 的意义 */
void f1()
{
   ...
}
```

宏 G 只在主函数 main 中有效,在函数 f1 中无效。

(7) 宏定义可以嵌套,即宏定义中可以引用已定义的宏名。

【例 11.2】 题目与例 11.1 相似,求圆周长、圆面积。

程序代码如下:

```
#include "stdio.h"
#define R 10.0
#define PAI 3.1415926
#define L 2*PAI*R
#define S PAI*R*R
void main()
{
   printf("圆周长:%10.4f\n 圆面积:%10.4f\n ",L,S);
}
```

(8) C 语言程序中的字符串常量和字符常量中的宏名是不进行宏替换的。

```
#define PAI 3.1415926
#include "stdio.h"
void main(0)
{
   printf("PAI");          /* 输出的结果是 PAI,而不是 3.1415926 */
}
```

(9) 切记要先替换,后计算。

```
#define A  2+3
#define B  A*5
#include "stdio.h"
void main()
{
   printf("%d",B);
}
```

程序分析:"printf("%d",B);"将替换为"printf("%d",2+3*5);",即输出的结果是17,而不是替换为"printf("%d",(2+3)*5);",即未输出预期的结果25。

如果想得到预期的结果25,需要改为如下的宏定义:

```
#define A  2+3
#define B  (A)*5          /*A用()括起来*/
```

11.1.2 带参数的宏定义

使用#define 语句定义符号常量时,编译预处理程序只是简单地进行字符串替换工作,如果用#define 语句定义一个带参数的宏,则编译预处理程序对源程序中出现的宏,不仅进行字符串替换,而且进行参数替换。

带参数的宏定义的一般形式为:

#define 宏名(参数表)字符串

其中,字符串中应该包含在参数表中指定的参数。

例如,计算圆面积的宏定义如下:

```
#define PAI 3.1415926
#define AREA(r)PAI*r*r
```

如果源程序中有如下赋值语句:

```
float s;
…
s=AREA(10);
```

则经过宏展开后,将把 3.1415926×10×10 的值赋给浮点型变量 s。

【例 11.3】 从键盘输入两个整数,并把其中的较大值显示出来。要求利用宏定义编写程序。

程序代码如下:

```
#include "stdio.h"
#define MAX(a,b)((a)>(b)?(a):(b))
void main()
{
    int x,y,z;
    printf("请输入两个整数:");
    scanf("%d%d",&x,&y);
    z=MAX(x,y);
    printf("较大值为:%d\n",z);
}
```

说明:(1) 带参数的宏展开时,用实参字符串替换形参字符串,注意可能发生的错误。比较好的办法是将宏定义的形参加括号。

宏定义	语句	宏展开后	结果
#define S(r)r*r	area=S(2+3);	area=2+3*2+3;	11
#define S(r)(r)*(r)	area=S(2+3);	area=(2+3)*(2+3);	25

第 11 章 编译预处理

显然，预期的结果是 25 而不是 11。

(2) 宏定义时，宏名与参数表间不能有空格。例如：

#define S ␣ (r) PAI*r*r(␣表示空格)

(3) 带参数的宏定义与函数的区别见表 11-1。

表 11-1 带参数的宏定义与函数的区别

比较项目	函数	宏
信息传递	实参的值或地址传送给形参	用实参的字符串替换形参
处理时刻及内存分配	程序运行时处理，分配临时内存单元	宏展开在预编译时处理，不存在分配内存的问题
参数类型	实参和形参类型一致。如不一致，编译器进行类型转换	字符串替换，不存在参数类型问题
返回值	可以有一个返回值	可以有多个返回值。参见例 11.4
对程序的影响	无影响	宏展开后使程序加长
时间占用	占用程序运行时间	占用编译时间

【例 11.4】 返回多个值的宏定义。题目同例 11.1。

程序代码如下：

```
#include "stdio.h"
#define PAI 3.1415926
#define CIRCLE(r,l,s,v)l=2*PAI*r;s=PAI*r*r;v=4/3*PAI*r*r*r
void main()
{
   float r,l,s,v;         /*半径、圆周长、圆面积、球体积 */
   printf("请输入半径:");
   scanf("%f",&r);
   CIRCLE(r,l,s,v);
   printf("半径 r=%6.2f,圆周长 l=%6.2f,圆面积 s=%6.2f,球体积 v=%6.2f\n",r,l,s,v);
}
```

11.2 文件包含

文件包含是 C 语言预处理程序的另一个重要功能。

文件包含命令行的一般形式为：

#include <文件名>

或写成：

#include " 文件名"

在前面已多次用文件包含命令包含过含有库函数的头文件。例如：

```
#include "stdio.h"
#include "math.h"
#include "string.h"
```

功能：把指定的文件插入该命令行位置取代该命令行，从而把指定的文件和当前的源程序文件连成一个源文件。

若 test1.c 文件中的内容如下：

```
int i1,i2;
float f1,f2;
char c1,c2;
```

test2.c 文件中的内容如下：

```
#include "test1.c"
void main()
{
   ...
}
```

则在对 test2.c 文件进行编译处理时，在编译预处理阶段将对其中的#include 命令进行"文件包括"处理：将 test1.c 文件中的全部内容插入 test2.c 文件中的#include "test1.c" 预处理语句处，也就是将 test1.c 文件中的内容包含到 test2.c 文件中。经过编译预处理后，test2.c 文件中的内容如下：

```
int i1,i2;
float f1,f2;
char c1,c2;
void main()
{
    ...
}
```

上述经过编译预处理后的 test2.c 文件中的内容才最终进入正式的编译阶段。

说明：(1) 在程序设计时，通常将全局变量定义、符号常量定义及函数声明等放在一个文件中，这样对于所有需要该文件的源程序来讲，都可以通过#include 语句将其包含到程序中。正确使用#include 语句，将会减少不必要的重复工作，提高编程效率。

(2) 包含命令中的文件名可以用双引号括起来，也可以用尖括号括起来。

(3) 一个 include 命令只能指定一个被包含文件，若有多个文件要包含，则需用多个 include 命令。包含的可以是.c(或.cpp)源程序文件，也可以是.h 头文件。

(4) 文件包含允许嵌套，即在一个被包含的文件中又可以包含另一个文件。

【例 11.5】 题目同例 11.3。从键盘输入两个整数，并把其中的较大值显示出来。要求利用嵌套的文件包含编写程序。

本例中共 3 个源程序文件 f1.c、f2.c 和 f3.c。

f1.c 的内容如下:

```
#include "stdio.h"
```

f2.c 的内容如下:

```
#include "f1.c"
#define MAX(a,b) ((a)>(b)? (a):(b))
```

f3.c 的内容如下:

```
#include "f2.c"
void main()
{
   int x,y,z;
   printf("请输入两个整数:");
   scanf("%d%d",&x,&y);
   z=MAX(x,y);
   printf("较大值为:%d\n",z);
}
```

需要对 f3.c 源程序进行编译,预处理的结果为:

```
#include "stdio.h"
#define MAX(a,b) ((a)>(b)? (a):(b))
void main()
{
   int x,y,z;
   printf("请输入两个整数:");
   scanf("%d%d",&x,&y);
   z=MAX(x,y);
   printf("较大值为:%d\n",z);
}
```

这和例 11.3 的源程序是一样的,当然运行结果也是一样的。

(5) 当#include 语句指定文件中的内容发生改变时,包括这个文件的所有的源文件都应该进行重新编译等处理。

(6) 被包含的文件通常是源程序文件(.c 或.cpp),而不是目标文件(.obj)。

(7) 在 C 语言编译系统中有许多以.h 为扩展名的文件,这些文件一般被称为头文件。在使用 C 语言编译系统提供的库函数进行程序设计时,通常需要在源程序中包括相应的头文件,在这些头文件中,对相应函数的原型及符号常量等进行说明和定义。

常用的头文件(参见附录 D)包括:

① stdio.h 包含一些与输入/输出操作有关的函数;

② math.h 包含一些与数学运算有关的函数;

③ string.h 包含一些与字符串处理有关的函数;

④ time.h 包含一些与时间、日期有关的函数;

⑤ stdlib.h 包含一些与动态内存分配有关的函数;

⑥ process.h 包含一些与过程控制有关的函数。

11.3　条件编译

C 语言的编译预处理程序还提供了条件编译能力，它使得同一个源程序在不同的编译条件下能够产生不同的目标代码文件。灵活地运用这一功能，将有助于程序的调试和移植。

下面分别介绍条件编译命令的几种形式。

11.3.1　#if 命令

#if 预处理命令提供了按条件控制编译过程的方法。

一般形式为：

  #if 表达式

   程序段 1

  #else

   程序段 2

  #endif

其中，#else 部分可以省略。

功能：当表达式为"真"(非 0)时，程序段 1 参加编译，否则程序段 2 参加编译。

例如：

```
#define FLAG 1
…
#if FLAG
  x=1;
#else
  x=0;
#endif
```

它表示：如果 FLAG 为"真"(非 0)，则编译语句"x=1;"，即将 1 赋给 x；否则 FLAG 为"假"(0)，则编译语句"x=0;"，即将 0 赋给 x。

说明：#if 预处理命令中的表达式是在编译阶段计算表达式值的，因此它必须是常量表达式或是利用#define 命令定义的符号常量，而不能是变量。

11.3.2　#ifdef … #else … #endif

一般形式为：

  #ifdef 标识符

   程序段 1

  #else

   程序段 2

  #endif

第 11 章 编译预处理

其中，#else 部分可以省略。

功能：如果标识符已经定义过，则程序段 1 部分参加编译，否则程序段 2 部分参加编译。

说明：(1)#ifdef 和#endif 一定要配对使用。

(2) 程序段 1 和程序段 2 可以由多条语句组成，且不需要用花括号括起来。

例如，有的编译系统(如 TC2.0)存放一个整数需要 16 位(2 个字节)，而有的编译系统(如 Microsoft Visual C++ 2010 Express)存放一个整数需要 32 位(4 个字节)，为了使所编写的程序具有通用性(可移植性)，在程序中可以使用如下的条件编译命令：

```
#ifdef PC
    #define INT_SIZE 16
#else
    #define INT_SIZE 32
#endif
```

如果标识符 PC 在前面定义过，即有如下类似命令：

```
#define PC 1
```

或者有如下命令：

```
#define PC
```

则将编译下面的命令：

```
#define INT_SIZE 16
```

否则，将编译下面的命令：

```
#define INT_SIZE 32
```

这样，在源程序不必做任何修改的情况下，只要增加命令：

```
#define PC 1
```

或删除该命令，就可以使该程序运行于不同的计算机编译系统。

条件编译命令的设置，还有利于对程序的调试。例如，在调试程序时，常常需要查看程序运行的中间结果，通常的做法是在程序的相应位置插入一些显示命令，程序调试完成后，再删掉这些用于显示中间结果的临时命令。显然，当程序中多处使用显示命令时，这种做法是很麻烦的。此情况使用条件编译命令就会简单得多，可以在程序相应的位置插入下面的条件编译命令：

```
#ifdef DEBUG
printf("x=%d,y=%d\n",x,y);
#endif
```

如果在上述命令的前面，DEBUG 已经定义过，即有如下命令：

```
#define DEBUG
```

则在程序运行时将显示相应位置上的 x、y 值，程序调试完成后，只要删除 DEBUG 的定义命令，上述 printf 命令就不参加编译，程序真正执行时将不再显示 x、y 的中间结果。

尽管在源程序中存在不参加编译的命令，但在目标程序中并没有与之对应的代码，因此条件编译命令同 C 语言中的 if 命令是有区别的。

11.3.3　#ifndef … #else … #endif

一般形式为：
> **#ifndef** 标识符
> 　　程序段 1
> **#else**
> 　　程序段 2
> **#endif**

其中，#else 部分可以省略。

功能：如果标识符没有定义过，则程序段 1 部分参加编译；否则程序段 2 部分参加编译。

11.3.4　#undef

#undef 命令的一般形式为：
> **#undef** 标识符

功能：将已经定义的标识符变为未定义的。

例如：

```
#undef PC
```

将已被定义的标识符 PC 变为未定义的。因此，命令：

```
#ifdef DEBUG
```

为"假"，而命令：

```
#ifndef DEBUG
```

为"真"。

11.3.5　应用举例

【例 11.6】 从键盘输入 5 个整数，并根据所设置的编译条件，将其中的最大值或最小值显示出来。

程序代码如下：

```
#include "stdio.h"
#define FLAG 1
void main()
{
    int i,m;
```

```
    int array[5];
    printf("请输入5个整数:");
    for(i=0;i<5;i++)
        scanf("%d",&array[i]);
    m=array[0];
    for(i=1;i<5;i++)
    {
        #if FLAG
          if(m<array[i])
              m=array[i];
        #else
          if(m>array[i])
              m=array[i];
        #endif
    }
    #if FLAG
        printf("最大值为:%d\n",m);
    #else
        printf("最小值为:%d\n",m);
    #endif
}
```

说明：(1)当定义 FLAG 为 1 时，for 循环中的语句：

```
if(m<array[i])
    m=array[i]
```

参加编译，此时求 5 个数中的最大值。

(2) 当定义 FLAG 为 0 时，for 循环中的语句：

```
if(m>array[i])
    m=array[i]
```

参加编译，此时求 5 个数中的最小值。

习　题

一、选择题

1. 下列关于宏的叙述中正确的是(　　)。

   A. 宏名必须用大写字母表示

   B. 宏定义必须位于源程序中所有语句之前

   C. 宏替换没有数据类型限制

   D. 宏调用比函数调用耗费时间

2. 下列叙述中错误的是(　　)。

   A. 在程序中凡是以"#"开始的语句行都是预处理命令行

   B. 预处理命令行的最后不能以分号表示结束

C. #define MAX 是合法的宏定义命令行

D. C 语言程序对预处理命令行的处理是在程序执行的过程中进行的

3. 若程序中有宏定义：#define N 100，则以下叙述中正确的是(　　)。

A. 宏定义行中定义了标识符 N 的值为整数 100

B. 在编译系统对 C 语言源程序进行预处理时，用 100 替换标识符 N

C. 对 C 语言源程序进行编译时，用 100 替换标识符 N

D. 在程序运行时，用 100 替换标识符 N

4. 下列有关宏替换的叙述中错误的是(　　)。

A. 宏替换不占用运行时间　　　　B. 宏名无类型

C. 宏替换只是字符替换　　　　　D. 宏名必须用大写字母表示

5. 若有宏定义：#define MOD(x,y) x %y，则执行以下语句后的输出为(　　)。

```
int z,a=15,b=100;
z=MOD(b,a);
printf("%d\n",z++);
```

A. 11　　　　　B. 10　　　　　C. 6　　　　　D. 宏定义不合法

6. 有以下程序：

```
#include <stdio.h>
#define f(x) (x*x)
void main()
{   int i1,i2;
    i1=f(8)/f(4);
    i2=f(4+4)/f(2+2);
    printf("%d,%d\n",i1,i2);
}
```

程序的运行结果是(　　)。

A. 64,28　　　　B. 4,4　　　　C. 4,3　　　　D. 64,64

7. 有以下程序：

```
#include <stdio.h>
#define P 3
int f(int x)
{   return(P*x*x);}
void main()
{   printf("%d\n",f(3+5));
}
```

程序的运行结果是(　　)。

A. 192　　　　　B. 29　　　　　C. 25　　　　　D. 编译出错

二、填空题

1. 若有以下宏定义：

```
#include "stdio.h"
#define X 5
```

```
#define Y X+1
#define Z Y*X/2
void main()
{   printf("%d,%d,%d\n",Z,Y,X);}
```

则程序的运行结果是_____。

2. 若有以下宏定义：

```
#define N 2
#define Y(n)  ((N+1)*n)
```

则执行语句：

```
z=2*(N+Y(5));
printf("%d\n",z);
```

程序的运行结果是_____。

3. 下列程序的运行结果是_____。

```
#include <stdio.h>
#define MAX(A,B)  (A)>(B)?(A):(B)
#define PRINT(Y) printf("Y=%d\n",Y)
void main()
{   int a=1,b=2,c=3,d=4,t;
    t=MAX(a+b,c+d);
    PRINT(t);
}
```

第 12 章 位运算

位运算本来属于汇编语言的功能,由于 C 语言最初是为了编写系统程序而设计的,因此它提供了很多类似于汇编语言的功能,如前面介绍的指针和本章将要介绍的位运算等。

位运算是指对二进制位进行的运算,它的运算对象不是以一个数据为单位,而是对组成数据的二进制位进行运算。每个二进制位只能存放 0 或 1,图 12.1 所示为一个短整型数据(占两个字节)中的 16 个二进制位,通常把组成一个数据的最右边的二进制位称为第 0 位,数据中最左边的二进制位是最高位。正确地使用二进制位运算,将有助于节省内存空间和编写复杂的程序。

15	14	13	12	11	10	9	8	7	6	5	4	3	2	1	0

图 12.1 占两个字节的 16 个二进制位

12.1 二进制位逻辑运算

C 语言中一共提供了 6 种位运算符,见表 12-1。

表 12-1 位运算符

运算符	名称
&	按位与
|	按位或
^	按位异或
~	按位取反
<<	左移
>>	右移

第 12 章 位运算

除了~是单目(只有一个运算对象)运算符,其他都是双目(有两个运算对象)运算符。位运算的运算对象只能是整型(包括 int、short int、unsigned int 和 long int)或字符型数据,而不能是浮点型数据。

位运算符的优先级比较分散,其中按位取反(~)运算符的优先级高于算术运算符和关系运算符的优先级,是所有位运算符中优先级最高的;左移运算符和右移运算符的优先级高于关系运算符的优先级,但低于算术运算符的优先级;按位与(&)、按位异或(^)和按位或(|)运算符的优先级都低于算术运算符和关系运算符的优先级。

表 12-1 中,前 4 种是位逻辑运算符,后两种是移位运算符。本节先介绍 4 种位逻辑运算符,下节介绍两种移位运算符。

4 种位逻辑运算符的真值表见表 12-2。

表 12-2　4 种位逻辑运算符的真值表

A	B	~A	A|B	A&B	A^B
0	0	1	0	0	0
0	1	1	1	0	1
1	0	0	1	0	1
1	1	0	1	1	0

12.1.1 "按位与"运算符

"按位与"的运算规则是:如果两个运算对象的对应二进制位都是 1,则结果的对应位为 1,否则为 0。

"按位与"可能的运算组合及其运算结果见表 12-2。

例如,若 x=84,y=59,则 x&y 的计算结果如下:

```
        01010100(x 的二进制数)
    &)  00111011(y 的二进制数)
        00010000(16)
```

即:

```
x&y=16
```

用途:

(1) 将数据中的某些位清零。

例如,x 是字符型变量(占 8 个二进制位),要将 x 的第 2 位置 0,可以进行如下运算:

```
x=x&0xfb;
```

或写成:

```
x&=0xfb;
```

(2) 可取出数据中的某些位。

例如,为了判断 x 的第 4 位是否为 0,可进行如下运算:

```
if((x&0x10)!=0)...
```

若条件表达式为真(即不为 0)，则 x 的第 4 位为 1，否则为 0。

【例 12.1】 从键盘输入一个正整数，判断此数是奇数还是偶数。

程序代码如下：

```
#include "stdio.h"
void main()
{
    int i;
    printf("请输入一个正整数:");
    scanf("%d",&i);
    if(i>0)
    {
        if((i&0x01)==0)
            printf("%d 是偶数。\n",i);
        else
            printf("%d 是奇数。\n",i);
    }
    else
        printf("输入的数据不是正整数!");
}
```

12.1.2 "按位或"运算符

"按位或"的运算规则是：只要两个运算对象的对应二进制位有一个是 1，则结果的对应位为 1，否则为 0。

"按位或"可能的运算组合及其运算结果见表 12-2。

例如，若 x=0x17，y=0x0a，则 x|y 的计算结果如下：

```
         00010111(x 的二进制数)
     |)  00001001(y 的二进制数)
         ─────────────────
         00011111(0x1f)
```

即：

```
x|y=0x1f。
```

用途："按位或"运算通常用于对一个数据(变量)中的某些位置 1，而其余位不发生变化。

方法：找一个数，此数的各位是这样取值的：对应 x 要置 1 的位，该数对应位为 1，其余位为零。此数与 x 相或就可使 x 中的某些位置 1。

例如，将 x 中的第 3、4、5 位(最右方是第 0 位)置 1，可进行如下运算：

```
x=x|0x38;
```

或写成：

```
x|=0x38;
```

第 12 章 位运算

12.1.3 "按位异或"运算符

"按位异或"的运算规则是：如果两个运算对象的对应二进制位不相同，则结果的对应位为1，否则为0。

"按位异或"可能的运算组合及其运算结果见表12-2。

例如，若x=0x17，y=0x0a，则 x^y 的计算结果如下：

```
        00010111(x 的二进制数)
    ^)  00001001(y 的二进制数)
    ─────────────────────────
        00011110(0x1e)
```

即：

```
x^y=0x1e。
```

用途：

(1) 使数据中的某些位取反，即 0 变 1，1 变 0。

如要将 x 中的第 5 位取反，可进行如下运算：

```
x=x^0x20;
```

或写成：

```
x^=0x20;
```

(2) 同一个数据进行"异或"运算后，结果为0。

如要将 x 变量清 0，可进行如下运算：

```
x^=x
```

(3) "按位异或"运算具有如下的性质，即：

```
(x^y)^y=x
```

利用这一性质可以实现两个变量值的交换。若 x=8，y=6，则将 x 和 y 的值交换(不使用临时变量)，可执行语句：

```
x=x^y;
y=y^x;
x=x^y;
```

```
        00001000(x 的二进制数)
    ^)  00000110(y 的二进制数)
    ─────────────────────────
        00001110(x 值已经变为 14)
    ^)  00000110(y 的二进制数)
    ─────────────────────────
        00001000(y 值已经变为 8)
    ^)  00001110(x 的二进制数)
    ─────────────────────────
        00000110(x 值已经变为 6)
```

12.1.4 "按位取反"运算符

"按位取反"的运算规则是：将运算对象中的各二进制位的值取反，即将 1 变为 0，将 0 变为 1。

"按位取反"可能的运算组合及其运算结果见表 12-2。

例如，若 x=0x3b，则~x 的计算结果如下：

~) 00111011(x 的二进制数)
  11000100(0xc4)

即：

  ~x=0xc4。

12.2 移位运算

12.2.1 左移运算符

"左移"的运算规则是：将运算对象中的每个二进制位向左移动若干位，从左边移出去的高位部分被丢弃，右边空出的低位部分补零。

左移运算符用"<<"表示(连续的两个小于号)。

例如，若 x=0x17，则语句：

  x=x<<2;

表示将 x 中的每个二进制位左移 2 位后存入 x 中。因为 0x17 的二进制表示为 00010111，所以左移 2 位后，将变为 01011100，即 x=x<<2 的结果为 0x5c，其中语句：

  x=x<<2;

可以写成：

  x<<=2;

由上述运算结果不难看出，在进行"左移"运算时，如果移出去的高位部分不包含 1，则左移 1 位相当于乘以 2，左移 2 位相当于乘以 4，左移 3 位相当于乘以 8，依此类推。因此，在实际应用中，经常利用"左移"运算来进行乘以 2 的倍数操作。

【例 12.2】 输入两个短整型数并存入 a、b 中，由 a、b 两个数生成新的数 c，其生成规则是：将 a 的低位字节作为 c 的高位字节，将 b 的低位字节作为 c 的低位字节，并显示出来。

程序代码如下：

```
#include "stdio.h"
void main()
{
    int a,b,c;
```

```
    printf("请输入两个短整型数:");
    scanf("%d%d",&a,&b);
    c=(a&0x00ff)<<8|(b&0x00ff);
    printf("新生成的数:%d\n",c);
}
```

说明：计算顺序是先计算 c=(a&0x00ff)<<8，即取出 a 的低位字节部分并左移 8 位，以作为 c 的高位字节，然后将此结果与 b 的低位字节部分(b&0x00ff)进行"按位或"运算，并将最后合并的结果放入变量 c 中。

12.2.2 右移运算符

"右移"的运算规则是：将运算对象中的每个二进制位向右移动若干位，从右边移出去的低位部分被丢弃。对无符号数来讲，左边空出的高位部分补 0。对有符号数来讲，如果符号位为 0(即正数)，则空出的高位部分补 0；否则空出的高位部分补 0 还是补 1，与所使用的计算机系统有关，有的计算机系统补 0，称为"逻辑右移"，有的计算机系统补 1，称为"算术右移"。Microsoft Visual C++ 2010 Express 属于算术右移。

右移运算符用">>"表示(连续的两个大于号)。

例如，若 x=0x08，则语句：

```
x=x>>2;
```

表示将 x 中的每个二进制位右移 2 位后存入 x 中。由于 0x08 的二进制表示为 00001000，因此右移 2 位后，将变为 00000010，即 x=x>>2 的结果为 0x02，其中语句：

```
x=x>>2;
```

可以写成：

```
x>>=2;
```

由上述运算结果不难看出，在进行"右移"运算时，如果移出去的低位部分不包含 1，则右移 1 位相当于除以 2，右移 2 位相当于除以 4，右移 3 位相当于除以 8，依此类推。因此，在实际应用中，经常利用"右移"运算来进行除以 2 的倍数操作。

【**例 12.3**】 编写程序，测试你的计算机系统的 C 编译器是逻辑右移还是算术右移。

程序代码如下：

```
#include "stdio.h"
void main()
{
    short int a;
    a=~0;
    if((a>>5)!=a)
        printf("你的计算机系统的C编译器是逻辑右移!\n");
    else
        printf("你的计算机系统的C编译器是算术右移!\n");
}
```

习 题

一、选择题

1. 下列运算符中优先级最低的是( )。
   A. &&　　　　B. &　　　　C. ||　　　　D. |

2. 有以下程序：

```
#include <stdio.h>
void main()
{
    char a=4;
    printf("%d\n",a=a<<1);
}
```

程序的运行结果是( )。
   A. 40　　　　B. 16　　　　C. 8　　　　D. 4

3. 变量 a 中的数据用二进制表示的形式是 01011101，变量 b 中的数据用二进制表示的形式是 11110000。若要求将 a 的高 4 位取反，低 4 位不变，所要执行的运算是( )。
   A. a^b　　　　B. a|b　　　　C. a&b　　　　D. a<<4

4. 有以下程序：

```
#include <stdio.h>
void main()
{   int a=1,b=2,c=3,x;
    x=(a ^ b)& c;
    printf("%d\n",x);
}
```

程序的运行结果是( )。
   A. 0　　　　B. 1　　　　C. 2　　　　D. 3

5. 有以下程序：

```
#include <stdio.h>
void main()
{   unsigned char a=2,b=4,c=5,d;
    d=a|b;
    d&=c;
    printf("%d\n",d);
}
```

程序的运行结果是( )。
   A. 3　　　　B. 4　　　　C. 5　　　　D. 6

第 12 章 位运算

二、填空题

1. 表达式 0x13|0x17 的值是_____(用十六进制表示)，表达式 0x13^0x17 的值是_____(用十六进制表示)。

2. 在位运算中，操作数每右移一位，其结果相当于_____，操作数每左移一位，其结果相当于_____。

3. 设有以下语句：

```
char x=3,y=6,z;
z=x^y<<2;
```

则 z 的二进制值是_____。

4. 设 x 是一个十六进制整数，若要通过 x|y 使 x 低 4 位置 1，高 4 位不变，则 y 的二进制数是_____。

参 考 文 献

郭有强,马金金,朱洪浩,等,2021. C语言程序设计教程[M]. 2版. 北京:清华大学出版社.
何钦铭,颜晖,2020. C语言程序设计[M]. 4版. 北京:高等教育出版社.
林小茶,陈昕,2018. C程序设计教程[M]. 3版. 北京:清华大学出版社.
杨忠宝,董晓明,2010. C语言程序设计[M]. 北京:北京大学出版社.
张宁,孙林娟,白丽瑞,等,2022. C语言程序设计教程[M]. 北京:北京邮电大学出版社.
杨柯,田丹,2019. C语言程序设计[M]. 北京:北京理工大学出版社.

附　　录

附录A　ASCII表

ASCII值	字符	ASCII值	字符	ASCII值	字符	ASCII值	字符
0	NUT	32	(space)	64	@	96	`
1	SOH	33	!	65	A	97	a
2	STX	34	"	66	B	98	b
3	ETX	35	#	67	C	99	c
4	EOT	36	$	68	D	100	d
5	ENQ	37	%	69	E	101	e
6	ACK	38	&	70	F	102	f
7	BEL	39	'	71	G	103	g
8	BS	40	(	72	H	104	h
9	HT	41	)	73	I	105	i
10	LF	42	*	74	J	106	j
11	VT	43	+	75	K	107	k
12	FF	44	,	76	L	108	l
13	CR	45	-	77	M	109	m
14	SO	46	.	78	N	110	n
15	SI	47	/	79	O	111	o
16	DLE	48	0	80	P	112	p
17	DC1	49	1	81	Q	113	q
18	DC2	50	2	82	R	114	r
19	DC3	51	3	83	S	115	s
20	DC4	52	4	84	T	116	t
21	NAK	53	5	85	U	117	u
22	SYN	54	6	86	V	118	v
23	ETB	55	7	87	W	119	w
24	CAN	56	8	88	X	120	x
25	EM	57	9	89	Y	121	y
26	SUB	58	:	90	Z	122	z
27	ESC	59	;	91	[	123	{
28	FS	60	<	92	\	124		
29	GS	61	=	93	]	125	}
30	RS	62	>	94	^	126	~
31	US	63	?	95	—	127	DEL

附录 B C 语言中的关键字

auto	break	case
char	const	continue
default	do	double
else	enum	extern
float	for	if
int	goto	long
register	return	signed
sizeof	short	static
struct	switch	typedef
union	unsigned	void
volatile	while	

附录 C 运算符的优先级和结合性

优先级	运算符	名称或含义	结合方向	说明
1	( )	圆括号	左到右	
	[ ]	数组下标		
	->	成员选择(指针)		
	.	成员选择(对象)		
2	!	逻辑非	右到左	单目运算符
	~	按位取反		单目运算符
	++	自增		单目运算符
	--	自减		单目运算符
	-	负号		单目运算符
	(类型)	强制类型转换		单目运算符
	*	指针		单目运算符
	&	取地址		单目运算符
	sizeof	长度		单目运算符
3	*	乘	左到右	双目运算符
	/	除		双目运算符
	%	余数(取模)		双目运算符
4	+	加	左到右	双目运算符
	-	减		双目运算符
5	<<	左移	左到右	双目运算符
	>>	右移		双目运算符
6	>	大于	左到右	双目运算符
	>=	大于等于		双目运算符
	<	小于		双目运算符
	<=	小于等于		双目运算符
7	==	等于	左到右	双目运算符
	!=	不等于		双目运算符
8	&	按位与	左到右	双目运算符

续表

优先级	运算符	名称或含义	结合方向	说明
9	^	按位异或	左到右	双目运算符
10	|	按位或	左到右	双目运算符
11	&&	逻辑与	左到右	双目运算符
12	||	逻辑或	左到右	双目运算符
13	?:	条件	右到左	三目运算符
14	=	赋值	右到左	双目运算符
14	/=	除后赋值	右到左	双目运算符
14	*=	乘后赋值	右到左	双目运算符
14	%=	取模后赋值	右到左	双目运算符
14	+=	加后赋值	右到左	双目运算符
14	-=	减后赋值	右到左	双目运算符
14	<<=	左移后赋值	右到左	双目运算符
14	>>=	右移后赋值	右到左	双目运算符
14	&=	按位与后赋值	右到左	双目运算符
14	^=	按位异或后赋值	右到左	双目运算符
14	|=	按位或后赋值	右到左	双目运算符
15	,	逗号	左到右	

附录 D C语言常用库函数

本附录列出了一些 C 语言常用的库函数。如果需要更多的库函数可以查阅《C 库函数集》，也可以到互联网上下载"C 库函数查询器"软件进行查询。

1. 输入/输出函数

使用下列库函数要求在源文件中包含头文件 stdio.h。

函数名	函数与形参类型	功能
getchar	getchar(void)	从标准输入设备读取下一个字符
gets	char*gets(char*str)	从标准输入设备读取字符串，存放到由 str 指向的字符数组中。返回字符数组起始地址
printf	printf("格式控制字符串",输出表列)	按格式控制字符串规定的格式，将输出表列中的值输出到标准输出设备
putchar	putchar(char ch)	将字符 ch 输出到标准输出设备。返回输出的字符 ch，出错返回 EOF(-1)
puts	int puts(char*str)	把 str 指向的字符串输出到标准输出设备，将'\0'转换为回车换行。返回换行符，失败返回 EOF
scanf	scanf("格式控制字符串",地址表列)	从标准输入设备按格式控制字符串规定的格式，输入数据给地址表列所指向的单元

2. 数学函数

使用下列库函数要求在源文件中包含头文件 math.h。

函数名	函数与形参类型	功能
abs	int abs(int x)	计算并返回整数 x 的绝对值
atof	double atof (char *nptr)	将字符串转化为浮点数
atoi	int atoi(char *nptr)	将字符串转化为整数
atol	long atoi(char *nptr)	将字符串转化为长整型数
cos	double cos(double x)	计算 cos(x)的值，x 为单位弧度
exp	double exp(double x)	计算 e^x 的值
fabs	double fabs(double x)	计算双精度数 x 的绝对值
floor	double floor(double x)	求不大于 x 的最大双精度整数
labs	long labs(long x)	计算长整型数 x 的绝对值
log	double log(double x)	计算自然对数值 ln(x)，x>0
log10	double log10(double x)	计算常用对数值 $\log_{10}(x)$，x>0

续表

函数名	函数与形参类型	功能
pow	double pow(double x, double y)	计算 x^y 的值
sin	double sin(double x)	计算正弦函数 sin(x)的值
sqrt	double sqrt(double x)	计算 x 的平方根，x≥0

3. 字符判别和转换函数

使用下列库函数要求在源文件中包含头文件 ctype.h。

函数名	函数与形参类型	功能	说明
isalnum	int isalnum(int ch)	检查 ch 是否为字母或数字	是，返回 1；否则返回 0
isalpha	int isalpha(int ch)	检查 ch 是否为字母	是，返回 1；否则返回 0
iscntrl	int iscntrl(int ch)	检查 ch 是否为控制字符	是，返回 1；否则返回 0
isdigit	int isdigit(int ch)	检查 ch 是否为数字	是，返回 1；否则返回 0
isgraph	int isgraph(int ch)	检查 ch 是否为可打印字符，即不包括控制字符和空格	是，返回 1；否则返回 0
islower	int islower(int ch)	检查 ch 是否为小写字母	是，返回 1；否则返回 0
ispunch	int ispunch(int ch)	检查 ch 是否为标点符号	是，返回 1；否则返回 0
isspace	int isspace(int ch)	检查 ch 是否为空格水平制表符('\t')、回车符('\r')、走纸换行符('\f')、垂直制表符('\v')、换行符('\n')	是，返回 1；否则返回 0
isupper	int isupper(int ch)	检查 ch 是否为大写字母	是，返回 1；否则返回 0
tolower	int tolower(int ch)	将 ch 中的字母转换为小写字母	返回小写字母
toupper	int toupper(int ch)	将 ch 中的字母转换为大写字母	返回大写字母

4. 字符串函数

使用下列库函数要求在源文件中包含头文件 string.h。

函数名	函数与形参类型	功能	说明
strcat	char *strcat(char *str1,char *str2)	将字符串 str2 连接到 str1 后面	返回 str1 的地址
strchr	char *strchr(char *str,int ch)	找出 ch 字符在字符串 str 中第一次出现的位置	返回 ch 的地址，若找不到返回 NULL
strcmp	int strcmp(char *str1,char *str2)	比较字符串 str1 和 str2	str1<str2，返回负数 str1=str2，返回 0 str1>str2，返回正数
strcpy	char *strcpy(char *str1,char *str2)	将字符串 str2 复制到 str1 中	返回 str1 的地址

续表

函数名	函数与形参类型	功能	说明
strlen	int strlen(char *str)	求字符串 str 的长度	返回 str 包含的字符数(不含'\0')
strlwr	char *strlwr(char *str)	将字符串 str 中的字母转换为小写字母	返回 str 的地址
strncat	char *strncat(char *str1,char *str2, count)	将字符串 str2 中的前 count 个字符连接到 str1 后面	返回 str1 的地址
strncpy	char *strncpy(char *str1,char *str2, count)	将字符串 str2 中的前 count 个字符复制到 str1 中	返回 str1 的地址
strstr	char *strstr(char *str1,char *str2)	找出字符串 str2 在字符串 str1 中第一次出现的位置	返回 str2 的地址，找不到返回 NULL
strupr	char *strupr(char *str)	将字符串 str 中的字母转换为大写字母	返回 str 的地址

5. 动态分配存储空间函数

使用下列库函数要求在源文件中包含头文件 stdlib.h。

函数名	函数与形参类型	功能	说明
calloc	void *calloc(num,size)	为 num 个数据项分配内存，每个数据项大小为 size 个字节	返回分配的内存空间起始地址，分配不成功返回 0
free	void free(void *ptr)	释放 ptr 指向的内存单元	—
malloc	void *malloc(size)	分配 size 个字节的内存	返回分配的内存空间起始地址，分配不成功返回 0

6. 文件操作函数

使用下列库函数要求在源文件中包含头文件 stdio.h。

函数名	函数与形参类型	功能
fclose	int fclose(FILE *fp)	关闭文件指针 fp 所指向的文件，释放缓冲区。有错误返回非 0，否则返回 0
feof	int feof(FILE *fp)	检查文件是否结束。遇文件结束符返回非 0，否则返回 0
fgetc	int fgetc(FILE *fp)	从 fp 指向的文件中读取并返回一个字符。若读入出错，返回 EOF
fgets	char *fgets(char *buf, int n, FILE *fp)	从 fp 指向的文件中读取一个长度为 n-1 的字符串，存放到起始地址为 buf 的空间。成功时返回地址 buf，若遇文件结束或出错，返回 NULL

续表

函数名	函数与形参类型	功能
fopen	FILE *fopen(char *filename, char *mode)	以 mode 指定的方式打开名为 filename 的文件。成功时返回一个文件指针，否则返回 NULL
fprintf	fprintf(FILE *fp, 格式控制字符串, 输出表列)	把输出表列中的值以格式控制字符串指定的格式输出到 fp 指向的文件中
fputc	int fputc(char ch, FILE *fp)	将字符 ch 输出到 fp 指向的文件中。成功则返回该字符，否则返回非 0
fputs	int fputs(char *str, FILE *fp)	将 str 指向的字符串输出到 fp 指向的文件中。成功则返回 0，否则返回非 0
fread	int fread(char *pt, unsigned size, unsigned n, FILE *fp)	从 fp 指向的文件中读取长度为 size 的 n 个数据项，存到 pt 指向的内存区。成功则返回所读的数据项个数，否则返回 0
fscanf	fscanf(FILE *fp, 格式控制字符串, 地址表列)	从 fp 指向的文件中按格式控制字符串给定的格式将数据送到地址表列所指向的内存单元
fseek	fseek(FILE *fp, 偏移量, 起始位置)	将 fp 指向的文件的读写位置指针移动到指定的位置上。成功则返回当前位置，否则返回-1
ftell	long ftell(FILE *fp)	返回 fp 所指向的文件中的当前读写位置
fwrite	int fwrite(char *ptr, unsigned size, unsigned n, FILE *fp)	将 ptr 所指向的 n*size 个字节输出到 fp 所指向的文件中。返回写到 fp 文件中的数据项个数
rewind	void rewind(FILE *fp)	将 fp 指向的文件中的位置指针移到文件开头位置，并清除文件结束标志和错误标志

7. 过程控制函数

使用下列库函数要求在源文件中包含头文件 process.h。

函数名	函数与形参类型	功能
exit	void exit(int status)	使程序执行立即终止，并清除和关闭所有打开的文件。status=0 表示程序正常结束，否则表示存在执行错误